工程化学基础实验

（第2版）

主　编　童志平

副主编　方　伊　宋　红　胡爱琳

西南交通大学出版社
·成　都·

内容提要

化学实验教学与课堂教学是整个化学教学中密切相关而又相对独立的两个部分,而不只是简单地验证课堂教学的内容。通过化学实验可提高学生的观察能力、分析和思考问题的能力及科研动手能力。本书由实验基础知识、常用实验仪器及基本操作技术、常用测量仪器、实验内容、附录等 5 个部分组成,共 48 个实验,其中验证理论教学内容和训练化学实验基本操作的基础实验 18 个,综合型、设计型实验 16 个,研究创新型实验 8 个,个性化实验 6 个,内容包括:化学实验基础知识和基本操作技术;化学基本原理实验和化学物理量的测定;常见元素及化合物的性质以及化合物的制备、提纯和分析检测;常见离子的分离鉴定;化学及其技术在环境监测、食品检测、工程建设和日常生活中的应用等。

本书可供非化学、化工类各专业学生的公共基础实验课使用,也可作为化学、化工和环境保护工作者进行教学、科研和实际工作的参考书。

图书在版编目(CIP)数据

工程化学基础实验 / 童志平主编. —2 版. —成都:西南交通大学出版社,2019.8(2021.7 重印)
ISBN 978-7-5643-6979-8

Ⅰ. ①工… Ⅱ. ①童… Ⅲ. ①工程化学 – 化学实验 Ⅳ. ①TQ02-33

中国版本图书馆 CIP 数据核字(2019)第 146017 号

Gongcheng Huaxue Jichu Shiyan

工程化学基础实验
(第 2 版)

童志平　主编

责任编辑	王　旻
特邀编辑	王玉珂
封面设计	何东琳设计工作室

出版发行	西南交通大学出版社 (四川省成都市金牛区二环路北一段 111 号 西南交通大学创新大厦 21 楼)
邮政编码	610031
发行部电话	028-87600564　028-87600533
网址	http://www.xnjdcbs.com
印刷	成都蓉军广告印务有限责任公司

成品尺寸	185 mm×260 mm
印张	15.75
字数	392 千
版次	2019 年 8 月第 2 版
印次	2021 年 7 月第 13 次
定价	46.00 元
书号	ISBN 978-7-5643-6979-8

课件咨询电话:028-81435775
图书如有印装质量问题　本社负责退换
版权所有　盗版必究　举报电话:028-87600562

第 2 版前言

化学实验教学与课堂教学是整个化学教学中密切相关而又相对独立的两个部分，而不只是简单的验证课堂教学的内容。通过化学实验可提高学生的观察能力、分析和思考问题的能力及科研动手能力。

本书自 2006 年第 1 版出版以来，受到了国内专家和使用该教材院校师生的好评，由于科学技术突飞猛进的发展以及国内实验教学的不断改革，对本世纪培养高素质人才的需要和学生实践能力的要求不断提高，为了使该教材精益求精，先进性和科学性进一步提高，更好地适应实验教学改革的发展和培养高素质人才需要，我们到工科化学实验教学水平较高的院校进行调研和学习，并组织了多次研讨会，在广泛征求广大师生对该书第 1 版使用意见的基础上对第 1 版进行了认真修订，使之成为更加优秀的教材。

本书在保持 2006 年第 1 版《工程化学基础实验》的体系和主线的基础上，对实验内容做了相应的调整和充实，调整的实验内容主要与当前人们最为关注的环境和食品安全检测有关，如"废水中微量苯酚的测定"和"肉制品中痕量亚硝酸盐的测定"等，通过实验可培养学生的环保和食品安全意识。这些实验都经过反复验证，不仅现象明显，而且定量部分数据理想。希望通过实验达到验证理论、巩固知识与实验操作技能训练的最佳结合，从而引导学生了解实验的意义和研究现状，帮助学生独立完成实验，提高学生科学研究的能力。在教材内容方面注意了逐步培养学生掌握较全面实验基础知识和基本技能，同时考虑到各专业实验内容和要求可能不同，学生程度不同，本书在实验内容的安排上力求做到循序渐进，以备其他兄弟院校和各专业选用。

参加此次修订的有童志平[第一章、第二章、第三章、第四章（实验一、二、三、四、十一、十二、十三、十六）、第五章（实验一、二、三、四、五、十三、十四、十五、十六）、第六章（实验四、五、六）、第七章、附录]，方伊[第四章（实验九、十、十四、十五）、第五章（实验六、七）、第六章实验七、八]，宋红[第四章（实验五、六、七、八）、第五章（实验八、九）、第六章实验二、三]，胡爱琳[第四章（实验十七、十八）、第五章（实验十、十一、十二）、第六章实验一]。全书由童志平任主编，负责全书编写策划、统稿和定稿，方伊、宋红和胡爱琳任副主编。

本书在编写和修订过程中一直得到西南交通大学出版社的大力支持，西南交通大学原实验室及设备管理处对本书第一版进行了审核，对保证本书质量起到关键作用。本书还得到西南交通大学多个教材建设项目的支持，同时本书还得到生命科学与工程学院化学化工系和生命科学与工程实验中心全体教师的支持和帮助，在此谨致深切的谢意。

本书虽经多次修改，但由于编者水平有限，不妥之处在所难免，敬请各位老师和同学批评指正。

编 者
2019 年 3 月

第1版前言

化学实验教学是化学教学过程中不可缺少的重要环节，是工科大学生综合素质培养的重要组成部分。它不仅可以使学生更好地理解和掌握理论教学的内容，更重要的是，通过实验中的操作训练，使学生在了解和使用现代仪器设备、信息工具与手段的同时，养成认真细致、求实求精、有条不紊地学习和做事的原则；通过观察实验中的现象，特别是一些异常现象，培养学生的观察能力、分析和思考问题的能力，以及科研动手能力，激发他们的学习兴趣、好奇心和创造欲望。

《工程化学基础实验》是编者在总结多年实验教学改革和实验研究取得成果的基础上，借鉴和吸收国内其他高校在化学实验改革方面的经验，按照非化学化工类专业对基础化学实验教学的基本要求和理论教材的内容，对我校使用六届的"工程化学基础实验"讲义进行修改编写而成。

全书由实验基础知识、实验常用仪器及基本操作技术、常用测量仪器、实验内容、附录等五个部分组成。共编写了48个实验，内容包括基础实验、提高型（综合型、设计型）实验、研究创新型实验和个性化实验。本书注重培养创新能力和工程意识，重视大学化学实验内容的整合，将先进的化学实验手段和技术引入到大学化学常规实验中去，加大了常规仪器的使用。除训练基本操作的实验，尽量用仪器分析代替常规分析，从而引导学生了解实验的意义和研究现状，同时帮助学生独立完成实验，培养学生跨学科的综合分析能力和潜在的创造能力。该书中的所有实验内容都经过反复验证，现象明显，定量部分数据理想。这些实验既反映了新方法和新型设备的使用，又考虑了尽可能发挥已有设备的作用，且自制的实验设备不仅简单，而且可取得满意的实验结果。附录中列入了实验必要的实验数据。

为了给使用本教材的其他兄弟院校提供更多的选择余地，书中同一实验内容有时安排了几种不同的实验方法，如化学需氧量COD的测定，既安排了$KMnO_4$法测定又安排了$K_2Cr_2O_7$法测定；水中Cl^-含量的测定，既安排了莫尔法测定又安排了自动电位滴定法测定。

该书各章执笔人分别是：童志平[第一章、第二章、第三章、第四章（实验十一、十二、十七、十八）、第五章（实验一、二、三、六、七、十三、十四、十五、十六）、第六章（实验四、五、六）、第七章、附录]，管棣[第四章（实验九、十、十三、十四、十五、十六）、第五章（实验四、五）、第六章实验七、八]，方伊[第四章（实验五、六、七、八）、第五章（实验八、九）、第六章实验二、三]，宋红[第四章（实验一、二、三、四）、第五章（实验十、十一、十二）、第六章实验一]。全书由童志平统稿。

《工程化学基础实验》在编写过程中得到了西南交通大学生物工程学院化学教研室和化学实验室全体同仁的帮助和指导，以及西南交通大学实验室及设备管理处的支持，在此一并表示感谢。

由于编者的水平有限，对工程化学实验教学改革和实践也正在探索中，书中难免有错误和不妥之处，恳请同行专家和使用教材的师生批评指正。

编　者
2006年8月

目 录

第1章 工程化学实验基础知识 ··· 1
  1.1 工程化学实验的目的、学习方法和要求 ··· 1
  1.2 化学实验室规则和事故处理 ··· 2
  1.3 实验误差及数据处理 ·· 4
  1.4 实验报告示例 ·· 13

第2章 工程化学实验常用仪器及基本操作技术 ··· 20
  2.1 工程化学实验常用仪器简介 ··· 20
  2.2 基本操作技术 ·· 27

第3章 常用测量仪器 ·· 45

第4章 基础实验 ··· 61
  实验一 分析天平的使用与称量练习 ·· 61
  实验二 熔点的测定及温度计刻度的校正 ··· 64
  实验三 酸碱标准溶液的配制和标定 ·· 68
  实验四 盐酸标准溶液的配制和标定 ·· 71
  实验五 高锰酸钾标准溶液的配制和标定 ··· 74
  实验六 过氧化氢含量的测定(高锰酸钾法) ····································· 76
  实验七 液体饱和蒸气压的测定 ·· 78
  实验八 反应速率常数与活化能的测定 ··· 81
  实验九 莫尔法测定水中 Cl^- 含量 ·· 84
  实验十 电位滴定法测定水中 Cl^- 含量 ··· 87
  实验十一 燃烧热的测定 ·· 89
  实验十二 原电池电动势的测定 ·· 94
  实验十三 邻二氮菲吸光光度法测定微量铁 ····································· 100
  实验十四 钢中锰含量的测定 ·· 102
  实验十五 水中溶解氧(DO)的测定 ·· 105
  实验十六 化学需氧量(COD_{Mn})的测定 ······································· 108
  实验十七 常见阳离子的分离和鉴定 ·· 110
  实验十八 常见阴离子的分离和鉴定 ·· 112

第5章 提高型实验(综合型、设计型) ··· 115
  实验一 化学反应焓变的测定 ·· 115
  实验二 电化学 ··· 118

实验三　电解质溶液 ·· 122
　　实验四　水质检验 ·· 125
　　实验五　配位化合物的制备和性质 ·· 129
　　实验六　硫酸亚铁铵的制备 ··· 132
　　实验七　土壤中微量砷的测定 ·· 135
　　实验八　五日生化需氧量（BOD_5）的测定 ··································· 137
　　实验九　大气中氮氧化物的测定 ··· 140
　　实验十　水中I^-和Cl^-的连续滴定（电位滴定法） ························ 142
　　实验十一　铁（Ⅲ）-磺基水杨酸配合物的组成及其稳定常数的测定 ······· 145
　　实验十二　水中F^-含量的测定（离子选择性电极的直接电位法） ········ 148
　　实验十三　主族元素的化学性质（一）（氯、溴、碘、硫） ···················· 150
　　实验十四　主族元素的化学性质（二）（氮、磷、锡、铅、锑、铋） ········ 159
　　实验十五　副族元素的化学性质（一）（铬、锰、铁、钴、镍） ·············· 164
　　实验十六　副族元素的化学性质（二）（铜、银、锌、镉、汞） ·············· 172

第6章　研究创新型实验 ·· 179
　　实验一　大气中总烃及非甲烷烃的测定 ·· 179
　　实验二　同步荧光法同时测定色氨酸、酪氨酸和苯丙氨酸 ··················· 182
　　实验三　废水中微量苯酚的测定 ··· 184
　　实验四　傅立叶红外分光光度计测试实验 ······································· 186
　　实验五　室内空气质量的评价 ·· 193
　　实验六　镜湖水质的综合评价 ·· 195
　　实验七　水中氨氮、亚硝酸盐氮、硝酸盐氮和总氮测定 ······················ 197
　　实验八　工业"废水"中铬、铅、镉、铜、锌的连续检测 ··················· 200

第7章　个性化实验 ·· 205
　　实验一　乳胶漆的制备 ··· 205
　　实验二　黏结剂"万能胶"的制备 ·· 208
　　实验三　生活日用品的易燃性检测 ·· 214
　　实验四　烟花爆竹撞击感度测定 ··· 217
　　实验五　肉制品中痕量亚硝酸盐的测定 ·· 222
　　实验六　组装分子结构和晶体结构模型 ·· 224

附　录 ··· 226

参考文献 ·· 245

第 1 章　工程化学实验基础知识

1.1　工程化学实验的目的、学习方法和要求

1.1.1　工程化学实验的目的

化学是一门实践性很强的学科。化学实验教学与课堂教学是整个大学化学教学中密切相关而又相对独立的两个部分。它不仅仅是简单地验证课堂教学的内容，更重要的是通过学生独立地进行实验操作、观察和记录实验现象，分析问题、归纳知识、撰写报告等多方面的训练，使学生对学到的基础知识、基本理论得到验证、巩固、深化和提高，掌握化学实验的基本操作技术，同时培养学生严谨求实的工作作风和科学态度，提高学生独立观察和分析问题、解决问题的能力。

工程化学实验是用化学知识来解决工程中有关问题的主要实践方法。其目的是：

（1）使课堂中讲授的重要理论和概念得到验证、巩固和充实，并适当扩大知识面。化学实验不仅能使理论知识形象化，并且能说明这些理论和规律在应用时的条件、范围和方法，能较全面地反映化学现象的复杂性和多样性。

（2）培养学生正确掌握一定的实验操作技能。有正确的操作，才能得出准确的数据和结果，而后者又是正确结论的主要依据。因此，化学实验中基本操作的训练具有极其重要的意义。

（3）培养学生独立思考和独立工作的能力。学生需要学会联系课堂讲授的知识，仔细观察和分析实验现象，认真处理数据并概括现象，从中得出结论。

（4）培养学生的科学工作态度和习惯。科学工作态度是指实事求是的作风，忠实于所观察到的客观现象。如发现实验现象与理论知识不符时，应检查操作是否正确或所用的理论是否合适等。科学工作习惯是指操作正确、观察细致、安排合理等，这些都是做好实验的必要条件。

1.1.2　工程化学实验的学习方法和要求

要很好地完成实验的任务，达到教学大纲的要求，除了要有正确的学习态度外，还要有正确的学习方法。

（1）认真预习。充分预习实验教材是保证做好实验的一个重要环节。实验之前应认真阅读实验教材，搞清楚实验的目的、内容、有关原理、操作方法及注意事项等，并初步估计每一反应的预期结果，明了实验数据处理方法和有关计算公式，思考实验中应该注意的问题，根据不同的实验及指导教师的要求做好预习报告。

（2）提问和检查。实验开始前由指导教师进行集体或个别提问和检查。一方面了解学生的预习情况；另一方面可以具体指导学生的学习方法。查问的内容主要是实验的目的、内容、原理、操作和注意事项等。如发现个别学生准备不够充分，教师可以停止他进行本次实验，在指定日期另行补做。

（3）认真实验。学生应遵守实验室规则，接受教师指导，按照实验教材上规定的方法、步骤及药品的用量进行实验。细心观察实验现象，并如实地记录在实验记录本中；同时，应深入思考、分析产生现象的原因，如有疑问，可互相讨论或询问教师。

（4）做实验报告。实验完毕后，应当堂或在3天之内做好实验报告，由课代表收齐交给指导教师。实验报告要求记录清楚、结论明确、文字简练、书写整洁。不合格者，教师可退回学生重做。教师在批改报告时，可以提出实验中的问题，对学生进行再次查问。

1.2 化学实验室规则和事故处理

1.2.1 实验室规则

为确保实验顺利进行和实验室安全，进入实验室的操作人员必须知道并遵守实验室工作规则和安全守则，懂得常见事故的简单处理。

（1）实验前要认真预习，明确目的要求，了解实验原理、方法和注意事项，画出原始数据记录表格。

（2）遵守实验室纪律，不迟到早退，保持室内安静。

（3）实验前清点仪器，发现有破损或缺少，应立即报告教师，按规定手续向实验准备室补领。实验时仪器如有损坏，亦应按规定手续向实验准备室换取新仪器。未经教师同意，不得动用其他位置上的仪器。

（4）实验时保持肃静，集中精力，认真操作，仔细观察现象，如实记录结果，积极思考问题。

（5）实验时应保持实验室和桌面清洁整齐。火柴梗、废纸屑、废液等应投入废纸篓或倒入废液钵中，严禁投入或倒入水槽中，以防水槽和下水管道堵塞或腐蚀。

（6）实验时要爱护国家财物，小心使用实验仪器和设备，注意节约水、电、药品等。使用精密仪器时，必须严格按照操作规程进行，要谨慎细致。如发现仪器有故障，应立即停止使用，并及时报告指导教师。

（7）药品应按规定量取使用。从瓶中取出药品后不应将药品倒回原瓶中，以免带入杂质；取用药品后应立即盖上瓶塞，以免搞错瓶塞，玷污药品，并随即将瓶放回原处。

（8）实验时必须按正确操作方法进行，注意安全。

（9）实验完毕后将玻璃仪器洗涤干净，放回原处。整理好桌面，打扫干净水槽和地面，最后洗净双手。

（10）离开实验室时必须检查电源插头或闸刀是否拉开，水龙头是否关闭等。实验室内的一切物品（仪器、药品和产物等）不得带离实验室。

1.2.2 实验室安全知识

化学实验中使用的水、电、气和易燃、易爆、有毒或腐蚀性药品，存在着不安全因素，如果使用不当会给国家财产和个人造成危害。凡在实验室操作的人员必须重视安全问题，遵守操作规程，努力提高安全操作的自觉性，严格遵守实验室安全守则，决不可以麻痹大意，以避免事故的发生。

（1）一切使用有毒或有恶臭气味物质的实验必须在通风橱中进行。

（2）一切使用挥发性和易燃物质的实验必须在远离火源的通风橱中进行。

（3）钠、钾和白磷等物质暴露在空气中易燃，应严格按规定储存。钠、钾应存于煤油中，白磷可存于水中。

（4）强氧化剂（如氯酸钾、高氯酸等）应与其他试剂隔离保存，以防止受热或敲击。

（5）浓酸、浓碱具有强腐蚀性，使用时应特别小心。稀释浓硫酸时应将酸慢慢倒入水中并不断搅拌，切勿将顺序搞错。

（6）有毒药品（如砷、汞化合物、镉盐、铅盐等）必须妥善保管，按实验室规定手续取用。有毒废液应回收集中处理。

（7）金属汞易挥发，若水银温度计摔碎，应用硫黄粉吸附洒落的汞，使其生成硫化汞。

（8）倾倒试剂和加热溶液时，不可俯视，避免溶液溅出伤人。嗅闻气味或打开挥发性溶剂瓶时，应采用正确的操作方式。

（9）使用电炉和酒精灯等加热设备时必须有人在场，不用时随即关闭。

（10）实验室内严禁饮食，实验完毕洗手，离开时关好水、电。

1.2.3 实验室意外事故处理

因各种原因而发生事故后，千万不要慌张，应冷静沉着，立即采取有效措施处理事故。

（1）灭火。扑灭燃着的苯、醚或油时，应用沙子（切勿用水）盖住它们。若仪器着火，应切断电源，用二氧化碳或四氯化碳灭火器灭火。

（2）烫伤。在伤口处抹烫伤药，或用浓高锰酸钾溶液湿润伤口至皮肤为棕色。不要把烫出的水泡搞破，不要用凡士林或油脂涂伤口。

（3）受酸腐蚀。先用大量水冲洗，再用饱和碳酸氢钠溶液或稀氨水冲洗，最后用水冲洗。

（4）受碱腐蚀。先用大量水冲洗，再用稀醋酸洗，最后用水冲洗。

（5）酸或碱不小心溅入眼中时，必须用大量水冲洗，再用碳酸氢钠溶液（酸溅入）或用硼酸（碱溅入）溶液来洗，随后立即到医院诊治。

（6）吸入有毒气体。若吸入溴蒸气、氯气、氯化氢气体，可吸少量酒精和乙醚混合蒸汽解毒。若吸入硫化氢头晕，应在室外吸新鲜空气。

（7）玻璃划伤。用水冲净伤口，酒精和碘酒消毒后再用创可贴包扎。

（8）若遇触电事故，应首先切断电源，再尽快用绝缘木杆使触电者脱离电源。必要时可做人工呼吸，送医院抢救。

1.3 实验误差及数据处理

化学实验中经常使用仪器对一些物理量进行测量,从而对系统中的某些化学性质和物理性质做出定量描述,以便发现事物的客观规律。但实践证明,任何测量的结果都只能是相对准确,或者说是存在某种程度上的不可靠性,这种不可靠性被称为实验误差。产生误差的原因,是因为测量仪器、方法、实验条件以及实验者本人不可避免地存在着一定的局限性。

对于不可避免的实验误差,实验者应了解其产生的原因、性质及有关规律,从而在实验中设法控制和减小误差,并对测量的结果进行适当的处理,以达到可以接受的程度。

1.3.1 误差及其表示方法

1. 误差类别及减少误差的方法

根据误差产生的原因及性质,误差可分为系统误差(或称可测误差)和偶然误差(或称随机误差)。

(1)系统误差。系统误差是由某些固定的原因造成的,它对测定结果的影响比较恒定,使测量结果总是偏高或偏低,具有一定的规律性。产生系统误差的原因有:

① 仪器不准确,未经校正。
② 分析方法本身不完善。
③ 化学试剂不纯。
④ 操作者本身的习惯性操作误差。

系统误差的特征是:

① 单向性。即误差的符号及大小恒定或按一定规律变化。
② 系统性。即在相同条件下重复测量时,误差会重复出现,因此一般系统误差可进行校正或设法予以消除。

常见的系统误差大致是:

① 仪器误差。所有的测量仪器都可能产生系统误差。例如,移液管、滴定管、容量瓶等玻璃仪器的实际容积和标称容积不符;试剂不纯或天平失于校准(如不等臂性和灵敏度欠佳);磨损或腐蚀的砝码等都会造成系统误差。在电学仪器中,如电池电压下降,接触不良造成电路电阻增加,温度对电阻和标准电池的影响等也是造成系统误差的原因。

② 方法误差。这是由于测试方法不完善造成的误差。其中有化学方面和物理化学方面的原因,常常难以发现。因此,这是一种影响最为严重的系统误差。例如,在分析化学中,某些反应速度很慢或未定量地完成,干扰离子的影响,沉淀溶解,共沉淀和后沉淀,灼烧时沉淀的分解和称量形式的吸湿性等,都会导致测定结果偏高或偏低。

③ 个人误差。这是一种由操作者本身的一些主观因素造成的误差。例如,在读取仪器刻度值时,有的偏高,有的偏低;在容量分析中辨别滴定终点颜色时有的偏深,有的偏浅;操作计时有的偏快,有的偏慢。在做出这类判断时,常常容易造成单向系统误差。

对于系统误差可采取下列措施来减免误差:

① 对照试验。用公认的标准方法与采用的测定方法对同一试样进行测定；或用已知含量的标准试样和待测样，同时用同一方法进行分析测定，求出校正因子，消除方法误差。对照试验是消除系统误差最有效的方法。

② 空白试验。在不加试样的情况下，按照试样的测定步骤和条件进行测定，所得结果称为空白值，从试样的测定结果中扣除空白值，就可消除由试剂差异和所用器皿引入杂质所造成的系统误差。

③ 仪器校正。实验前对所使用的砝码、容量器皿或其他仪器进行校正，求出校正值，以提高测量准确度。

（2）偶然误差。偶然误差又称随机误差，是由测定过程中各种因素的不可控制的随机变动所引起的误差，产生的直接原因往往难于发现和控制。如观测时温度、气压的微小波动；在测量过程中环境条件的改变，如压力、温度的变化，机械振动，磁场的干扰以及个人辨别的差异等。随机误差有时正、有时负，数值有时大、有时小，因此又称为不定误差。在各种测量中，随机误差总是不可避免地存在，并且不可能消除，它构成了测量的最终限制。偶然误差在操作中不可能完全避免。

偶然误差虽然由偶然因素引起，但其分布也有一定的规律。在系统误差已经排除的情况下，当测定次数无限多时，其出现规律可用高斯方程表示：

$$y = \frac{1}{\sigma\sqrt{2\pi}} \exp\left[-\frac{(x-\mu)^2}{2\sigma^2}\right] \tag{1.1}$$

式中　y——偶然误差的几率；
　　　x——各个测定值；
　　　σ——测定的标准偏差（关于σ的讨论见后）；
　　　μ——正态分布的总体平均值，在消除了系统误差后，即为真值。

以横坐标表示偶然误差的值，纵坐标表示误差出现的几率，则得出偶然误差的正态分布曲线，如图1.1所示。

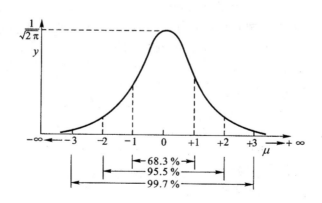

图1.1　偶然误差的正态分布曲线

由图1.1可知偶然误差的规律：
① 绝对值相等的正误差、负误差出现的几率几乎相等。

② 小误差出现的几率大，大误差出现的几率小。

③ 很大误差出现的几率近乎为零，出现真值的几率最大。

为了减少偶然误差，可适当增加测定的次数。在消除系统误差的情况下，平行测定的次数越多，测得值的平均值越接近真值。

（3）过失误差。除了上述两类误差之外，还有过失误差。过失误差是由于操作者的疏忽大意，没有完全按照操作规程实验等原因造成的误差，如丢损试液、加错试剂、看错读数、记录出错、计算错误等等，这种误差使测量结果与事实明显不符，有的偏离大且无规律可循。含有过失误差的测量值，不能作为一次实验值引入平均值的计算，这种过失误差，需要通过加强责任心和仔细工作来避免。判断是否发生过失误差必须慎重，应有充分的依据，最好重复这个实验来检查。如果经过细致实验后仍然出现这个数据，要根据已有的科学知识判断是否有新的问题，或有新的发展，这在实践中是常有的事。

2. 误差的表示方法

（1）准确度。准确度是指测定值 x 与真实值 μ 的接近程度，一般以误差 E 表示。当测定值大于真实值时，E 为正值，说明测定结果偏高；反之，E 为负值，说明测定结果偏低。误差愈大，准确度就愈差。

误差的大小可用绝对误差 E 和相对误差 E_r 表示，即：

绝对误差 $\qquad E = x_i - \mu$ （1.2）

相对误差 $\qquad E_r = \dfrac{x_i - \mu}{\mu} \times 100\%$ （1.3）

绝对误差表示实验测定值与真实值之差。它具有与测定值相同的量纲，如克、毫升、百分数等。例如，质量为 0.100 0 g 的某一物体，在分析天平上称得其质量为 0.100 1 g，则称量的绝对误差为 + 0.000 1 g。

相对误差表示误差在真实值中所占的百分率，常用百分数表示。用相对误差表示测定结果的准确度更为确切、合理。由于相对误差是比值，因此是量纲为 1 的量。

例 1.1 用分析天平称量两物体的质量各为 42.513 3 g 和 1.638 1 g，假定两者的真实质量为 42.513 2 g 和 1.638 0 g，试计算两者称量的绝对误差和相对误差。

解 两者称量的绝对误差分别为：

$$E_1 = 42.513\ 3\ \text{g} - 42.513\ 2\ \text{g} = 0.000\ 1\ \text{g}$$

$$E_2 = 1.638\ 1\ \text{g} - 1.638\ 0\ \text{g} = 0.000\ 1\ \text{g}$$

两者称量的相对误差分别为：

$$E_{r,1} = \dfrac{42.513\ 3\ \text{g} - 42.513\ 2\ \text{g}}{42.513\ 2\ \text{g}} \times 100\% = 2.4 \times 10^{-4}\%$$

$$E_{r,2} = \dfrac{1.638\ 1\ \text{g} - 1.638\ 0\ \text{g}}{1.638\ 0\ \text{g}} \times 100\% = 0.006\%$$

可见上述两种物体称量的绝对误差虽然相同，但被称物体质量不同，相对误差即误差在被测物体质量中所占份额并不相同。显然，当绝对误差相同时，被测量的量愈大，相对误差愈小，测量的准确度愈高。

实际上绝对准确的实验结果是无法得到的。化学研究中的所谓真实值是指由有经验的研究人员用可靠的测定方法进行多次平行测定得到的平均值，并以此作为真实值，或者以公认的手册上的数据作为真实值。

（2）精密度。精密度是指在相同条件下反复多次测量同一试样，所得结果之间的一致程度。常用重复性表示同一实验人员在同一条件下所得测量结果的精密度，用再现性表示不同实验人员之间或不同实验室在各自条件下所得测量结果的精密度。

精密度常用偏差表示，偏差小说明精密度好。偏差可用下列几种方式表示：

① 绝对偏差和相对偏差。

各测量值 x_i 与平均值 $\bar{x}$ 之差称为绝对偏差 d_i，它的量纲与测量值相同。绝对偏差与平均值之比称为相对偏差 d_r。

$$d_i = x_i - \bar{x} \tag{1.4}$$

$$d_r = \frac{d_i}{\bar{x}} \times 100\% \tag{1.5}$$

② 平均偏差和相对平均偏差。

各偏差值的绝对值的平均值，称为单次测定的平均偏差 $\bar{d}$，即：

$$\bar{d} = \frac{|d_1| + |d_2| + \cdots + |d_n|}{n} = \frac{1}{n}\sum_{i=1}^{n}|x_i - \bar{x}| \tag{1.6}$$

单次测定的相对平均偏差 $\bar{d}_r$ 可表示为：

$$\bar{d}_r = \frac{\bar{d}}{\bar{x}} \times 100\% \tag{1.7}$$

③ 标准偏差和相对标准偏差。

用数理统计方法处理数据时，常用标准偏差 s 和相对标准偏差 s_r 来衡量精密度。

$$s = \sqrt{\frac{\sum_{i=1}^{n}(x_i - \bar{x})^2}{n-1}} = \sqrt{\frac{\sum_{i=1}^{n}d_i^2}{n-1}} \tag{1.8}$$

实际使用时常采用其简便的等效式：

$$s = \sqrt{\frac{\sum_{i=1}^{n}x_i^2 - \frac{\left(\sum_{i=1}^{n}x_i\right)^2}{n}}{n-1}} = \sqrt{\frac{\sum_{i=1}^{n}x_i^2 - n(\bar{x})^2}{n-1}} \tag{1.9}$$

$$s_r = \frac{s}{\bar{x}} \times 100\% \tag{1.10}$$

例 1.2 测定某矿石中铁的质量分数（w，%），得到下列结果：10.1，10.5，9.9，9.5，10.6，9.4，11.5，9.5，10.0，9.5，9.5。计算其测定平均值 $\bar{x}$，平均偏差 $\bar{d}$，相对平均偏差 $\bar{d}_r$，标准偏差 s 和相对标准偏差 s_r。

解 平均值：

$$\bar{x} = \frac{\sum_{i=1}^{11} x_i}{n} = \frac{110.0}{11} = 10.0$$

平均偏差：

$$\bar{d} = \frac{\sum_{i=1}^{11} |x_i - \bar{x}|}{n} = \frac{5.4}{11} = 0.49$$

相对平均偏差：

$$\bar{d}_r = \frac{\bar{d}}{\bar{x}} \times 100\% = \frac{0.49}{10.0} \times 100\% = 4.9\%$$

标准偏差：

$$s = \sqrt{\frac{\sum_{i=1}^{11} x_i^2 - \frac{\left(\sum_{i=1}^{11} x_i\right)^2}{n}}{n-1}} = \sqrt{\frac{1\,104.24 - \frac{(110.0)^2}{11}}{11-1}} = 0.65$$

相对标准偏差：

$$s_r = \frac{s}{\bar{x}} \times 100\% = \frac{0.65}{10.0} \times 100\% = 6.5\%$$

相对标准偏差在实际工作中，真实值往往不知道，无法说明准确度的高低，因此常用精密度来说明测定结果的好坏。

在实际的测定工作中，只可能做有限次数的测定，根据几率可以推导出在有限测定次数时的标准偏差 s：

$$s = \sqrt{\frac{\sum (x_i - \bar{x})^2}{n-1}} \tag{1.11}$$

由计算式分析可知，用标准偏差表示精密度比用平均偏差更准确，因为它将单次测定的偏差（$x_i - \bar{x}$）平方后，较大的偏差便显著地反映出来，从而更好地说明了数据的分散程度。

应该指出，准确度和精密度是两个不同的概念，图 1.2 说明了二者的关系。有甲、乙、丙、丁 4 人测定同一试样中的铁含量，甲的准确度、精密度均好，结果可靠；乙的精密度高，但准确度低；丙的准确度和精密度均差；丁的平均值虽然接近真值，但由于精密度差，其结果也不可靠。可见，精密度是保证准确度的先决条件。精密度差，所得结果不可靠，但精密度高不一定保证其准确度也高，因此需将实验数据进一步验证。

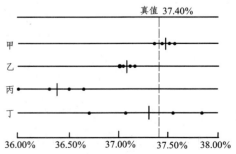

图 1.2 准确度和精密度的关系

1.3.2 有效数字及其运算规则

科学实验要得到准确的结果，不仅要求正确地选用实验方法和实验仪器测定各种量的数值，而且要求正确地记录和运算。实验所获得的数值，不仅表示某个量的大小，还应反映出测量这个量的准确程度。因此，实验中各种量应采用几位数字，运算结果应保留几位数字都是很严格的，不能随意增减和书写。实验数值表示的正确与否，直接关系到实验的最终结果以及它们是否合理。

1. 有效数字

在不表示测量准确度的情况下，表示某一测量值所需要的最小位数的数目字即称为有效数字。换句话说，有效数字就是实验中实际能够测出的数字，其中包括若干个准确的数字和一个（只能是最后一个）不准确的数字。例如，分析天平称得试样的质量为 0.612 5 g，该数值中 0.612 是准确的，最后一位数字 "5" 是估读的，是不可靠的，可能有正负一个单位的误差，即该试样实际质量是在（0.612 5 ± 0.000 1）g 范围内的某一数值。此时称量的绝对误差为 ± 0.000 1 g，相对误差为：

$$\frac{\pm 0.000\ 1}{0.612\ 5} \times 100\% = \pm 0.016\%$$

若将上述称量结果写成 0.612 g，则意味着该份试样的实际质量将为（0.612 ± 0.001）g 范围内的某一数值，即称量的绝对误差为 ± 0.001 g，相对误差也将变为 ± 0.16%。可见记录数据少写一位数，所反映的测量精确程度就被缩小了 10 倍。这种实际反映测量精确度，只允许末位数字是估计值的数字称为"有效数字"。

有效数字是由测量得到的，不同精度的仪器，测量结果的有效数字不同。如在量取溶液时，若需要加入 10.00 mL，则必须使用滴定管或 10 mL 移液管量取。使用滴定管量取溶液时要按照实际的有效数字来记录，如 10.10 mL 不能记作 10.1 mL，否则就降低了仪器的精确度。

有效数字不会因为单位的不同而发生改变。如 2.1 g，若以 kg 为单位则是 2.1×10^{-3} kg；10.0 mL 即 10.0×10^{-3} L。有效数字的位数计算可以从以下几个例子看出。

数　字	0.015 0	0.001 0	69.32	3.015	1.000	4.00%	1.35×10^{25}	4 500
有效数字位数	3 位	2 位	4 位	4 位	4 位	3 位	3 位	不确定

从上表几个数中可以看出，"0"在数字中可以是有效数字，也可以不是，对其要作具体分析。当"0"在数字中间或有小数的数字之后时都是有效数字；如果"0"在数字的前面，则只起定位作用，而不是有效数字，如 0.015 0，小数点后数字后面的"0"是有效数字，数字前面的"0"只起定位作用。经常会遇到这样的问题，一个数字仅前几位是有效的，而此后的数字都是不精确的，在这种情况下可将其表示成小数，再乘以方次。如 4 500 这样的数字，有效数字位数不好确定，应根据实际测定的精确度来表示，可写成 4.5×10^3、4.50×10^3、4.500×10^3 等。

对于 pH、$\lg K^\ominus$ 等对数值的有效数字位数仅由小数点后的位数确定，整数部分只说明这个数的方次，只起定位作用，不是有效数字。如 pH = 3.48，有效数字是 2 位而不是 3 位。

2. 有效数字的运算规则

在实验过程中，常需测定不同的物理量，然后依据计算式计算结果。结果的有效数字位数应按有效数字运算规则确定。

（1）有效数字的运算结果也应是有效数字，多余的数字按"四舍六入五成双"的原则处理。例如，将 25.454 6 修约为 3 位有效数字时，修约如下：

$$25.454\ 6 \longrightarrow 25.4$$

（2）加减运算中，结果的有效数字的位数应与绝对误差最大的（即是指小数点后位数最少的）一个数据相同。计算时，将小数点对齐，所得结果，应以小数点后位数最少的数据为依据。如：

$$\begin{array}{r} 0.13572 \\ +)\ 2.31 \\ \hline 2.44572 \end{array}$$

结果应为 2.44。又如：

$$\begin{array}{r} 4.75 \\ -)\ 2.3214 \\ \hline 2.4286 \end{array}$$

结果为 2.43。

（3）乘除运算中，结果的有效数字的位数应与相对误差最大（即有效数字位数最少）的数据相同，即所得的积或商应与参加运算的各数值中的有效数字位数最少相同，而与小数点后的位数或小数点的位置无关。如：

$$0.103\ 2 \times 10.1 = 1.04$$

（4）计算式中用到的常数，如 π、e 以及乘除因子 $\sqrt{3}$，$1/2$ 等，可以认为有效数字的位数是无限的，不影响其他数字的修约。

（5）对数计算中，对数值小数点后的位数应与真数的有效数字的位数相同，如 $c(H^+) = 7.9 \times 10^{-5}$ mol·L^{-1}，则 pH = 4.10。

（6）大多数情况下，表示误差时，取一位有效数字就足够，最多取两位。

（7）实验中使用的经校正过的滴定管、移液管的刻度值精度一般认为是四位有效数字，数据记录如 22.56 mL。

1.3.3 实验结果表达

用简明的方法表达实验结果，通常有列表法、作图法和数学方程式表示法。

1. 列表法

这是表达实验数据最常用的方法之一。即将各种实验数据列入一种设计得体、形式紧凑的表格内，可起到化繁为简的作用，有利于对获得的实验结果进行相互比较，有利于分析和阐明某些实验结果的规律性。

设计数据表总的原则是简单明了，做表时要注意以下几个问题：

（1）正确地确定自变量和因变量。一般先列自变量，再列因变量，将数据一一对应地列出。不要将毫不相干的数据列在同一张表内。

（2）表格应有序号和简明完备的名称，使人一目了然，一见便知其内容。若实在无法表达时，也可在表名下用不同字体做简要说明，或在表格下方用附注加以说明。

（3）习惯上表格的横排称为"行"，竖行称为"列"，即"横行竖列"，自上而下为第1、2、…行，自左向右为第1、2、…列。变量可根据其内涵安排在列首（表格顶端）或行首（表格左侧），称为"表头"，应包括变量名称及量的单位。凡有国际通用代号或为大多数读者熟知的，应尽量采用代号，以便使表头简洁醒目。但切勿将量的名称和单位、代号相混淆。

（4）表中同一列数据的小数点对齐，数据按自变量递增或递减的次序排列，以便显示出变化规律。如果表列值是特大或特小的数时，可用科学表示法表示。若各数据的数量级相同时，为简便起见，可将10的指数写在表头中量的名称旁边或单位旁边。

2. 作图法

作图法是将实验原始数据通过正确的作图方法画出合适的曲线（或直线），从而形象直观而且准确地表现出实验数据的特点、相互关系和变化规律，如极大、极小和转折点等，并能够进一步求解，获得斜率、截距、外推值、内插值等。因此，作图法是一种十分有用的实验数据处理方法。

作图法也存在作图误差。若要获得良好的图解效果，首先是要获得高质量的图形。因此，作图技术的好坏直接影响到实验结果的准确性。下面就作图法处理数据的一般步骤和作图技术做简要介绍。

（1）正确选择坐标轴和比例。作图必须在坐标纸上完成，坐标轴的选择和坐标分度比例的选择对获得一幅良好的图形十分重要，一般应注意以下几点：

① 以自变量为横轴，因变量为纵轴，横纵坐标原点不一定从0开始，而视具体情况确定。坐标轴应注明所代表的变量的名称和单位。

② 坐标的比例和分度应与实验测量的精度一致，并全部用有效数字表示，不能过分夸大或缩小坐标的作图精确度。

③ 坐标纸每小格所对应的数值应能迅速、方便地读出和计算，一般多采用1、2、5或10的倍数，而不采用3、6、7或9的倍数。

④ 实验数据各点应尽量分散、匀称地分布在全图，不要使数据点过分集中于某一区域。当图形为直线时，应尽可能使直线的斜率接近于1，使直线与横坐标夹角接近45°，角度过大或过小都会造成较大的误差（见图1.3）。

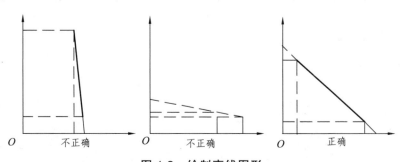

图1.3 绘制直线图形

⑤ 图形的长、宽比例要适当，最高不要超过 3/2，以力求表现出极大值、极小值、转折点等曲线的特殊性质。

（2）图形的绘制。在坐标纸上明显地标出各实验数据点后，应用曲线尺（或直尺）绘出平滑的曲线（或直线）。绘出的曲线或直线应尽可能接近或贯穿所有的点，并使两边点的数目和点离线的距离大致相等，这样描出的线才能较好地反映出实验测量的总体情况。若有个别点偏离太远，绘制曲线时可不予考虑。一般情况下，不许绘成折线，线的描绘如图 1.4 所示。

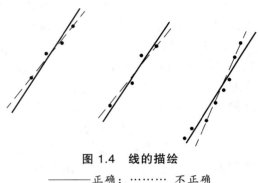

图 1.4 线的描绘
——— 正确； ……… 不正确

3. 方程式法

图解法可以形象地表现出某一被测物理量随其影响因素而变化的趋势或规律，有时为了表达因变量与自变量之间的数量关系，则要用数学方程式。一般是根据所得的图形，凭借已有的知识和经验，试探选择某一函数关系式，并确定其中各参数值，最后对所得的函数关系式进行验证。

在各种实验曲线中，以直线最为简单，有时通过坐标变换可将其他函数关系式直线化。确定直线方程常数的方法有 3 种：图解法、平均值法、最小二乘法。

（1）图解法。

直线方程式的斜率和截距可从图的直线上直接求得，也可用方程式 $y = kx + b$ 来表示。由直线上两点（x_1，y_1）、（x_2，y_2）的坐标求出斜率，再求出截距。即

$$k = \frac{y_2 - y_1}{x_2 - x_1} \tag{1.12}$$

为使求得的 k 值更准确，所选的两点距离不要太近。还要注意，代入 k 表达式的数据是两点的坐标值，k 是两点纵横坐标差之比，而不是纵横坐标线段长度之比。

图解法所得常数的精度往往不能满足要求，因此常用平均值法或最小二乘法进行计算，以求得较精确的数学方程。

（2）平均值法。

$$y = mx + b \tag{1.13}$$

要确定 m、b，只要有两对变量（x_1，y_1）、（x_2，y_2）便可把 m、b 确定下来。但实际上，通常用更多的数据。根据平均值法，正确的 m、b 值应使"残差"之和为零。

残差定义：

$$u_i = mx_i + b - y_i$$

式中　i——第 i 次测量。

得两个方程式：

$$\sum_{i=1}^{k} u_i = m \sum_{i=1}^{k} x_i + kb - \sum_{i=1}^{k} y_i = 0$$

$$\sum_{i=k+1}^{n} u_i = m \sum_{i=k+1}^{n} x_i + kb - \sum_{i=k+1}^{n} y_i = 0$$

联立求解可得 m、b 的值。

（3）最小二乘法。

最佳结果能使残差的平方和为最小。设残差的平方和为 S，则

$$S = \sum_{i=1}^{n} u_i^2 = \sum_{i=1}^{n} (mx_i + b - y_i)^2$$

$$= m^2 \sum_{i=1}^{n} x_i^2 + 2bm \sum_{i=1}^{n} x_i - 2m \sum_{i=1}^{n} x_i y_i + nb^2 - 2b \sum_{i=1}^{n} y_i + \sum_{i=1}^{n} y_i^2$$

使 S 为极小值的必要条件为：

$$\frac{\partial S}{\partial m} = 0 = 2m \sum_{i=1}^{n} x_i^2 + 2b \sum_{i=1}^{n} x_i - 2 \sum_{i=1}^{n} x_i y_i$$

$$\frac{\partial S}{\partial m} = 0 = 2m \sum_{i=1}^{n} x_i + 2bn - 2 \sum_{i=1}^{n} y_i$$

由上式解出 m 和 b 为：

$$m = \frac{n \sum_{i=1}^{n} x_i y_i - \sum_{i=1}^{n} x_i \sum_{i=1}^{n} y_i}{n \sum_{i=1}^{n} x_i^2 - \left(\sum_{i=1}^{n} x_i \right)^2}$$

$$b = \frac{\sum_{i=1}^{n} x_i^2 \sum_{i=1}^{n} y_i - \sum_{i=1}^{n} x_i \sum_{i=1}^{n} x_i y_i}{n \sum_{i=1}^{n} x_i^2 - \left(\sum_{i=1}^{n} x_i \right)^2}$$

以上计算用计算机处理。

1.4 实验报告示例

实验完毕后，学生必须在实验的基础上，把实验的目的、原理、步骤、结果等用简洁的语言写成书面报告，并在指定的时间内交给指导教师。化学实验报告主要包括：① 实验目的；② 实验原理；③ 实验现象与实验数据记录和处理；④ 实验结果与讨论。

实验数据处理和结果讨论是实验报告的重点内容。实验数据处理应有相应的计算公式；实验结果与讨论应包括：对实验现象的分析和解释、对实验结果的误差分析，以及实验的心得体会和对实验的改进建议等。实验报告应保证实验现象和实验数据的真实可靠，实验数据的处理和实验结果的分析应科学、准确。

实验报告的质量在较大程度上反映出学生的学习态度、知识水平和实验操作能力。一份好的实验报告应该实验目的明确、原理清楚，数据和现象准确、图表合理规范、结果正确、讨论深入、书写简洁。

由于化学反应条件对反应至关重要，特别是测量实验，温度、压强对实验影响很大，故各种化学实验报告均必须包括下列内容：

实验课程：　　　　　　　　指导教师：　　　　　　　成绩：
所在班级：　　　　　　　　学生姓名：　　　　　　　学号：
实验条件：　温度_____℃　　压强_____kPa　　湿度_____%
实验时间：_____年_____月_____日

各种实验报告的书写大致相同，但因实验类型的不同有所差异。现举例如下。

1.4.1 测量实验

醋酸解离度和解离平衡常数的测定

一、实验目的

（1）了解用 pH 计法测弱电解质的解离平衡常数和解离度的原理与方法。
（2）学习 pH 计的使用方法。
（3）理解弱电解质解离度、解离平衡常数与浓度的关系。
（4）学习移液管、吸量管的使用方法。

二、实验原理

醋酸在水中存在如下解离平衡：

$$HAc(aq) \rightleftharpoons H^+(aq) + Ac^-(aq)$$

起始浓度 / mol·L^{-1}　　　　c　　　　　　0　　　　　　0
平衡浓度 / mol·L^{-1}　　$c-c\alpha$　　　　$c\alpha$　　　　$c\alpha$

$$K_a^\ominus(HAc) = \frac{c(H^+)c(Ac^-)}{c(HAc)} = \frac{(c\alpha)^2}{c-c\alpha} = \frac{c\alpha^2}{1-\alpha}$$

在一定温度下，使用 pH 计测量一系列已知浓度的醋酸的 pH 值，然后由 pH = $-\lg c(H^+)$ 可以求得 $c(H^+)$，再由 $c(H^+) = c\alpha$ 求出对应的解离度 α 和解离平衡常数 $K_a^\ominus$。

三、实验步骤

（1）配制不同浓度的 HAc 溶液。
实验室提供的 HAc 溶液浓度_____mol·L^{-1}。

HAc 溶液编号	1	2	3	4
HAc 溶液体积/mL	50.00	25.00	15.00	5.00
H$_2$O 的体积/mL	0.00	25.00	35.00	45.00
HAc 浓度/mol·L^{-1}				

（2）由稀到浓依次测定 HAc 溶液的 pH 值。
（3）数据记录和结果处理。

编号	HAc 浓度 /mol·L^{-1}	pH 值	$c(H^+)$ /mol·L^{-1}	a/%	$K_a^{\ominus}$(HAc)	$K_a^{\ominus}$ 的平均值
1						
2						
3						
4						

四、思考题与讨论（略）

1.4.2 性质实验

解离平衡

一、实验目的

（1）加强对解离平衡、同离子效应等理论的理解。
（2）掌握缓冲溶液的原理及其配制方法。
（3）了解盐类水解反应及其平衡的移动。
（4）掌握指示剂及 pH 试纸的使用方法。

二、实验原理

弱酸或弱碱在水中部分解离，AB $\rightleftharpoons$ A$^+$+B$^-$，当增大 A$^+$ 或 B$^-$ 浓度时，平衡向生成 AB 的方向移动，这种现象被称为同离子效应。利用同离子效应将弱酸（或弱碱）及其盐组成混合溶液，这种混合溶液可以抵抗外来少量酸碱或稀释的影响，其 pH 值保持基本不变，称之缓冲溶液。缓冲溶液的缓冲能力是有限的，大量外来酸碱或稀释会破坏其缓冲能力。

弱酸强碱盐溶液发生水解呈碱性，强酸弱碱盐溶液呈酸性，弱碱弱酸盐溶液的酸碱性则取决于相应生成的弱酸、弱碱的 $K_a^{\ominus}$、$K_b^{\ominus}$ 的相对大小。水解反应是吸热反应，所以温度升高可以使平衡向水解方向移动；同时可以在系统中加入酸，使 $c(H^+)$ 大，从而使平衡左移，抑制水解。当强碱弱酸盐和强酸弱碱盐相遇，由于水解后各显碱性和酸性，可以互相加剧水解，如当 Al$_2$(SO$_4$)$_3$ 溶液与 Na$_2$CO$_3$ 溶液混合，发生反应：

$$2Al^{3+}+3CO_3^{2-}+3H_2O \Longrightarrow 2Al(OH)_3\downarrow+3CO_2$$

使反应十分彻底。

三、实验步骤

实验步骤	实验现象	解释和结论

1. 同离子效应
① 10 滴 0.1 mol·L^{-1} NH$_3$·H$_2$O+1 滴酚酞
    10 滴 0.1 mol·L^{-1} NH$_3$·H$_2$O+1 滴酚酞+少量 NH$_4$Ac 固体
② 10 滴 0.1 mol·L^{-1} HAc+1 滴甲基橙
    10 滴 0.1 mol·L^{-1} HAc+1 滴甲基橙+少量 NH$_4$Ac 固体		

2. 缓冲溶液的配制和性质
① 10 mL 2 mol·L^{-1} HAc+10 mL 2 mol·L^{-1} NaAc 组成缓冲溶液 A,用 pH 试纸测其 pH
② 10 mL 0.1 mol·L^{-1} HAc+10 mL 0.1 mol·L^{-1} NaAc 组成缓冲溶液 B,用 pH 试纸测其 pH
③ 2 mL A+0.5 mL H$_2$O,用 pH 试纸测其 pH
    2 mL A+0.5 mL 0.1 mol·L^{-1} HCl,用 pH 试纸测其 pH
    2 mL A+0.5 mL 0.1 mol·L^{-1} NaOH,用 pH 试纸测其 pH
    2 mL A+0.5 mL 6 mol·L^{-1} HCl,用 pH 试纸测其 pH
    2 mL A+0.5 mL 6 mol·L^{-1} NaOH,用 pH 试纸测其 pH
④ 2 mL B+0.5 mL H$_2$O,用 pH 试纸测其 pH
    2 mL B+0.5 mL 0.1 mol·L^{-1} HCl,用 pH 试纸测其 pH
    2 mL B+0.5 mL 0.1 mol·L^{-1} NaOH,用 pH 试纸测其 pH
    2 mL B+0.5 mL 6 mol·L^{-1} HCl,用 pH 试纸测其 pH
    2 mL B+0.5 mL 6 mol·L^{-1} NaOH,用 pH 试纸测其 pH
⑤ 2 mL H$_2$O,用 pH 试纸测其 pH
    2 mL H$_2$O+0.5 mL 0.1 mol·L^{-1} HCl,用 pH 试纸测其 pH
    2 mL H$_2$O+0.5 mL 0.1 mol·L^{-1} NaOH,用 pH 试纸测其 pH
    2 mL H$_2$O+0.5 mL 6 mol·L^{-1} HCl,用 pH 试纸测其 pH
    2 mL H$_2$O+0.5 mL 6 mol·L^{-1} NaOH,用 pH 试纸测其 pH		

3. 盐类水解
① 3 mL 2 mol·L^{-1} NaAc+1 滴酚酞,将试管缓慢加热至沸,冷却试管
② 2 mL H$_2$O+5 滴 BiCl$_3$+2 mol·L^{-1} HCl
③ 1 mL 0.1 mol·L^{-1} Al$_2$(SO$_4$)$_3$(A),用 pH 试纸测定其 pH 值
    1 mL 0.5 mol·L^{-1} NaHCO$_3$(B),用 pH 试纸测定其 pH 值
    A 溶液+B 溶液		

四、思考题及讨论(略)

1.4.3 制备实验

硫酸亚铁铵的制备

一、实验目的

(1)了解复盐的一般特征和制备方法。
(2)练习水浴加热,常压过滤和减压过滤、蒸发、结晶等基本操作。

(3)学习用目测比色检验产品质量。

二、实验原理

将过量铁与稀硫酸作用生成硫酸亚铁：

$$Fe+H_2SO_4 = FeSO_4+H_2\uparrow$$

往硫酸亚铁溶液中加入硫酸铵并使其全部溶解，加热浓缩制得的混合溶液，再冷却即可得到溶解度较小的硫酸亚铵盐晶体：

$$FeSO_4+(NH_4)_2SO_4+6H_2O = (NH_4)_2SO_4\cdot FeSO_4\cdot 6H_2O$$

由于 Fe^{3+} 能与 SCN^- 生成红色的物质 $[Fe(SCN)]^{2+}$，用目测比色法可估计产品中所含杂质 Fe^{3+} 的量。

三、实验步骤

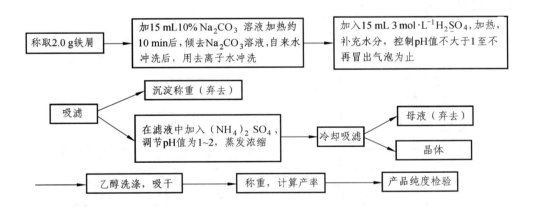

四、实验结果

(1)产量_____ g；   产率_____ %。
(2)产品纯度检验表。

检验项目	NH_4^+	Fe^{2+}	SO_4^{2-}
检验方法			
产品			

(3) Fe^{3+} 含量_____，符合_____级品标准。

五、思考题及讨论（略）

1.4.4 滴定实验

溶液配制和滴定操作练习

一、实验目的

（1）掌握溶液配制方法，学习吸量管（移液管）、容量瓶的使用方法。
（2）学习和掌握酸碱滴定的基本操作方法。

二、实验原理

强酸滴定强碱时，通常选用甲基橙为指示剂；强碱滴定强酸时，通常选用酚酞为指示剂来进行酸碱滴定。

三、实验步骤

（1）溶液配制。

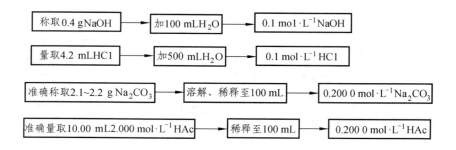

（2）酸碱滴定。

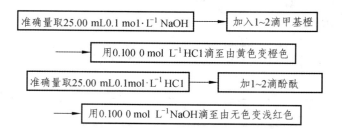

四、实验纪录和结果处理

NaOH 溶液浓度的标定

数据记录与计算		测定序号		
		1	2	3
HCl 标准溶液的浓度/mol·L^{-1}				
NaOH 溶液的净用量/mL		25.00	25.00	25.00
HCl 操作液用量/mL	终读数			
	初读数			
	净用量			
NaOH 溶液的浓度/mol·L^{-1}				
平均值/mol·L^{-1}				
相对平均偏差				

HCl 溶液浓度的标定

数据记录与计算		测定序号		
		1	2	3
NaOH 溶液的浓度/mol·L^{-1}				
NaOH 溶液的用量/mL	终读数			
	初读数			
	净用量			
HCl 溶液净用量/mL		25.00	25.00	25.00
HCl 溶液浓度/mol·L^{-1}				
平均值/mol·L^{-1}				
相对平均偏差				

五、思考题及讨论（略）

第 2 章　工程化学实验常用仪器及基本操作技术

2.1　工程化学实验常用仪器简介

2.1.1　工程化学实验常用仪器介绍（见表 2.1）

表 2.1　工程化学实验常用仪器

仪　器	规　格	主要用途	使用方法和注意事项
试管　离心试管	玻璃质，分硬质和软质。有普通试管和离心试管（也叫离心机管）两种。普通试管又分为翻口、平口，有刻度、无刻度，有支管、无支管，有塞、无塞等几种。离心试管也有有刻度和无刻度之分。 规格：有刻度的试管和离心试管按容量（mL）分，有 5、10、15、20、25、50 等。 无刻度试管按管外径（mm）×管长（mm）分，有 8×70、10×75、10×100、12×100、12×120、15×150、30×200 等	1. 在常温或加热条件下用作少量试剂反应的容器，便于操作和观察。 2. 用于收集少量气体。 3. 支管试管还可检验气体产物，也可接到装置中用。 4. 离心试管还可用于沉淀分离	1. 反应液体不超过试管容量的 1/2，加热时不超过试管容量的 1/3。 2. 加热前试管外面要擦干，加热时要用试管夹。 3. 加热液体时，管口不要对人，并将试管倾斜与桌面成 45°，同时要不断振荡，火焰上端不能超过管内的液面。 4. 加热固体时，管口应略向下倾斜。 5. 离心试管不可直接加热
烧杯	玻璃质，分硬质和软质。有一般型、高型，有刻度、无刻度等几种。 规格：按容量（mL）分，有 50、100、150、200、250、500、1 000、2 000 等。此外还有容量（mL）为 1、5、10 的微量烧杯	1. 常温或加热条件下作大量物质反应的容器，以便反应物易混合均匀。 2. 配制溶液时用。 3. 可代替水槽	1. 反应液体不得超过烧杯容量的 2/3。 2. 加热前要将烧杯外壁擦干，烧杯底要垫石棉网，使其受热均匀
烧瓶	玻璃质，分硬质和软质。有平底、圆底、长颈、短颈、细口、厚口和蒸馏瓶等几种。 规格：按容量（mL）分，有 50、100、250、500、1 000 等，此外还有微量烧瓶	1. 圆底烧瓶：在常温或加热条件下供化学反应用，因盛放的是液体，故圆形受热面大、耐压大。 2. 平底烧瓶：配制溶液或代替圆底烧瓶，因平底放置平稳。 3. 蒸馏烧瓶：用于液体蒸馏、少量气体的发生装置	1. 盛放液体的量不能超过烧瓶容量的 2/3，也不能太少。 2. 固定在铁架台上，下垫石棉网再加热，不能直接加热，加热前外壁要擦干。 3. 放在桌面上，下面要有木环或石棉环

续表

仪　器	规　格	主要用途	使用方法和注意事项
锥形瓶	玻璃质，分硬质和软质。分为有塞和无塞，广口、细口和微型几种。 规格：按容量（mL）分，有 50、100、150、200、250、500、1 000 等	1. 用于反应容器。 2. 振荡方便，适用于滴定操作	1. 盛放液体不能太多。 2. 加热时应下垫石棉网或置于水浴中，使其受热均匀
碘量瓶	玻璃质。 规格：按容量（mL）分，有 100、250 等	用于碘量法	1. 塞子及瓶口配套，以免产生缝隙。 2. 滴定时打开塞子，用蒸馏水将瓶口及塞子上的碘液洗入瓶中
滴管	由尖嘴玻璃管和橡皮乳头构成	1. 用于吸取或滴加少量（数滴或 1～2 mL）液体。 2. 用于吸取沉淀的上层清液以分离沉淀	1. 滴加时，保持垂直，避免倾斜，切忌倒立。 2. 管尖不可接触其他物体，以免弄脏
滴瓶	玻璃质。有棕色、无色两种，滴管上带有橡皮乳头。 规格：按容量（mL）分，有 15、30、60、125 等	用于盛放少量液体试剂或溶液，便于取用	1. 棕色瓶可盛放见光易分解或不太稳定的物质的溶液或液体。 2. 滴管不能吸得太满，也不能倒置。 3. 滴管专用，不得弄乱、弄脏
细口瓶	玻璃质。分为磨口和非磨口，且有无色、棕色和蓝色3种。 规格：按容量（mL）分，有 100、200、250、500、1 000、1 250 等 细口瓶又叫试剂瓶	用于储存溶液和液体药品	1. 不能直接加热。 2. 瓶塞不能弄脏、弄乱。 3. 盛放碱液应改用胶塞。 4. 有磨口塞的细口瓶不用时应洗净并在磨口处垫上纸条。 5. 有色瓶可盛放见光易分解或不太稳定的物质的溶液或液体
广口瓶	玻璃质。有无色、棕色、磨口、非磨口，磨口有塞几种。若无塞的口上是磨砂的则为集气瓶。 规格：按容量（mL）分，有 30、60、125、250、500 等	1. 用于储存固体药品。 2. 集气瓶还用于收集气体	1. 不能直接加热，不能放碱，瓶塞不得弄脏、弄乱。 2. 做气体燃烧实验时瓶底应放少许砂子或水。 3. 收集气体后，要用毛玻璃片盖住瓶口

续表

仪　器	规　格	主要用途	使用方法和注意事项
量筒和量杯	玻璃质。 规格：按容量（mL）分，有5、10、20、25、50、100、200、500、1 000等。 上口大下部小的叫量杯	用于量取一定体积的液体	1. 应竖直放在桌面上，读数时，视线应和液面水平，读取与弯月面底相切的刻度。 2. 不可加热，不可做实验（如溶解、稀释等）容器。 3. 不可量取热溶液或热液体
洗瓶	塑料制品。 规格：多为500 mL	用于盛放蒸馏水或去离子水	
称量瓶	玻璃质。有高型、矮型两种。 规格：按容量（mL）分，高型有10、20、25、40等；矮型有5、10、15、30等	用于准确称取一定量的固体药品	1. 不能加热。 2. 盖子是磨口配套的，不得丢失、弄脏。 3. 不用时应洗净，并在磨口处垫上纸条
容量瓶	玻璃质。 规格：按刻度以下的容量（mL）分，有5、10、25、50、100、150、200、250、500、1 000等	用于配制准确浓度的溶液	1. 溶质先在烧杯内全部溶解，然后移入容量瓶。 2. 不能加热，不能代替试剂瓶用来存放溶液
酸式滴定管　碱式滴定管	玻璃质。有酸式（具有玻璃活塞）和碱式（具有橡皮滴头）两种 规格：按刻度最大标度（mL）分，有25、50、100等，微量的有1、2、3、4、5、10等	用于滴定或用以量取较准确体积的液体	1. 用前洗净，装液体前要用所盛放的溶液淋洗3次。 2. 酸式管滴定时，用左手开启旋塞；碱式管用左手轻捏橡皮管内的玻璃珠，溶液即可放出。酸式管和碱式管均要注意赶尽气泡。 3. 酸式管旋塞应擦凡士林，碱式管下端橡皮管不能用洗液洗。 4. 酸式管、碱式管不能对调使用

续表

仪　器	规　格	主要用途	使用方法和注意事项
干燥管	玻璃质。还有其他形状的。 规格：以大小表示	用于干燥气体	1. 干燥剂颗粒要大小适中，填充时松紧要适中，不与气体反应。 2. 两端要用棉花团。 3. 干燥剂变潮后应立即更换，且用后应清洗。 4. 两头要接对（大头进气，小头出气），并固定在铁架台上使用
移液管（吸量管）	玻璃质。分刻度管型和单刻度大肚型两种。此外，还有完全流出式和不完全流出式。 规格：按刻度最大标度（mL）分，有 1、2、5、10、25、50 等，微量的有 0.1、0.2、0.25、0.5 等。此外还有自动移液管。 吸管也叫移液管或吸量管	用于精确移取一定体积的液体	1. 将液体吸入，液面超过刻度，再用食指按住管口，轻轻转动放气，使液面降至刻度下，用食指按住管口，移往指定容器上，放开食指，使液体注入。 2. 使用时先用少量所移取液体淋洗 3 次。 3. 一般吸管残留的最后一滴液体不要吹出（完全流出式应吹出）
漏斗	玻璃质或工艺搪瓷质。有长颈和短颈两种。 规格：按斗径（mm）分，有 30、40、60、100、120 等。 此外，铜制热漏斗专用于热滤	1. 过滤液体。 2. 倾注液体。 3. 长颈漏斗常装配气体发生器，用于添加液体	1. 不可直接加热。 2. 过滤时漏斗颈尖端必须紧靠承接滤液的容器壁。 3. 长颈漏斗用于添加液体时，斗颈应插入液面内
分液漏斗	玻璃质。有球形、梨形、筒形和锥形几种。 规格：按容量（mL）分，有 50、100、250、500、1 000、2 000 等	1. 用于互不相溶的液体分离。 2. 在气体发生器装置中，用于添加液体	1. 不能加热。 2. 塞上涂一薄层凡士林，旋塞处不能漏液。 3. 分液时，下层液体从漏斗管流出，上层液体从上口倒出。 4. 装气体发生器时，漏斗管应插入液面内（漏斗管不够长，可接管）

续表

仪 器	规 格	主要用途	使用方法和注意事项
抽滤瓶 （布氏漏斗、吸滤瓶）	布氏漏斗为瓷质，规格以半径（mm）表示。抽滤瓶为玻璃质。 规格：按容量（mL）分，有50、100、250、500等，两者配套使用	用于无机制备中晶体或沉淀的减压过滤（利用抽气管或真空泵降低抽滤瓶中压力来减压过滤）	1. 不能直接加热。 2. 滤纸要略小于漏斗的内径才能贴紧。 3. 先开抽气管，后过滤。过滤完毕后，先分开抽气管与抽滤瓶的连接处，然后关抽气管
洗气瓶	玻璃质，形状有多种。 规格：按容量（mL）分，有125、250、500、1 000等	用于净化气体，反接还可作安全瓶（或缓冲瓶）用	1. 接法要正确（进气管通入液体中）。 2. 洗涤液注入容器高度的1/3，不得超过1/2
表面皿	玻璃质。 规格：按直径（mm）分，有45、65、75、90等	盖在烧杯上，防止液体迸溅。还有其他用途	不能用火直接加热
蒸发皿	瓷质，也有玻璃、石英、铂制品。有平底和圆底两种。 规格：按上口直径（mm）分，有30、40、50、60、80、95等	口大底浅，蒸发速度快，可以作蒸发、浓缩溶液用。随液体性质不同可选用不同材质的蒸发皿	1. 耐高温，但不宜聚冷。 2. 一般放在石棉网上加热
玻璃砂（滤）坩埚	以坩埚孔径的大小分为六种型号： G1（20~30 μm）、 G2（10~15 μm）、 G3（4.9~9 μm）、 G4（3~4 μm）、 G5（1.5~2.5 μm）、 G6（1.5 μm以下）	用于过滤定量分析中只需低温干燥的沉淀	1. 应选择合适孔径的坩埚。 2. 干燥或烘烤沉淀时，温度最高不得超过500 ℃，最适用于只需在150 ℃以下烘干的沉淀。 3. 不宜用于过滤胶状沉淀或碱性较强的溶液

续表

仪 器	规 格	主要用途	使用方法和注意事项
坩埚	瓷质,也有玻璃、石英、氧化锆、铁、镍或铂制品。规格:按容量(mL)分,有10、15、25、50等	作强热、锻烧固体用。随固体性质不同可选用不同材质的坩埚	1. 放在泥三角上直接强热或锻烧。 2. 加热时坩埚应先预热,反应完毕后用坩埚钳取下时,应放置在石棉网上
坩埚钳	铁或铜合金,表面常镀镍、铬	用于夹持坩埚和坩埚盖	1. 不要和化学药品接触,以免腐蚀。 2. 放置时,应使其头部朝上,以免玷污。 3. 夹持高温坩埚时,钳尖需先预热
研钵	瓷质,也有玻璃、玛瑙或铁制品。规格:以口径大小表示	1. 研碎固体物质。 2. 固体物质的混合。 按固体的性质和硬度选用不同的研钵	1. 大块物质只能压碎,不能舂碎。 2. 放入量不宜超过研钵容积的1/3。 3. 易爆物质只能轻轻压碎,不能研磨
干燥器	玻璃质。规格:以直径表示,如18 cm、15 cm、10 cm等	1. 定量分析时,将灼烧过的坩埚置于其中冷却。 2. 存放样品,以免样品吸收水汽	1. 灼烧过的物体放入干燥器前温度不能过高。 2. 使用前应检查干燥器内的干燥剂是否失效
点滴板	白色瓷板。规格:按凹穴数目,分十二穴、九穴、六穴等	用于点滴反应,一般不需要分离的沉淀反应,尤其是显色反应	1. 不能加热。 2. 不能用于含氢氟酸和浓碱溶液的反应
试管架	木质、铝质。有不同形状和大小的	用于放试管	加热后的试管应用试管夹夹在试管架上
铁夹 铁圈 铁架	铁制品,铁夹现在有铝制的。 铁架台有圆形的也有长方形的	用于固定或放置反应容器。铁圈还可代替漏斗架使用	1. 仪器固定在铁架台上时,仪器和铁架的重心应落在铁架台底盘的中部。 2. 用铁夹夹持仪器时,应以仪器不能转动为宜,不能过紧或过松。 3. 加热后的铁圈不能撞击和摔落在地

续表

仪 器	规 格	主要用途	使用方法和注意事项
毛刷	以大小或用途表示,如试管刷、滴定管刷等	用于洗刷玻璃仪器	洗涤时手持刷子的部位要合适,要注意毛刷顶部竖毛的完整程度
试管夹	木制、竹制,也有金属丝(钢或铜)制品。形状各不相同	用于夹持试管	1. 夹在试管上端。 2. 不要将拇指按在夹的活动部分。 3. 一定要从试管底部套上或取下试管夹
三脚架	铁制品。有大小、高低之分,比较牢固	用于放置较大或较重的加热容器	1. 放置加热容器(除水浴锅外)应先放石棉网。 2. 下面加热灯焰的位置要合适,一般用氧化焰加热
漏斗架	木制品。有螺丝可固定在铁架或木架上,也叫漏斗板	用于过滤时承接漏斗	固定漏斗架时,不要倒放
燃烧匙	匙头铜质,也有铁制品	用于检验可燃性,进行固体燃烧反应	1. 放入集气瓶时应由上而下慢慢放入,且不要触及瓶壁。 2. 硫磺、钾、钠等燃烧实验,应在匙底垫上少许石棉或砂子。 3. 用完应立即洗净匙头并干燥
水浴锅	铜或铝制品	用于间接加热,也可用于粗略控温实验中	1. 应选择好圈环,使加热器皿没入锅中2/3。 2. 经常加水,防止将锅内水烧干。 3. 用完将锅内剩水倒出并擦干水浴锅

续表

仪　器	规　格	主要用途	使用方法和注意事项
泥三角	由铁丝弯成，套有瓷管。有大小之分	用于灼烧坩埚时放置坩埚	1. 使用前应检查铁丝是否断裂，断裂的不能使用。 2. 坩埚放置要正确，坩埚底应横着斜放在三个瓷管中的一个瓷管上。 3. 灼烧后小心取下，不要摔落
药匙	由牛角、瓷或塑料制成。现多数是塑料的	用于拿取固体药品。药勺两端各有一个勺，一大一小。根据用药量大小分别选用	取用一种药品后，必须洗净，并用滤纸擦干，然后才能取用另一种药品
石棉网	由铁丝编成，中间涂有石棉。有大小之分	石棉是一种不良导体，它能使受热物体均匀受热，不致造成局部高温	1. 应先检查，石棉脱落的不能用。 2. 不能与水接触。 3. 不可卷折

2.2　基本操作技术

2.2.1　常用仪器的洗涤与干燥

1. 仪器的洗涤

化学实验中经常会用到玻璃仪器，为保证实验取得理想的效果，必须将仪器清洗干净。根据实验要求、污物性质和污染程度选择不同的洗涤方法。

（1）水洗。用水刷洗能洗去仪器上的尘土、可溶性物质和对器壁附着力不强的不溶性物质。洗涤时，先用少量水润湿仪器，再根据仪器口径大小，选用合适的毛刷刷洗，然后用自来水冲洗，直至面壁透明而不粘附水珠即为洗净，最后用蒸馏水淌洗 1~2 次即可。洗试管时，应注意将毛刷伸入试管底部，再用手指握住进口处的刷柄，另一只手食指抵住试管底部，以避免穿破试管。

（2）合成洗涤剂刷洗。用去污粉、肥皂粉或合成洗涤剂能除去仪器沾有的油污或其他污迹。洗涤时可用毛刷蘸取少量洗涤剂于润湿的仪器从外向内刷洗，然后用自来水冲洗干净，最后用蒸馏水淌洗 1~2 次。

（3）洗液洗。对容量仪器形状特殊或对仪器洁净程度要求较高的精确容量分析的仪器，常用铬酸洗液（25 g $K_2Cr_2O_7$ 溶于 50 mL 热水中，冷却后缓缓加入 450 mL 浓硫酸即得深褐色铬酸洗液）。洗涤时，尽量抖去容器中的水后注入少量洗液，然后让仪器倾斜并慢慢转动，让洗液润湿仪器内壁，稍后将洗液倒回原瓶，再用自来水将仪器内壁残留的洗液洗去，最后用蒸馏水淌洗 1~2 次即可。洗液具有强酸性、强氧化性和腐蚀性，使用时要特别小心，切忌将洗液溅在皮肤和衣服上，以免造成伤害。

（4）特殊试液洗涤。

① 铁盐黄色污物：用稀盐酸浸泡片刻即可除去。

② 高锰酸钾污物：用草酸溶液浸泡洗涤。

③ 二氧化锰污物：用浓盐酸浸泡溶解，或者用 $FeSO_4$ 溶液洗涤。

④ 碘污物：用稀 NaOH、$Na_2S_2O_3$ 溶液浸泡洗涤。

⑤ 银、铅污物：用稀硝酸浸泡，微热促进溶解。

（5）用去离子水淋洗。经过上述方法洗净的仪器，仍然会沾有自来水中的钙、镁、铁、氯等离子。因此，必要时应用去离子水淋洗内壁 2~3 次。

洗净的仪器倒置时器壁上只留下一层均匀的水膜，水在器壁上无阻地流动。若局部挂水或有水流拐弯的现象，表示洗得不够干净。

洗涤过程如下：

① 倒废液：洗涤前一定要将仪器中的废液倒入废液缸后才能洗涤，一是便于废液的处理，二是防止意外事故的发生。若废液为浓硫酸，直接洗涤极易发生硫酸伤人事故。

② 注入一半水：倒掉废液的仪器先用自来水淋洗一遍后，再注入一半的水。

③ 刷洗：选好毛刷，确定好手拿部位后来回柔力刷洗。注意不要把几支试管一起刷洗。

④ 用去污粉刷洗或用铬酸洗液洗：若用水不能将仪器洗净，可根据实际情况选用去污粉刷洗或用铬酸洗液洗涤。

⑤ 特殊物质的去除应根据沾在器壁上的各种物质的性质，采用适当的方法或药品来处理它。

2. 仪器的干燥

仪器除必须清洁外，有时还要求干燥，干燥方法如下：

（1）倒置晾干：将洗净的仪器倒置在干净的仪器架上自然晾干。

（2）烤干：烧杯、蒸发皿等可直接在石棉网上用小火烤干；试管可在灯焰上烤干。操作开始时，先将仪器外壁擦干后，再用小火烤干，同时要不断地摇动使受热均匀。

（3）热风吹干：仪器如急需干燥，可用电吹风（见图 2.1）吹干。吹风前用易挥发溶剂如乙醇、丙酮等润洗，会干得更快。电吹风是冷、热两用，使用时先开冷风挡，如马达不转应立即切断电源排除故障。一些不能高温加热的仪器，如吸管、容量瓶、比重瓶等，可使用冷风吹干。

（4）加热烘干：将洗净的仪器放在电热干燥箱（烘箱）（见图 2.2）或红外干燥箱内烘干，烘箱温度一般设在 105 ℃ 左右。仪器放进前应尽量把水倒尽，以免水珠淌下损坏炉丝。有刻度的容器不宜在烘箱中烘干。升温时不能无人照看，以免温度过高。还应定期检查烘箱的自动控温系统，若自动控温系统一旦失效，会造成箱内温度过高，导致水银温度计炸裂。易燃、易挥发物不得进入烘箱，以免发生爆炸。

（5）快干（有机溶剂法）：对于量筒、移液管等不能加热的有容量刻度的仪器，可采用有机溶剂干燥。先用少量易挥发溶剂如乙醇、丙酮等润洗一遍仪器倒出（应回收），然后晾干或吹干。

图 2.1　电吹风

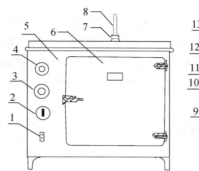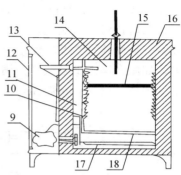

图 2.2　电热鼓风干燥箱

1—鼓风开关；2—加热开关；3—指示灯；4—控温器旋钮；5—箱体；6—箱门；
7—排气阀；8—温度计；9—鼓风电动机；10—隔板支架；11—风道；
12—侧门；13—温度控制器；14—工作室；15—试样隔板；
16—保温层；17—电热器；18—散热板

2.2.2　试剂知识和试剂的取用、保管与配制

1. 试剂的规格

根据杂质含量的多少，通常将化学试剂分成四个等级。我国的分级如表 2.2 所示。

表 2.2　我国化学试剂的等级

等级	一级试剂（保证试剂）	二级试剂（分析试剂）	三级试剂（化学纯试剂）	四级试剂（实验试剂）
符号	GR	AR	CP	LR
标签颜色	绿色	红色	蓝色	黄色
应用范围	纯度很高，用于精密分析和科学研究工作	一般化学分析与科学研究	一般定性实验和化学制备	纯度较低，宜用作化学实验辅助试剂

除上述规格的试剂外，还有一些特殊试剂，如基准试剂、光谱纯试剂、色谱纯试剂等。

基准试剂的纯度相当于（或高于）一级品。常用作滴定分析中的基准物，也可直接用于配制标准溶液。

光谱纯试剂主要用作光谱分析中的标准物质，它的杂质含量低于光谱分析法的检测限（或者低于某一限度）。这类试剂不能作为化学分析的基准试剂使用。

选用何种规格的试剂，应按实验的精确度要求。避免盲目使用高纯度试剂而造成浪费，也不能随意降低规格而影响测定结果的准确性。

2. 试剂的取用

（1）固体试剂的取用。固体药品一般放在广口瓶中，取用粉末或小粒状固体用药匙。取药品时药匙必须清洁、干燥，为避免粉末粘附在管口和管壁，可将药匙小心地送入试管中，如图2.3（a）所示，或将药品放在一折成舟状的干净纸条内再送入倾斜的试管，如图2.3（b）所示，然后再将试管竖直，药品全部落到试管底部。较大的块状固体用镊子夹出，将试管稍微倾斜，让固体沿管壁缓慢地滑到试管底部，如图2.3（c）所示，不可竖着试管将固体直往下丢，如此会砸破试管底部。用过的药匙和镊子要立即用清洁的纸擦干净，以备下次使用。取出试剂后，应立即将瓶盖好、拧紧，并将试剂瓶放回原处。

（a）用药匙往试管里送入固体试剂　　　　（b）用纸槽往试管里送入固体试剂

（c）块状固体沿管壁慢慢滑下

图2.3　固体试剂的取用

（2）液体试剂的取用。液体试剂通常盛放在细口试剂瓶中。见光易分解的试剂应盛放在棕色瓶中。每个试剂瓶上都必须贴上标签，并标明试剂的名称、浓度和纯度。

① 从滴瓶中取用液体试剂时，要用滴瓶中的滴管，滴管绝对不能伸入所用的容器中，以免接触器壁而玷污药品，如图2.4所示。

② 从细口瓶中取用液体试剂时，用倾注法。先将瓶塞取下，反放在桌上，手握住试剂瓶上贴标签的一面，逐渐倾斜瓶子，让试剂沿着洁净的试管壁流入试管或沿着洁净的玻璃棒注入烧杯中，如图2.5所示。倒出所需液体后，应将试剂瓶口在玻璃棒或容器上靠一下，再将试剂瓶竖直，这样可以避免遗留在瓶口的试剂从瓶口流到试剂瓶的外壁。倒出试剂后，瓶塞要立刻盖在原来的试剂瓶上，绝对不允许混淆，并把试剂瓶放回原处，瓶上的标签朝外。

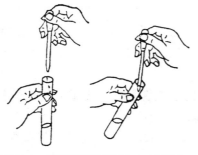 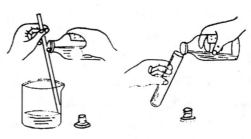

图2.4　用滴管将试剂加入试管中　　　　**图2.5　液体试剂的取用**

3. 试剂的保管

一般的化学试剂应保存在通风良好、清洁干燥的房间内，以防止水分、灰尘和其他物质对试剂的玷污。对于有毒、易燃、有腐蚀性和潮解性的试剂，应采用不同的保管方法。

（1）见光分解的试剂（如硝酸银等），与空气接触易氧化的试剂（如氯化亚锡、硫酸亚铁等），易挥发的试剂（如氨水、乙醇、乙醚等）都应储存于棕色瓶中，并放在阴暗处。

（2）容易腐蚀玻璃的试剂（如氢氟酸、含氟盐、氢氧化钠等）应保存在塑料瓶内。

（3）吸水性强的试剂（如无水碳酸钠、氢氧化钠等）试剂瓶口应严格密封，必要时保存在干燥器中。

（4）易燃和易爆的试剂（如苯、乙醚、丙酮等）应储存于阴凉通风、不受阳光直射的地方。

（5）剧毒试剂（如氰化钾、三氧化二砷、氯化汞等）和贵重试剂（如 Au、Pt、Ag 等贵重金属）应储存在保险柜里并由专人妥善保管，取用时应严格做好记录，以免发生事故。

4. 试剂的配制

试剂配制一般是指把固体和液体试剂配制成溶液，或把浓溶液稀释成所需浓度的稀溶液。

配制溶液时，首先算出所需固体或液体试剂的用量，称取或量取后置于容器中，加少量溶剂搅拌溶解，必要时可加热溶解，之后再加溶剂稀释至所需的体积，混合均匀，即得所需浓度的溶液。

配制饱和溶液时，称取比计算量稍多的试剂，加热溶解，冷却，待结晶析出后，取用上层清液以保证溶液的饱和。

配制易水解的盐溶液[如 $SnCl_2$、$FeCl_3$、$SbCl_3$、$Bi(NO)_3$ 等]，应先加入相应的浓酸（HCl、H_2SO_4 或 HNO_3），以抑制水解或溶于相应的酸中使溶液澄清。

配制易氧化的盐溶液时，不仅需要酸化溶液，还需要加入相应的纯金属，使溶液稳定。如配制 $FeSO_4$、$SnCl_2$ 溶液时需要加入金属铁或金属锡。

2.2.3 加热装置和加热方法

在化学实验中，可根据实验情况需要的不同采用不同的加热装置。实验室中常用的加热方式有直接加热和间接加热。直接加热常用的装置有酒精灯、喷灯、煤气灯、电炉、马弗炉等；间接加热的装置有水浴、油浴、砂浴、盐浴等。

1. 加热装置

（1）酒精灯与酒精喷灯。实验室用酒精灯加热试管、烧杯、蒸发皿等；用酒精喷灯作热源进行玻璃仪器的加工等操作，常用的喷灯有挂式和坐式两种。酒精灯加热的温度一般是 300～500 °C，酒精喷灯加热的温度可达 800 °C。

① 酒精灯和酒精喷灯的构造。酒精灯和酒精喷灯的构造如图 2.6、图 2.7 所示。

② 酒精灯和酒精喷灯的使用方法。酒精灯的使用方法，如图 2.8 所示。

a. 检查灯芯，若灯芯不齐或烧焦应用剪刀修理整齐，如图 2.8（a）所示。

 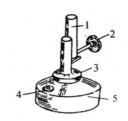 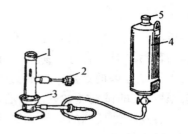

（a）坐式酒精喷灯　　　　（b）挂式酒精喷灯

图 2.6　酒精灯的构造　　　图 2.7　酒精喷灯的构造

1—灯帽；2—灯芯；3—灯壶　　1—管；2—空气调节器；3—预热盘；　　1—管；2—空气调节器；3—预热盘；
　　　　　　　　　　　　　　4—铜帽；5—酒精壶　　　　　　　　4—酒精储罐；5—盖子

b. 添加酒精，盛装的酒精量为容量的 1/2～2/3 为宜。注意：燃着时绝对不能加酒精，如图 2.8（b）所示。

c. 用火柴点燃酒精灯，绝对不能用燃着的酒精灯点火，如图 2.8（c）所示。

d. 用氧化焰加热容器，切忌不要用手拿着加热，如图 2.8（d）所示。

e. 熄灭酒精灯，熄灭时用灯帽盖上即可，千万不要用嘴吹灭，如图 2.8（e）所示。

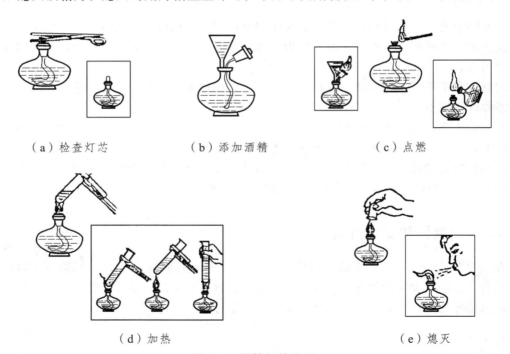

（a）检查灯芯　　　　（b）添加酒精　　　　（c）点燃

（d）加热　　　　　　　　　　　　　　（e）熄灭

图 2.8　酒精灯的使用

使用酒精喷灯时先将酒精注入灯壶内和预热盘内，拧紧酒精蒸气调节器，点燃预热盘里的酒精，待盘内酒精快燃尽时打开蒸气调节器，使酒精汽化，随即灯管口会出现火焰。停止使用时，拧紧酒精蒸气调节器，灯即熄灭。

注意，添加酒精时应关好下口开关，座式喷灯内储存的酒精量不能超过壶的 2/3。

（2）电加热装置。在实验室中，酒精灯与酒精喷灯已不多用，现主要采用的是电炉

（见图 2.9）、电加热套（见图 2.10）、管式炉（见图 2.11）和马弗炉（见图 2.12）等多种电器进行加热。

电炉是实验室常用的一种加热器，可加热烧杯、蒸发皿、反应锅等，为使受热均匀，常在电炉上放置铁丝网或石棉网。电加热套适用于温度超过 100 ℃ 的圆底烧瓶的加热，常用于有机化学实验中。根据圆底烧瓶的大小可选择不同规格的电加热套。管式炉和马弗炉是可自动控制温度的高温灼烧设备，常用来灼烧沉淀等。

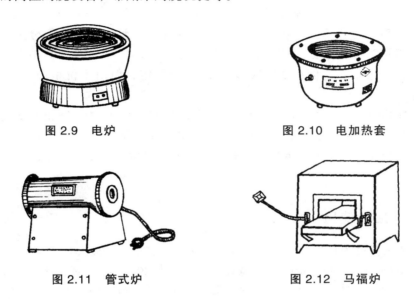

图 2.9 电炉　　　　图 2.10 电加热套

图 2.11 管式炉　　　　图 2.12 马弗炉

2. 热浴装置与加热方法

化学实验的许多基本操作都需要加热。除少量水作溶剂的反应可用加热装置直接加热外，大多数化学反应特别是在有机化学反应中一些玻璃仪器一般不能用火焰或电加热装置直接加热，因为剧烈的温度变化和加热不均匀会造成玻璃仪器的损坏。同时，由于局部过热，还可能引起化学物质的部分分解。为了避免直接加热可能带来的影响，实验室中常常根据具体情况采用不同的间接加热方式。

最简便的加热方式是通过石棉网进行加热，但这种加热仍很不均匀。为了保证加热的均匀和操作安全，经常选用下列热浴来进行间接加热（热浴的液面高度皆应略高于容器中的液面）。当被加热的物质要求温度不高时，一般可用水浴或其他传热介质加热。常用的热浴装置有：① 水浴；② 恒温玻璃水浴；③ 电热恒温水浴（金属型）等。用水浴加热时，将容器浸入水浴中，勿使容器触及水浴底部，小心加热以保持所需的温度即可。若需要加热到 100 ℃ 时，可用沸水浴或水蒸气浴。若使用恒温水浴时，可用触点温度计控制温度；同时应注意玻璃缸或水槽中必须盛水后才能加热，否则电热管会炸裂，加水量以锅内电热管不露出水面为宜。

加热温度必须达到数百度以上时往往使用电热砂浴加热。电热砂浴锅由金属板和铸铁角制成，装置外壳上装有电源开关和指示灯各 3 个，用以控制温度的高低。发热体的四周及底部有玻璃纤维等绝热材料，使热量全部由发热面上散发。接通电源后，若需低温则开启"预热"开关；需中温时，开启"预热"及"中温"两个开关；需高温时，则将 3 个开关全部开启，每个开关均有指示灯。使用时将清洁而又干燥的细砂平铺在铁盘上，盛有液体的容器埋入砂中，在铁盘下加热，液体就会间接受热。

由于砂对热的传导能力较差而散热较快，所以容器底部与砂浴接触处的砂层要薄些，使其容易受热；容器周围与砂接触的部分，可用较厚的砂层，使其不易散热。但砂浴由于散热太快，温度上升较慢，且不易控制，故使用并不广泛。

加热温度在 100 ~ 250 ℃ 时可用油浴加热。油浴锅一般用金属铁或铜制成，油浴所能达到的最高温度取决于所用油的种类。甘油和邻苯二甲酸二正丁酯可加热到 140 ~ 150 ℃，温度过高则易分解。液体石蜡可加热到 220 ℃，温度再高也不分解，但易燃烧。因此常以液体石蜡为传热介质，加热温度一般不超过 250 ℃，若需要更高温度，可将传热介质换为硅油和真空泵油，它们在 250 ℃ 以上时仍较稳定，但由于价格昂贵，在普通实验中并不常用。

在用油浴加热时，油浴中应放温度计，以便及时调节加热装置，防止温度过高。油浴加热时应防止水溅入。使用油浴时要避免直接用火加热，尤其是用明火加热油浴时，稍有不慎，常发生油燃烧。为此，采用电油浴加热，若与继电器和接触式温度计相连，就能自动控制热浴的温度。

2.2.4 定量器皿的使用

实验室中用来量度液体体积的量器有量杯、量筒、容量瓶、移液管、吸量管、滴定管等，均标注有计量单位"mL"和标定时的环境温度（一般为 20 ℃）。量筒、量杯可量取体积较大但体积不太准确的液体体积，其余的量器量取液体可精确到 0.01 mL，使用时应根据实验对液体体积准确性要求的不同而选用各种量器。

由于量器的容积受温度影响较大，所以量器不能加热和用量器量取热溶液。

1. 量 筒

量筒是用来量取液体体积的仪器，是化学实验室中常用的器皿，是一种量取精度较差的量器。最小容量 5 mL，常用的有 10、25、50、100、250、500、1 000 mL 等规格。使用量筒时，读数时应使眼睛的视线和量筒内弯月面的最低点保持水平，如图 2.13 所示。

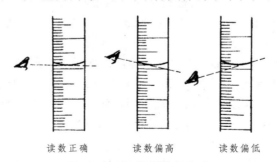

读数正确　　读数偏高　　读数偏低

图 2.13　量筒的读数方法

2. 移液管和吸量管

移液管和吸量管都是用来准确量取一定体积液体的量器。吸量管是带有分刻度的玻璃管，移液管是一根细长而中间膨大的玻璃管，在管的上端有一环形标线，实际上移液管是单标线吸量管，两者并没有严格区分。当量取整数体积的溶液时，可使用相应大小的移液管，而不使用吸量管，因为后者准确度差些。

用移液管或吸量管吸取溶液之前，首先应该用洗液洗净内壁，然后用自来水冲洗，再用蒸馏水淌洗 3 次，最后还必须用少量待吸的溶液淌洗内壁 3 次，以保证溶液吸取后浓度不变。

用移液管或吸量管吸取溶液时，一般应先将待吸溶液转移到已用该溶液淌洗过的烧杯中后再行吸取。吸取溶液时，右手拇指和中指拿住移液管上端，将移液管插入待吸溶液的液面下 1~2 cm 处，左手拿洗耳球，先将它捏瘪排去球中空气，将洗耳球对准移液管的上口按紧，切勿漏气，然后慢慢松开洗耳球，使移液管中液面上升，如图 2.14 所示。但要小心，不要将溶液吸入球中，以免玷污溶液。当液面达到移液管刻度线以上 3~5 cm 处时，应迅速移开洗耳球用右手食指压着移液管上口，慢慢转动移液管，使空气徐徐进入而液面下降；当弯月面与移液管的刻度圈平而相切时，则压紧管上口，将溶液转移入锥形瓶或容量瓶中，并让溶液自然流出，如图 2.15 所示；最后移液管的管口与锥形瓶的内壁接触两次（这时尚可见管尖部位仍留有少量液体，对此不要吹出，因为移液管标示的容积不包括这部分液体），即转移（吸取）完毕。

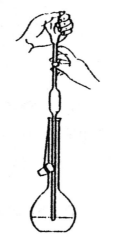 

图 2.14　用洗耳球吸取溶液　　　　图 2.15　移液管的使用

吸量管的使用方法类似于移液管，但移取溶液时，应尽量避免使用尖端处的刻度。

3. 容量瓶

容量瓶是用来配制标准溶液或稀释溶液到一定浓度的容量器皿。它是一种细颈梨形的平底玻璃瓶，带有磨口玻璃塞或塑料塞，颈上有一标线，表示在指定温度（通常为 20 ℃）下，溶液液面与标线相切时所能容纳的溶液体积。

容量瓶使用前，必须检查是否漏水。具体方法是：在瓶中加水至标线附近，盖好瓶塞，用一食指按住瓶塞，将瓶倒立 2 min，观察瓶塞周围是否渗水，然后将瓶直立，把瓶塞转动 180° 后再盖紧，再倒立，若不渗水，即可使用。

欲将固体物质准确配成一定体积的溶液时，需先把准确称量的固体物质置于一小烧杯中溶解，然后定量转移到预先洗净的容量瓶中。转移时应一手拿着玻璃棒，一手拿着烧杯，在瓶口上慢慢将玻璃棒从烧杯中取出，并将它插入瓶口（但不要与瓶口接触），再让烧杯嘴贴紧玻璃棒，慢慢倾斜烧杯，使溶液沿着玻璃棒流下，如图 2.16 所示。当溶液流完后，在烧杯仍靠着玻璃棒的情况下慢慢地将烧杯直立，使烧杯和玻璃棒之间附着的液滴流回容量瓶中，再将玻璃棒末端残留的液滴靠入瓶口内。在瓶口上方将玻璃棒放回烧杯内，但不要将玻璃棒靠在烧杯嘴一边。用少量蒸馏水冲洗烧杯 3～4 次，洗出液按以上方法全部转移入容量瓶中，然后用蒸馏水稀释。稀释到容量瓶容积的 2/3 时，直立旋摇容量瓶，使溶液初步混合（此时切勿加塞倒立容量瓶），最后继续稀释至接近标线时，改用滴管逐渐加水至弯月面恰好与标线相切（热溶液应冷至室温后，才能稀释至标线）。盖上瓶塞，按图 2.17 所示的拿法，将瓶倒立，待气泡上升到顶部后，再倒转过来，如此反复多次，使溶液充分混匀。按照同样的操作，可将一定浓度的溶液准确稀释到一定的体积。

 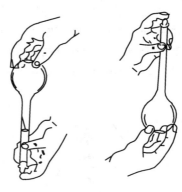

图 2.16　定量转移操作　　　　　　　　图 2.17　拿容量瓶的方法

容量瓶使用完毕后，应冲洗干净放置，不能在烘箱中烘干。如长期不用，磨口处应洗净擦干，并用纸片将磨口与瓶塞隔开。

4. 滴定管

滴定管是滴定时用来准确测量滴定溶液体积的一类玻璃量器。滴定管一般分作酸式和碱式两种，两者的差别在于放溶液的阀的不同，如图 2.18 所示。酸式滴定管是玻璃阀，它是磨口接触。碱式滴定管则是管与管嘴之间用一段胶管连接着，胶管中央是一个小玻璃球。碱式滴定管不能盛放氧化性溶液如 I_2、$KMnO_4$ 和 $AgNO_3$ 溶液等，因为这些溶液会腐蚀橡胶管。常量分析中常用的是容积为 50 mL 和 25 mL 的滴定管，最小刻度是 0.1 mL，可估计到 0.01 mL，因此读数可读到小数点后第二位。另外还有容积为 10、5、2、1 mL 的微量滴定管。

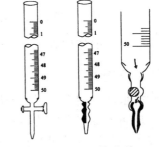

图 2.18　滴定管

（1）洗涤。洗涤可根据滴定管玷污的程度、脏物的性质选择合适的洗涤剂和洗涤方法。洗涤后的滴定管内壁应均匀地润上一薄层水，如果壁上还挂有水珠，说明未洗净，必须重洗。

（2）检漏。酸式滴定管洗净后首先要检查活塞转动是否灵活和漏水，如果活塞转动不灵活或漏水，需在活塞上涂抹凡士林。方法是取下活塞，将滴定管平放在实验台上，用干净滤纸将活塞和活塞窝的水吸干，如图 2.19 所示；再用手指蘸少许凡士林，在活塞孔的两边沿圆周涂上一薄层，如图 2.20 所示。注意，凡士林不能涂得太多，也不能涂到活塞孔的近旁，以免凡士林将活塞孔堵住。将涂好凡士林的活塞插进活塞窝里，单方向旋转活塞，直到活塞与活塞窝接触处全部透明为止，如图 2.21 所示。涂好的活塞转动要灵活，且不要漏水。为防止在滴定过程中活塞脱出，可用橡皮筋将活塞扎住。最后将滴定管内装水至"0"刻度左右，擦干管壁外的水，将其夹在滴定管管夹上，直立静止约 2 min，观察活塞边缘和管端有无水滴渗出。然后将活塞旋转 180°，再观察一次，若无水滴渗出，活塞转动也灵活，即可使用。

 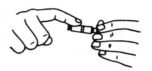 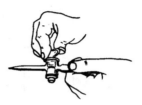

图 2.19　吸干活塞窝　　图 2.20　给活塞涂凡士林　　图 2.21　旋转活塞至透明

（3）装滴定液。装入滴定液之前，先用蒸馏水淌洗滴定管 3 次，每次约 10 mL，再用待装的滴定液将其内壁洗涤 3 次，用量依次为 10、5、5 mL。洗涤时，横持滴定管并缓慢转动，使标准溶液洗遍全管内壁，然后转动活塞，冲洗管口，放净残留液。洗涤完毕，倒入滴定液，直到溶液充满至"0"刻度以上。检查活塞附近（或橡皮管内）有无气泡，如有气泡，应将其排出。排出气泡时，酸式滴定管可转动活塞，使液体急速流出，即可排除滴定管下端的气泡；对于碱式滴定管，如图 2.22 所示，可用手捏住玻璃珠附近的橡皮管，使尖嘴玻璃稍向上翘，当溶液从管口冲出时，气泡也随之溢出，从而使溶液充满全管。

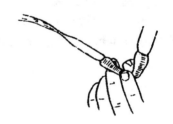

图 2.22　碱式滴定管排气法

（4）读数。对于常量滴定管，读数应读至小数点后第二位。滴定管读数不准确引起的误差，常常是滴定分析误差的主要来源，因此读数时应注意以下几点：

① 滴定管应垂直固定，每次滴定前应将液面调节在"0"刻度或稍下的位置，最好在"0"刻度位置。因为这样可以使每次滴定用的刻度范围在滴定管的同一部位，可避免由于滴定管刻度的不准确而引起的误差。

② 读数时一定要将滴定管从滴定管架上取下，用右手的大拇指和食指捏住滴定管上部无刻度处，使滴定管保持自然垂直状态，然后读数。

③ 读数时视线与所读的液面应处于同一水平面上。由于水的附着力和内聚力的作用，溶液在滴定管内的液面呈弧形（或弯月形）。对于无色或浅色溶液，读数时应读取与弧形液面最低处相切之点，如图 2.23 所示；而对于弯月面看不清的有色溶液如 $KMnO_4$ 等溶液，读数应读取液面两侧的最高点处。

④ 为了使读数准确，在注入或放出溶液后需静置 1 min 左右，待附着在内壁的溶液流下来后，再读取读数。

⑤ 对于乳白板蓝线衬背的滴定管，无色液面的读数应以两个弯月面相交的最尖部分为

准。深色溶液也是读取液面两侧的最高点。

⑥ 为使弯月面显得更清楚且便于读数，可用黑白纸做成读数卡，将其紧贴在滴定管背后。黑色部分放在弯月面下 0.1 mL 处，此时即可看到弯月面的反射层全部为黑色，读取黑色弯月面的最低点即可，如图 2.24 所示。

⑦ 初读数与终读数必须按同一方法读取。

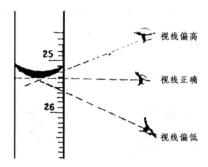

图 2.23 读数视线的位置

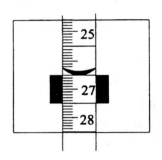

图 2.24 读数卡

（5）滴定。滴定前必须先去掉滴定管尖端悬挂的残余液滴，读取初读数后，然后立即将滴定管尖端插入锥形瓶（或烧杯口）内约 1 cm 处，管口放在锥形瓶的左侧，但不要靠近瓶壁。左手控制活塞（或玻璃珠右上方的橡皮管）使滴定液逐渐加入，如图 2.25、图 2.26 所示；右手的拇指、食指和中指拿住锥形瓶，其余两指辅助在下侧，使瓶底离桌面 2～3 cm，同时用右手摇动锥形瓶，瓶内溶液就向同一方向旋转，从而使瓶内溶液混合均匀，如图 2.27 所示。

图 2.25 酸式滴定管的操作

图 2.26 碱式滴定管的操作

无论采用哪一种滴定管都必须掌握滴定速率。滴定刚开始时，滴液速率可稍快些（不超过每分钟 10 mL），接近终点时滴定速率要减慢，从连续加几滴渐渐减至每次加 1 滴或半滴，同时每加 1 滴或半滴时均要摇匀溶液。滴定时要注意观察滴定液落点颜色的变化情况，当接近终点时，滴落点周围颜色的变化可能暂时扩散到全部溶液，但一经摇动仍会完全消失。这时就应该加 1 滴，摇几下，再加 1 滴……，并用蒸馏水淋洗锥形瓶内壁，以洗下因摇动而溅起的溶液，然后再加半滴，摇匀溶液，直至溶液出现明显的颜色变化为止。

滴定管滴加半滴溶液时，可轻轻转动活塞（用酸式滴定管时）或松开捏住橡胶管的拇指和食指（使用碱式滴定管时），使溶液悬挂在出口的尖嘴上形成半滴后，沿器壁流入瓶内，并用蒸馏水冲洗锥形瓶颈内壁。

滴定时应控制滴定液的浓度。一般 50 mL 滴定管使用滴定液应在 20~30 mL 处,不可使滴定液过稀,以致滴定时超过 50 mL;也不能使滴定液过浓,仅消耗很少操作液。两者都会使滴定的误差增大。

滴定还可以在烧杯中进行,滴定方法与上述基本相同,只是滴定时左手滴加溶液,右手持玻璃棒搅拌溶液,如图 2.28 所示。当滴定接近终点时,可用玻璃棒下端承接悬挂的半滴溶液加入烧杯中。

图 2.27　两手滴定操作姿势　　　　图 2.28　在烧杯中的滴定操作

滴定完毕后,将滴定管内剩余的溶液倒入废液缸中,不可倒回原瓶中,以免玷污标准溶液,然后洗净滴定管后装满水,再罩上滴定管盖备用。

2.2.5 结晶和重结晶

1. 结　晶

晶体析出的过程称为结晶。当溶液蒸发到一定浓度后冷却,即有晶体析出。结晶时要求物质溶液的浓度达到饱和程度。物质在溶液中的饱和程度与物质的溶解度和温度有关,一般是温度升高,溶解度增大。若把固体溶解在热的溶剂中达到饱和,冷却时由于溶解度降低,溶液变成过饱和溶液而析出晶体。

结晶有两种方法:一种方法适用于溶解度随温度的降低而显著减小的物质,如 KNO_3、$H_2C_2O_4$ 等。该类物质的溶液不必通过蒸发浓缩,只需制得它们的热饱和溶液后,冷却即可析出晶体。另一种方法适用于物质的溶解度随温度变化不大的物质,如 NaCl、KCl 等。这时首先蒸发溶液至液面出现晶膜,即溶液浓缩达到过饱和状态,冷却即可析出大部分或部分晶体。在晶体析出后过滤,继续蒸发母液至呈稀粥状后再冷却,才能获得较多的晶体。

晶体的大小与溶质的溶解度、溶液浓度、冷却速度等因素有关。如果希望得到较大颗粒状的晶体,则不宜蒸发至太浓,此时溶液的饱和程度较低,结晶的晶核少,晶体易长大。反之,溶液饱和程度较高,结晶的晶核多,晶体快速形成,得到的是细小晶体。从纯度来看,缓慢生长的大晶体纯度较低,而快速生成的细小晶体纯度较高。因为大晶体的间隙易包裹母液或杂质,因而影响纯度;但晶体太小且大小不均匀时,易形成糊状物,夹带母液较多,不易洗净,也影响纯度。因此晶体颗粒要求大小适中且应均匀,才有利于得到纯度较高的晶体。

欲从溶液中析出晶体，一般要进行蒸发以形成饱和或过饱和溶液。常用的蒸发仪器是蒸发皿，加热时蒸发皿内所盛液体的量不要超过其容量的 2/3，如被蒸发的溶液较多时，也可以在烧杯中进行，一般是在石棉网上用电炉直接加热蒸发。蒸发过程中，溶液的浓度逐渐增大，此时不仅要控制好温度，同时还要随时加以搅拌，以防局部过热而发生迸溅。

2. 重结晶

如果第一次结晶所得物质的纯度不符合要求，可进行重结晶。其方法是在加热的情况下使被纯化的物质溶于尽可能少的溶剂中，形成饱和溶液，并趁热过滤，除去不溶性杂质，然后使滤液冷却，被纯化物质即结晶析出，而杂质则留在母液中，通过过滤便得到较纯净的物质。若一次重结晶还达不到要求，可以再次重结晶。重结晶是提纯固体物质常用的重要方法之一，它适用于溶解度随温度有显著变化的化合物的提纯。其一般过程为：

（1）选择合适的溶剂，并在溶剂的沸点或接近于沸点的温度下将需要纯化的晶体溶解，制成热饱和溶液。若晶体的熔点较溶剂沸点低（一般为有机物）时，则应制成在熔点温度以下的饱和溶液。

（2）若溶液含有色杂质，可加适量活性炭煮沸脱色。

（3）过滤此热溶液以除去其中不溶性杂质及活性炭。

（4）将滤液冷却，使晶体从过饱和溶液中析出，而可溶性杂质仍留在母液中。

（5）抽气过滤，从母液中将晶体分出，洗涤晶体以除去吸附的母液。如果析出的晶体纯度还不符合要求，可重复上述操作，直至达到要求。

在进行重结晶时，选择合适的溶剂是重结晶操作的关键，所选的溶剂必须具备下列条件：

（1）不与被提纯物质起化学反应。

（2）当温度变化时，待纯化物质的溶解度有明显的差异。在较高温度时能溶解多量的被提纯物质；而在室温或更低温度时，只能溶解很少量的该种物质。

（3）杂质在溶剂中的溶解度很大或很小。前一种情况是使杂质留在母液中不随提纯物晶体一同析出，后一种情况是使杂质在热过滤时被滤去。

（4）容易挥发（溶剂的沸点较低），以便晶体干燥，同时易与晶体分离除去。

（5）能给出较好的结晶。

（6）无毒或毒性很小，便于操作，且廉价易得。

当几种溶剂同样都合适时，则应根据结晶的回收率、操作的难易、溶剂的毒性、易燃性和价格等来选择。一般来说，极性大的化合物难溶于非极性溶剂，而易溶于极性溶剂中；反之亦然。例如，含羟基的化合物，在大多数情况下或多或少能溶于水中；碳链增长，如高级醇，在水中的溶解度显著降低，但在碳氢化合物中，其溶解度却会增加。溶剂的最后选择，只能用实验方法来决定。

如果待提纯的物质在某种溶剂中溶解度很大，而在另一种溶剂中溶解度很小，且不能选择到一种合适的溶剂时，常使用混合溶剂以得到满意的结果。所谓混合溶剂，就是把对此物质溶解度很大的和溶解度很小的且又能互溶的两种溶剂（例如水和乙醇）混合起来，这样可获得新的良好的溶解性能。用混合溶剂重结晶时，先用溶解度大的溶剂溶解待提纯的物质，加热近沸。若有不溶性杂质应趁热滤去，如溶液需要脱色，可用活性炭煮沸脱色，趁热过滤。然后再将另一种溶剂加入，直至所出现的浑浊不再消失为止。再加入少量溶剂或稍热，使之恰好透明。然后将混合物冷却至室温，使晶体从溶液中析出。常用混合溶剂有：

| 乙醇-水 | 乙醚-甲醇 | 乙酸-水 | 乙醚-丙酮 |
| 丙酮-水 | 乙醚-石油醚 | 吡啶-水 | 苯-石油醚 |

2.2.6 固液分离技术

化学实验中经常会遇到沉淀和溶液分离或晶体与母液分离等固液分离情况，其分离的方法主要有倾析法、过滤法和离心分离法3种。

1. 倾析法

当沉淀的相对密度较大或颗粒较大时，静止后沉淀很容易沉降至容器底部，这时常用倾析法进行固液分离或沉淀洗涤，操作如图 2.29 所示。其操作方法是：待沉淀完全沉降后，将沉淀的上层清液沿玻璃棒慢慢地倾入另一容器内，即可使沉淀和溶液分离。如果沉淀物需要洗涤，则另外加适量洗涤液（如蒸馏水）搅拌均匀，待静置沉降后再倾析，如此重复数次即可。

图 2.29 倾析法

2. 过滤法

过滤法是固-液分离最常用的一种方法。过滤法利用沉淀和溶液在过滤器上穿透能力的差异，使沉淀留在滤器上而溶液透过滤器进入接收器中，将沉淀和溶液分离。因沉淀的性状、大小的不同，可选用各种型号的滤纸或砂芯漏斗等过滤器，采用常压、减压、热过滤等过滤方法。

（1）常压过滤。是用滤纸紧贴在玻璃漏斗上作为过滤器，是最为简便的过滤方法。当沉淀物为胶状或微细晶体时，常压过滤效果较好。

① 准备过滤器。首先根据沉淀的性质选择滤纸的类型，细晶形沉淀选"慢速"滤纸；粗晶形沉淀选"中速"滤纸；胶状沉淀则需选用"快速"滤纸过滤。过滤用的漏斗一般为细长颈玻璃漏斗。滤纸大小和折叠方式如图 2.30 所示。首先将滤纸对折两次，展开成圆锥形（一边 3 层，另一边 1 层）。为把漏斗做成水柱，提高过滤速度，要求放入漏斗中的滤纸与漏斗紧贴。为了使滤纸 3 层的那边能紧贴漏斗，常把这 3 层的外面两层撕去一角（撕下的纸角保存起来，以备为擦烧杯或漏斗中残留的沉淀用）。当滤纸放入玻璃漏斗后，应用手按着滤纸，用少量蒸馏水把滤纸湿润，轻压滤纸四周赶去气泡，使其紧贴在漏斗上，一般滤纸边应低于漏斗边沿 5 mm。

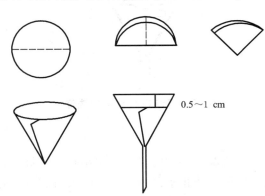

图 2.30 滤纸的折叠和安放

② 过滤。将贴有滤纸的漏斗放在漏斗架上，下面用烧杯或其他盛器承接滤液，调节漏斗架高度使漏斗颈的末端紧贴接收器内壁，以加快滤液的流速。将料液沿玻璃棒靠近 3 层滤纸一边缓缓转移到漏斗中，其液面应低于滤纸边缘 1 cm，如图 2.31 所示。待漏斗中的液体流尽时再逐次将液体倾入漏斗。转移完

毕后用少量蒸馏水洗涤烧杯和玻璃棒，如图 2.32 所示，洗液也移入漏斗中。若需洗涤沉淀，则用洗瓶挤出洗涤液在滤纸的 3 层部分离边缘稍下的地方，自上而下洗涤，并借此将沉淀集中在滤纸圆锥体的下部，如图 2.33 所示，如此洗涤多次。

为了加快过滤速度，一般先转移清液，再转移沉淀物，最后洗涤沉淀 1～2 次。

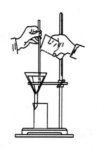 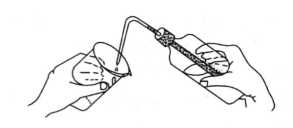

图 2.31　常压过滤　　　　　　　图 2.32　淋洗器皿

（2）减压过滤（吸滤或抽滤）。为了加速大量溶液与沉淀的分离，常采用减压过滤。它是采用水泵或真空泵抽气，使滤器两边产生压差而快速过滤并抽干沉淀上溶液的过滤方法。此法速度快，沉淀抽得较干，但不宜过滤细小颗粒的晶体和胶状沉淀，因为前者会堵塞滤纸孔而难于过滤，后者会透过滤纸堵塞滤纸孔。

减压过滤的装置如图 2.34 所示，它由吸滤瓶、布氏漏斗、安全瓶和真空泵组成。真空泵可以是油泵、水泵，或装在实验室自来水龙头上的简易水泵——玻璃抽气管。玻璃抽气管内有一窄口，当水急速流经窄口时，会把装置内的空气带出而形成真空，使得抽滤瓶内压力减小，瓶内与布氏漏斗液面间产生压差而使过滤速率大大加快。

 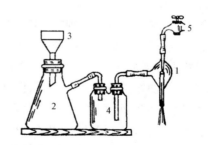

图 2.33　沉淀在漏斗中的洗涤　　　　　图 2.34　吸滤装置
　　　　　　　　　　　　　　　　　　1—抽气管；2—吸滤瓶；3—布氏漏斗；
　　　　　　　　　　　　　　　　　　4—安全瓶；5—自来水龙头

布氏漏斗是中间具有许多小孔的瓷板，它安装在橡皮塞上，吸滤瓶用来承接滤液。安全瓶的作用是防止水泵中的水倒灌入吸滤瓶中（即倒吸现象），如发生这种情况，可将吸滤瓶和安全瓶拆开，并将安全瓶中的水倒出。吸滤操作步骤如下：

① 剪贴滤纸。将滤纸剪成比布氏漏斗的内径略小又能恰好盖住瓷板上所有小孔的圆，然后平铺在瓷板上，先用少量蒸馏水润湿滤纸，微开水阀，轻轻抽吸，使滤纸紧贴在漏斗的瓷板上。

② 过滤。先将澄清的溶液用玻璃棒引流倒入布式漏斗中，溶液量不要超过漏斗容积的 2/3，开大水阀，待溶液滤完后再将沉淀转入漏斗，抽滤至干，将沉淀平铺在瓷板的滤纸上。注意，吸滤瓶内液面不能达到支管的水平位置，否则滤液会被水泵抽出。当滤液快上升至吸滤瓶的支管处，欲停止抽滤时，不得突然关闭水泵，否则水将倒灌入安全瓶。应先打开安全瓶上的气阀，解除真空，再关上水泵。从吸滤瓶的上口倒出滤液时，应注意吸滤瓶的支管必须向上。

③ 洗涤沉淀。在布氏漏斗内洗涤沉淀时，首先应停止抽滤，然后加入少量洗涤液，让它缓慢通过沉淀，然后进行吸滤。为了尽量抽干漏斗上的沉淀，最后可用一个平顶的试剂瓶塞挤压沉淀。

④ 关闭水阀。抽滤完后，应先拔掉吸滤瓶支管上的橡皮管，使吸滤瓶与安全瓶脱离，然后关闭水阀，否则水会倒吸。

⑤ 沉淀的取出。沉淀抽干后，先将吸滤瓶与安全瓶分开，再关闭水阀，然后取下漏斗，轻轻敲打漏斗边缘，或用洗耳球在颈口用力吹压，即可使沉淀脱离漏斗，倾入事先准备好的滤纸上或容器中。欲得干燥沉淀可用干燥滤纸将水分吸干或放入恒温烘箱内烘干。

3. 离心分离

离心分离是一种利用离心机将少量溶液与沉淀分离的简便快速方法。实验室常用的电动离心机如图 2.35 所示，使用时应注意：

（1）离心分离时，选用大小相同、所盛混合物的量大致相等的离心试管，对称地放入金属套管中，位置要对称，重量要平衡。如果只有 1 支离心管的沉淀需要进行分离，则应另取 1 支离心管盛上相应质量的水，然后把两支离心管分别装入离心机的对称套管中，以保持离心机平衡，然后盖上盖子。

（2）启动离心机时应先调到变速器的最低挡，然后逐渐调速，使离心机转速由小到大。2~5 min 后慢慢反向调节到原来的位置，断开电源，使其自行停止，切不可加以外力强迫它停止转动。

（3）离心时间和转速由沉淀的性质来决定。结晶形态紧密的沉淀，转速为 1 000 r/min，沉降时间为 1~2 min 即可。无定形的疏松沉淀，转速可提高到 2 000 r/min，沉降时间 3~4 min。

离心分离操作完成后，沉淀紧密堆集在离心试管底部尖端，溶液变清。轻轻取出离心管，不要摇动，用吸管将溶液和沉淀分开。其方法是用手指捏紧滴管的橡皮头，将滴管的尖端插入液面下，但不接触沉淀，然后缓缓放松橡皮头，尽量吸出上面清液，完成分离操作，如图 2.36 所示。欲得到较纯净的沉淀则需要洗涤。加入少量水或指定电解质溶液，用玻璃棒搅拌均匀后再离心分离，反复数次直至达到要求。

图 2.35　电动离心机

图 2.36　溶液与沉淀分离

2.2.7　温度计的使用

温度计是实验室中用来测量温度的仪器，常用的温度计为水银温度计。分度为 1 ℃（或 2 ℃）的温度计一般可估读到 0.1 ℃（或 0.2 ℃），分度为 1/10 ℃ 的温度计可估读到 0.01 ℃。每支温度计都有一定的测温范围，水银温度计一般可用于 -30～360 ℃。

测量温度时，温度计应放在适中的位置上。例如，测量液体温度时，要使水银球完全浸在液体中，不能使水银球接触容器的底部或器壁；不能用温度计测高于其最高测量值的温度，刚测量过高温的温度计切不可立即用冷水冲洗，以免水银球炸裂。不能将温度计当作搅拌棒使用，因为水银玻壁很薄，容易碰破。温度计打碎后，洒出的水银，不能收回时，要立即用硫黄粉覆盖。

2.2.8　试纸的使用方法

为证实某些物质的存在，或者测定它们的性质，实验室中经常会用到试纸。化学实验中常用的试纸有广泛 pH 试纸或精密 pH 试纸、醋酸铅试纸、碘化钾-淀粉试纸等。

（1）pH 试纸。pH 试纸用来粗略地测定溶液的 pH 值，主要有广泛 pH 试纸和精密 pH 试纸。广泛 pH 试纸测定 pH 的范围是 0～14；而精密 pH 试纸测定 pH 的范围有：2.7～4.7、3.8～5.4、5.4～7.0、6.0～8.4、8.2～10.0、9.5～13.0 等。pH 试纸的使用方法是：取一小块 pH 试纸放在点滴板上，用干净的玻璃棒蘸取待测液，点在试纸的中央润湿试纸，变色后立即与标准色阶板比较。变色后试纸的颜色与色阶板上某个色阶的颜色近似，该色阶的 pH 值即为溶液的 pH 值。使用 pH 试纸时切忌将待测液倾倒在试纸上或将试纸浸泡在溶液中，以免影响与色阶的比较和污染溶液。各种 pH 试纸有配套的色阶板，不可混用。

（2）醋酸铅试纸。醋酸铅试纸是指用醋酸铅溶液浸泡过而又干燥了的滤纸，它可用于检验 H_2S 气体存在与否。其检测原理是硫化氢气体溶解在试纸吸附的水中，离解出的 S^{2-} 与滤纸上醋酸铅中的 Pb^{2+} 生成黑褐色的硫化铅沉淀。使用时先用去离子水润湿试纸后悬于气体出口，试纸变成有金属光泽的棕黑色，证明有 H_2S 气体存在，若溶液在酸性介质中，则可证明溶液中有 S^{2-} 存在。

（3）碘化钾-淀粉试纸。碘化钾-淀粉试纸用于检验 Cl_2、Br_2 等强氧化性气体的存在，试纸上浸有碘化钾和淀粉的混合物，当氧化性气体与润湿的试纸接触后，氧化性气体使试纸上的 I^- 氧化为 I_2，I_2 遇淀粉变蓝。使用试纸时，试纸要用去离子水润湿后再悬于气体出口。当氧化性气体量较多且氧化性很强时，此时会使已变蓝的试纸又变得无色，会使 I_2 进一步被氧化为 IO_3^-，因此应注意观察。

各种试纸在使用时都要注意节约，每次用一小块即可，取试纸后应立即盖紧瓶盖，避免因实验室中的气体污染而失效。

第3章 常用测量仪器

一、称量仪器

准确测定物体的质量是化学实验的基本操作之一。在不同的实验中由于对物体质量的准确度要求不同，因此需使用不同精度的天平进行称量。常用的有台天平、电光天平、电子天平等。

1. 台天平（托盘天平）

台天平的结构如图3.1所示。它主要由横梁、指针（A）、刻度盘（B）、零点调节螺丝（C）、游码（D）、刻度尺（E）和托盘构成。台天平的横梁架在天平座上，横梁左右有两个托盘。根据横梁中部的指针A在刻度盘B摆动的情况，可以看出台天平的平衡状态。台天平主要用于粗略的称量，能称准至0.1 g，有的台天平可准确至0.01 g。使用台天平称量时，可按下列步骤进行：

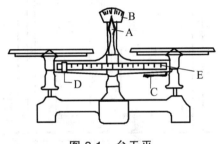

图3.1 台天平

（1）零点调整。当托盘上不放任何物体和游码D放在刻度尺的零处时，如指针不在刻度盘零点处，用零点调节螺丝C调节零点。

（2）称量。零点调整好以后，将称量物放在左盘，砝码放在右盘。从大到小添加砝码，若称量物质量在刻度标尺E以内时，可移动标尺上的游码，直至指针指示在零点位置，记下砝码质量，即为称量物的质量。

称量时，称量物不能直接放在托盘上称量（避免腐蚀托盘），而应放在已知质量的纸或表面皿上，潮湿的或具腐蚀性的药品则应放在玻璃容器内。台天平不能称热的物质。

（3）称量完毕，应把砝码放回盒内，把刻度尺的游码移到刻度"0"处，将台天平打扫干净。

2. 电光分析天平

对定量分析实验，要求物体质量的称量准确到0.1 mg，这就需要选用精确度高的分析天平。

分析天平的种类很多，如半机械加码电光分析天平、全机械加码电光分析天平、单盘电光分析天平、单盘精密天平及微量天平等，其结构均是根据杠杆原理制造的。实验室普遍采用的是半机械加码电光天平和全机械加码电光天平。它的称量最大负荷为 200 g，可以精确到 0.1 mg。

（1）分析天平的构造。尽管天平的种类很多，但各种天平的构造及使用规则都有一些相似之处，现以全机械加码电光分析天平和半机械加码电光天平为例介绍分析天平的构造及使用。它们的构造如图 3.2 和图 3.3 所示。

① 横梁。横梁是天平的主要部件，是用特殊的铝合金制成的（见图 3.4）。梁上装有 3 个三棱柱形的玛瑙刀，一个装在横梁的中央，刀口向下，称为支点刀，由固定在支柱上的玛瑙刀（即玛瑙平板）所支承；距支点刀等距离处各有一个承重刀，刀口向上，在刀口上方各悬有一个嵌有玛瑙刀承的吊耳，用来悬挂天平盘。这 3 个刀口的棱边应互相平行并在同一个水平面上，其锋利程度决定天平的灵敏度，应十分注意保护。梁的两端有两个平衡调节螺丝，是用来调整梁的平衡位置（即调零点）的。

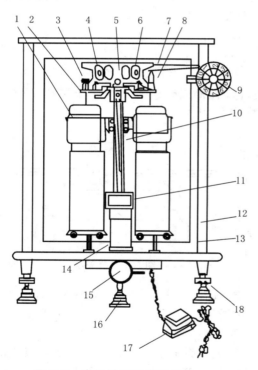

图 3.2　半机械加码电光天平

1—阻尼器；2—挂钩；3—吊耳；4,6—平衡螺丝；
5—天平梁；7—环码钩；8—环码；9—指数盘；
10—指针；11—投影屏；12—秤盘；13—盘托；
14—光源；15—旋钮；16—垫脚；
17—变压器；18—螺旋脚

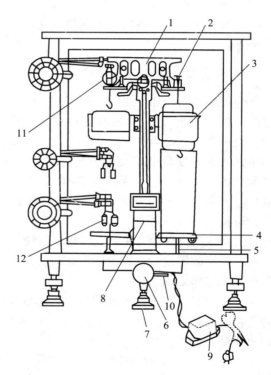

图 3.3　全机械加码电光天平

1—天平梁；2—吊耳；3—阻尼器；4—秤盘；5—盘托；
6—旋钮；7—垫脚；8—光源；9—变压器；
10—微动调节杆；11—环码；12—砝码

② 指针、标尺投影屏以及光路系统。指针固定在横梁的中央，当天平摆动时，指针末端的标尺也进行大幅度的摆动，摆动幅度的大小则可从投影屏（见图 3.5）上观察到。当称量时接通电源，产生的光束经过光学系统投影到投影屏上。投影屏是一块毛玻璃，在它上面可观察到游标尺的刻度，偏转一大格相当于 1 mg，偏转一小格相当于 0.1 mg，因此从投影屏上可直接读出 0.1～10 mg 以内的质量数。在读游标尺的刻度值时应依据"四舍五入"的原则只

读到小格的整数，不再估读到小数位。

③ 机械加码装置。天平外框左侧装有机械加码装置。机械加码装置是一种通过转动指数盘加减环形砝码（亦称环码）的装置。环码分别挂在码钩上，称量时，转动指数盘旋钮将砝码加到承受架上，环码的质量可以直接在砝码指数盘上读出，如图 3.6 所示。

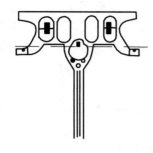 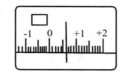 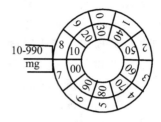

图 3.4　天平梁的结构　　图 3.5　投影屏上标尺的读数　　图 3.6　环码的读数

半机械加码电光天平只有一组 10~990 mg 的指数盘，一般装在天平的右侧，大于 1g 的砝码要从与天平配套的砝码盒中取用。

全机械加码电光天平大小砝码都通过指数盘加减，在天平的左侧有 3 组加码指数盘，分别与悬挂的 3 组砝码相连，3 组砝码分别为 10~190 g、1~9 g 和 10~990 mg。

④ 升降枢（开关旋钮）。升降枢是天平操作的主要部件，它连接着托梁架和秤盘。使用天平时转动升降枢，天平梁微微下降，刀口和刀承相互接触，天平开始摆动，称为"启动"。当反方向转动时，天平则回复到休止状态，刀口与刀承脱离，以保护刀口。

⑤ 秤盘。两个秤盘分别挂在吊耳的挂钩上。称量时右盘上放被称量的物体，左盘上承接砝码。

⑥ 阻尼器。秤盘上部中间的阻尼装置，是由铝合金制成的两个大小不同的圆筒组成，大的外筒固定在天平支柱的托架上，小的内筒则挂在吊耳的挂钩上。两个圆筒间保持均匀的缝隙，称量时，阻尼器的内筒上下浮动，由于筒内空气阻力的作用，天平较快地停止摆动，缩短了称量时间。

⑦ 水准仪。即天平泡，位于天平主柱后上方，用来检查天平的水平位置。

⑧ 天平箱。由木框和玻璃制成，保护天平并避免气流、灰尘、水蒸气等对天平和称量的影响。天平箱前有一个可以向上开启的门，供装配、调整和修理天平时使用，称量时不准打开。右侧有一个玻璃推门，供取放称量物用，但在读取称量读数时必须关好侧门。

（2）电光分析天平的使用。

① 使用前的检查和调整。将天平罩轻轻取下叠好放于指定位置。检查天平是否正常，指数盘是否在"000"位置，砝码是否齐全，天平是否水平。若天平的水准仪中的气泡处于中央的圆圈中，则表示天平已处在水平位置。天平底座下方的两个脚螺丝用来调整水平，若左方低，两螺丝同时向外转；反之，向内转。若前方低，两螺丝同时向左转；反之，则向右转。

② 调节零点。天平的零点是指天平空载时，打开升降枢，天平处于平衡状态时天平投影屏中的标线与游标尺上某一刻度值相吻合，这个刻度值就称为天平的零点（天平载重后的平衡点则称为天平的停点）。一般当天平的零点为游标尺上的"0"刻度时读数较为方便。故

常调整天平底座下前方中央的微动调节杆使零点与"0"刻度相吻合，调整好后就不要再动投影屏。当零点与"0"刻度相差太大时，必须调整天平梁上的平衡调节螺丝，此时，需报告老师帮助指导调节，学生不要擅自调节。

③ 物体称量。将被称量物在台秤上粗称后，放于天平的右盘上，在左盘加上相应质量的砝码。缓慢开启升降枢，观察指针移动情况。若指针向左偏移，表示砝码偏轻，需加重砝码；若指针向右偏移，表示砝码偏重，需减轻砝码。当所加砝码是该物品实际克数的整数部分后，再加环码。加环码时由大到小，采用"减半加码法"，以缩短称量时间，所称量物体质量即为砝码质量、环码质量（以"g"为单位时小数点后第1位和第2位）、游标尺读数（小数点后第3位和第4位）三者之和。

（3）电光分析天平的使用规则。分析天平是一种精密的称量仪器。为了保持天平的准确度，在使用时必须严格遵守下列规则。

① 称量前应检查天平是否处于水平状态，检查和调整天平的零点。

② 天平使用过程中要注意保护玛瑙刀口。取放物体或加减砝码时，一定要预先把天平梁托住。转动旋钮时，要小心、缓慢，以免损坏刀口或吊耳跳落。

③ 热的物体不能放在天平盘上称量，因为天平梁会受热膨胀，造成两臂长度不等引起误差；另外，由于天平盘附近空气受热膨胀，上升的气流也使称量的结果不准确。因此，热的物体必须放在干燥器内冷却到室温后，再进行称量。

④ 有腐蚀性的物质（如酸、碱等）或潮湿的物体不能直接放在天平盘上称量。被称量的物体应放在表面皿上或称量瓶、坩埚等容器内。取放物体或加减砝码时，应打开天平两边的侧门，不能开启天平前门。称量时，一定要关好侧门以防气流影响读数的准确性。

⑤ 取放砝码应用镊子夹取，不得用手直接拿取，以免弄脏砝码引起误差。砝码只能放在天平盘上或砝码盒内，不能随便乱放。加减环码时应一档一档慢慢地加减，防止环码跳落。

⑥ 在做同一实验时，所有的称量应使用同一架天平和同一组砝码，这样可减免称量的系统误差。

⑦ 称量完毕后，应检查天平梁是否托起，砝码是否全部放回砝码盒的原来位置，加码装置是否恢复到零位，称量瓶等物是否已从天平盘上取出，天平框罩的侧门是否关好。最后罩好天平罩。

⑧ 称量的数据应及时记在记录本上，记录数据要实事求是，不准任意涂改。

3. 电子分析天平

电子分析天平是高精度电子称量仪器。图3.7为BS210S型电子分析天平，称量范围 0～200 g，可以高度精确地称量到0.0001 g。BS210S型电子分析天平称量步骤如下：

① 插上电源插头，按天平"ON/OFF"按钮，通电预热5 min，仪器自动完成自检。天平显示值为0.0000 g。

② 轻按右侧除皮键"TARE"，使天平显示值为0.0000 g。

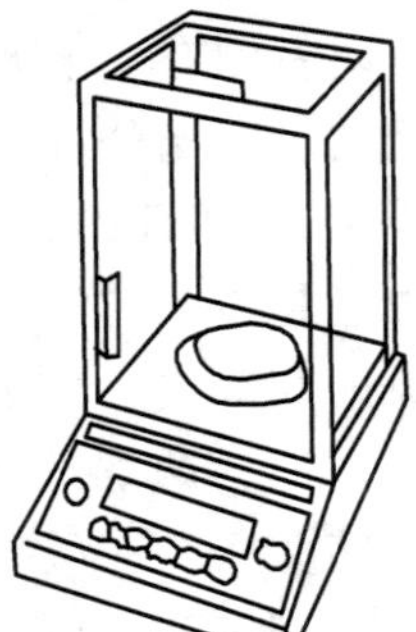

图 3.7　BS210S 型电子分析天平

③ 称量。将待称物放入天平盘上，等到数字和"g"同时显示时，说明称量稳定，显示屏上直接显示出物体的质量。

④ 如需扣除原有质量连续称量，可再次使用"TARE"，使天平显示值为 0.000 0 g，加入试样后显示屏直接显示出加入的试样质量。

使用电子分析天平称量方便，迅速且读数稳定。

4. 称量方法

根据称量的试样不同有不同的称量方法，常用的有减量法和直接称量法。

（1）减量法。把要称量的物体（通常为固体粉末）先装入一称量瓶中，在天平上称出全部试样和称量瓶的总质量 m_1，然后从称量瓶中小心倒出（轻轻仔细磕打并不断转动称量瓶）所需一定量的试样，如图 3.8 所示，再在同一天平上称出剩余试样和称量瓶的总质量 m_2，$m_1 - m_2$ 即为倒出试样的准确质量。如果同一试样需要平行称出几份，就可以连续接下去倒出几份试样，并分别称出每倒完一次后，剩余试样和称量瓶的总质量，相邻两次总质量之差就是该次倒出试样的质量。

图 3.8　试样敲击的方法

（2）直接称量法。先称出盛试样容器（如表面皿、称量纸、小烧杯等）的质量 m_1，然后再加入试样，称出总质量 m_2，则试样的质量为 $m_2 - m_1$。在将试样从称量容器中转移到实验容器中时，必须将全部试样转移完全，否则易引起较大误差。

直接称量法适用于称量在空气中性质比较稳定，不易吸潮，不易氧化，也不易吸收二氧化碳的物质，如金属、矿石等。

二、酸度计

酸度计（又称 pH 计）是一种通过测量电位差的方法测定溶液 pH 值的仪器。除了可以测定溶液的 pH 值外，还可测量氧化还原电对的电极电势值（mV），配合电磁搅拌可进行电位滴定，选用相应的离子选择电极，可测量相关离子浓度等。实验室使用的酸度计型号很多，它们的结构虽有所不同，但其测定原理是基本相同的。

1. 测定原理

酸度计的测定原理是利用一对电极在不同 pH 值溶液中能产生不同的电动势，再将此电动势输入仪器，经过电子线路的一系列工作，最后在电表上指示出测量结果。

这对电极中的一个是指示电极，其电极电势要随被测溶液的 pH 值变化，通常采用玻璃电极，如图 3.9 所示。另一个是参比电极，要求其电极电势值恒定，与被测溶液的 pH 值无关，通常采用甘汞电极，如图 3.10 所示。测定溶液酸度的本质是测定如下原电池的电动势：

$(-)(Pt) Ag, AgCl(s) | HCl(0.1\ mol \cdot L^{-1}) | 玻璃膜 | H^+(?)\ \ KCl(饱和)\ Hg_2Cl_2(s), Hg(Pt)(+)$

从电化学知道，电动势 E 与未知的氢离子浓度之间 25 ℃ 时的关系为：

$$E = \varphi_+ - \varphi_- = \varphi_{甘汞} - \varphi_{玻璃} = 0.214\,5 - \varphi_{玻璃}^{\ominus} + 0.059\,17\mathrm{pH}$$

即
$$pH = \frac{E + \varphi_{玻璃}^{\ominus} - 0.2145}{0.05917} \quad (3.1)$$

当已知 $\varphi_{玻璃}^{\ominus}$ 时，则 E 和 pH 之间有对应的函数关系。所以测知 E，在仪器显示出是 pH，就可直接读出 pH 值来。为了使上式的 $\varphi_{玻璃}$ 能够知道，常常是配制一个已知精确 pH 值的缓冲溶液，用定位调节器来调整仪器的指针指在应有的 pH 值上，则仪器即可进行正常的测定。

由于玻璃电极的易破损性，同时也为了操作方便，近年来常采用复合电极，如图 3.11 所示。这种电极大多是由玻璃电极和 Ag-AgCl 参比电极合并制成的。电极的球泡是由具有特定组成的玻璃熔融吹制而成，呈球形，膜厚 0.1 mm 左右。电极支持管的膨胀系数与电极球泡玻璃一致，是由电绝缘性的铝玻璃制成。内参比电极为 Ag-AgCl 电极，内参比溶液是含有 Cl^- 的电解质溶液，这种溶液是中性磷酸盐和氯化钾的混合溶液。外参比电极为另一个 Ag-AgCl 电极，外参比溶液是 3.3 $mol \cdot L^{-1}$ 的 KCl 溶液，经 AgCl 饱和，再加适量琼脂，使溶液呈胶状而固定。液接面是沟通外参比溶液和被测溶液的连接部件，其导线为聚乙烯金属屏蔽线，内芯与参比电极连接，屏蔽层与外参比电极连接。

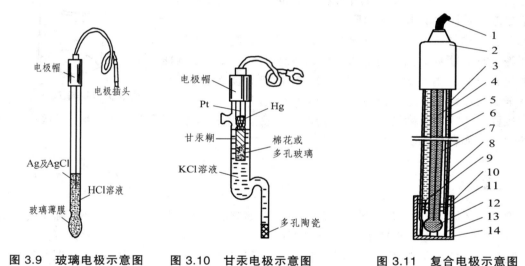

图 3.9 玻璃电极示意图　　图 3.10 甘汞电极示意图　　图 3.11 复合电极示意图

1—电极导线；2—电极帽；3—电极塑壳；4—内参比电极；
5—外参比电极；6—电极支持杆；7—内参比溶液；
8—外参比溶液；9—液接面；10—密封圈；
11—硅胶圈；12—电极球泡；
13—球泡护罩；14—护套

2. 使用方法

下面以 pHS-3C 型数字酸度计为例，简单介绍其操作方法。

（1）仪器使用前的准备。仪器供电电源为交流电，电源插座在仪器的左后面，把仪器的电源三芯插头插在 220 V 交流电源上，并把电极夹装在电极架上，然后将短路插头拔去，把电极接头插在仪器的电极插口内，由于电极下端玻璃泡很薄，应特别小心以免碰坏。电极插头应保持清洁干燥。

（2）接通电源开关，预热 5 min。

（3）仪器的标定。仪器在测被测溶液之前，先要标定。但不是说每次使用前都要标定，一般说连续使用时，每天标定一次已能达到要求。标定方法如下：

① 按动"pH/mV"按钮，使仪器工作在 pH 状态。

② 把斜率调节器调节在 100% 位置。

③ 先用蒸馏水冲洗电极并用滤纸吸干，然后把电极浸入一已知 pH 值的缓冲溶液中，调节"温度"调节器使所指示的温度与溶液的温度相同，并摇动烧杯使电极与溶液接触均匀。

④ 调节"定位"调节器使仪器读数为该缓冲溶液在相应温度下的 pH 值。

3. pH 值测量方法

已经标定过的仪器即可用来测量被测溶液的 pH 值。测量时，首先将功能开关置 pH 挡，接上 pH（复合）电极（或 pH 电极、参比电极）后用去离子水（或二次蒸馏水，下同）清洗电极并用滤纸吸干，插入被测溶液中。调节温度旋钮，使旋钮尖头所指的温度和被测溶液温度一致，仪器显示的即该被测溶液的 pH 值。

4. 注意事项

（1）在清洗和吸干电极时，请勿擦拭电极，避免产生电极极化和响应迟缓现象。

（2）在拿放电极时，请勿接触电极膜，插电极于溶液中时应格外小心，电极不能接触杯底以免损坏，电极不能作为搅拌器用。

（3）测定时确保液体完全浸没电极感应部位。

（4）电极响应时间与电极和溶液有关。对于解离度低的溶液，要几分钟才能达到解离平衡。

（5）保护电极。不使用时将电极插入电解质溶液中或套上保护帽。

（6）复合电极不宜浸于蒸馏水中。

（7）确保电极填充液液位正确，若液位下降，应及时补充填充液。

三、电导率仪

1. 电导率仪工作原理

电导率仪是用来测定溶液电导率的仪器。

在电解质溶液中，带电离子在电场作用下产生移动而传递电子。因为导体的电阻 R 与其长度 L 成正比，而与其截面积 A 成反比，可表示为：

$$R \propto \frac{L}{A}$$

$$R = \rho \frac{L}{A} \tag{3.2}$$

式中 ρ ——电阻率。

电阻的倒数叫作电导 G，单位为西门子，用 S 表示，即：

$$G = \frac{1}{R} = \frac{1}{\rho} \cdot \frac{A}{L} = K \cdot \frac{A}{L} \tag{3.3}$$

式中 $K=1/\rho$ ——电导率。

电导率表示相距 1 cm，面积为 1 cm² 的两个电极之间溶液的电导，单位为西·厘米$^{-1}$（S·cm^{-1}）。在工程上，这个单位太大，常采用其 10^{-6} 或 10^{-3} 作单位，称为微西·厘米$^{-1}$ 或毫西·厘米$^{-1}$（μS·cm^{-1} 或 mS·cm^{-1}）。对于某一给定的电极来说，A（截面积）和 L（两极间的距离）是一定的，因此 A/L 为常数，叫作电极常数 Q（或叫电导池常数）。电导 G 则可表示为：

$$G = KQ \tag{3.4}$$

由于 Q 为常数，$G \propto K$，因此可以用 K 的大小来比较或表示溶液导电能力的大小。在电导率仪中常用铂黑电极或铂光亮电极[统称电导电极（见图 3.12）]来测定溶液的电导率。

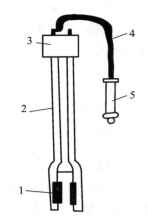

图 3.12 电导电极示意图
1—铂片；2—玻璃管；3—胶帽；
4—电极引线；5—电极插头

电导值是通过电阻值的测定而得到的。为避免通电时化学反应和极化现象的发生，溶液的电导通常都是用较高频率的交流电桥或者用电阻分压法来测量的。

电导池常数可以用已知电导率的氯化钾溶液来测定，各种浓度的氯化钾溶液的电导率列于表 3.1 中。

表 3.1 25 ℃ 时 KCl 溶液的电导率

浓度 c/mol·L^{-1}	1	0.1	0.01	0.02
电导率 K/S·m^{-1}	11.17	1.289	0.1413	0.2765

根据公式（3.4）测得已知电导率 K 的 KCl 溶液的电导 G 之后，即可求得电导池常数 Q。

2. 使用方法

现以 DDS-307 型电导率仪为例，简单介绍其使用方法。

DDS-307 型电导率仪外形及各调节器功能如图 3.13 所示：

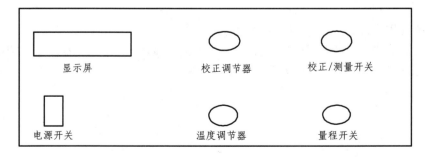

图 3.13 DDS-307 型电导率仪外形及各调节器功能图

（1）接通电源，预热 10 min。
（2）将温度调节器调至 25 ℃。
（3）将"量程开关"调到 2 mS 挡（即显示范围为 0～1.999）。

（4）将"校正/测量开关"置"校正"挡，调节"调节器"旋钮，使仪器显示电导池实际常数值。（电导池实际数值标在电极上）。

（5）将"校正/测量"开关置"测量"挡，将清洁的电极插入被测液中，根据测定样品选择"量程开关"范围，仪器显示该被测液在溶液温度下的电导率值。

3. 注意事项

（1）在测量高纯水时应避免污染，最好采用密封、流动的测量方式。

（2）因温度补偿系采用固定的2%的温度系数补偿，故对高纯水测量尽量采用不补偿方式进行测量。

（3）为确保测量精度，电极使用前应用小于 0.5 μS·cm^{-1} 的蒸馏水（或去离子水）冲洗2次，然后用被测试样冲洗3次方可测量。

（4）电极插头座绝对防止受潮，以造成不必要的测量误差。

（5）电极应定期进行常数标定。

四、分光光度计

1. 仪器工作原理

分光光度计是利用物质分子对不同波长的光具有选择性吸收的原理进行定性定量分析，如图 3.14 所示。一定浓度范围的溶液分子对光的吸收符合朗伯-比尔（Lambert-Beer）定律，即当一束单色光通过均匀溶液时，溶液的吸光度与溶液中吸光物质的浓度和液层厚度成正比。即：

$$A = \lg \frac{I_0}{I} = \lg \frac{1}{T} = \varepsilon b c \quad (3.5)$$

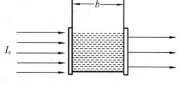

图 3.14 光通过溶液

式中 A——吸光度；

I_0——入射光强度；

I——透射光强度；

T——透光度；

ε——摩尔吸收系数（它与入射光的波长以及溶液的性质、温度等有关）；

b——液层厚度（比色皿厚度）；

c——溶液浓度，$mol·L^{-1}$。

当入射光强度 I_0、摩尔吸光系数 ε 和溶液厚度 b 不变时，透射光强度 I 只随溶液中物质的量浓度 c 而变化。因此，如果把透过溶液的光线通过测光仪器中的光电转换器接收，并转换成电能，在微电计上就可读出相应的透光率，从而推算出溶液浓度。

2. 分光光度计仪器结构

仪器由光源室、单色器、试样室、光电管、暗盒、电子系统和数字显示器等部分组成，721B 型分光光度计和 722 型分光光度计示意图如图 3.15 和图 3.16 所示。

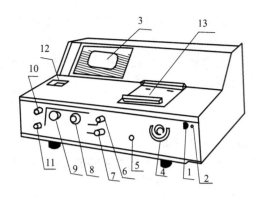

图 3.15　721B 型分光光度计

1—电源开关；2—指示灯；3—数字显示器；
4—灵敏度调节旋钮；5—试样架拉杆；
6—吸光度调零旋钮；7—浓度旋钮；
8—选择开关；9—波长手轮；
10—"100%" T 旋钮；
11—"0" T 旋钮；
12—波长刻度窗；
13—样品室盖

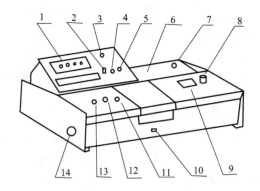

图 3.16　722 型分光光度计

1—数字显示器；2—吸光度调零旋钮；3—选择开关；
4—吸光度调斜率电位器；5—浓度旋钮；6—光源室；
7—电源开关；8—波长手轮；9—波长刻度窗；
10—试样架拉杆；11—"100%" T 旋钮；
12—"0" T 旋钮；13—灵敏度调节旋钮；
14—干燥室

3. 使用方法

（1）仪器使用前检查电源接线是否牢固，检查放大器暗盒中的硅胶是否变色。

（2）设定波长，将灵敏度旋钮设置"1"挡，接通电源，预热 20 min。

（3）校正透光度：选择开关置于"T"，打开试样室盖（光门自动关闭），调节"0"旋钮，使数字显示为"0.000"。盖上试样室盖，将盛蒸馏水的比色皿放入比色槽中，调节透光度"100%"旋钮，使数字显示"100.0"。若调节不到"100.0"，可增加灵敏度挡数，注意此时必须重新调"0"和"100%"旋钮。

（4）透光率测定：将被测定溶液置于光路中，显示器显示值即为被测样品透光率值。

（5）吸光度测定：用蒸馏水校正透光度后，将选择开关置于"A"。调节吸光度调零旋钮，使显示"0.000"，将待测样品移入光路中，显示值即为被测样品的吸光度值。

（6）浓度的测定：选择开关由"A"旋置"C"，将已标定浓度的样品放入光路中，调节浓度旋钮，使显示为标定浓度值；将被测样品置于光路，即可读出被测样品浓度值。

（7）若需测定其他波长下的"A"和"C"值，需设置波长，待仪器稳定后，重新校正透光度，调节"0"和"100%"旋钮。

（8）每台仪器所配套的比色皿，不能单个与其他比色皿调换使用。

（9）仪器使用完毕后，应用罩子套上，试样室放入硅胶干燥。

（10）比色皿使用后应及时用蒸馏水洗净，用软纸或布擦干后存于比色皿盒中。

4. 测量条件的选择

为了保证吸光度测定的准确度和灵敏度，在测量吸光度时还需注意选择适当的测量条件，如入射光波长、参比溶液和读数范围。

（1）入射光波长的选择。由于溶液对不同波长的光吸收程度不同，一般应选择最大吸收时的波长为入射光波长,这时摩尔吸收系数数值最大,测量的灵敏度较高。有干扰时可考虑使用其他波长为入射光波长。

(2)参比溶液的选择。入射光照射装有待测溶液的吸收池时,将发生反射、吸收和透射等情况,而反射以及试剂、共存组分等对光的吸收也会造成透射光强度的减弱,为使光强度减弱仅与溶液中待测物质的浓度有关,必须通过参比溶液对上述影响进行校正。选择参比溶液的原则是:若共存组分、试剂在所选入射光波长处均不吸收入射光,则选用蒸馏水或纯溶剂作参比溶液;若试剂在所选入射光波长处吸收入射光,则以试剂空白作参比溶液;若共存组分吸收入射光,而试剂不吸收入射光,则以原试液作参比溶液;若共存组分和试剂都吸收入射光,则取原试液掩蔽被测组分,再加入试剂后作为参比溶液。

(3)吸光度读数范围的选择。在吸光度测量时,当透射率读数范围在10%~70%或吸光度读数范围在0.10~1.0,读数误差较小。可通过调整称样量、比色皿厚度和稀释倍数等方法使样品溶液的吸光度读数在此范围内。

5. 注意事项

(1)若连续测定的时间过长,光电管会疲劳造成读数漂移,因此,每次读数后应随手打开暗盒盖,以保护和延长光电管的寿命。

(2)放大器灵敏度有5挡,是逐步增加的,"1"挡最低。其选择原则是:保证能使空白档很好地调节到"100"的情况下,尽可能采用灵敏度较低的挡,一般可置于"1"挡,这样使得仪器具有较高的稳定性。若改变灵敏度后,需重新校正"0"和"100%"旋钮。

(3)如果大幅度改变测试波长时,在调整"100%"旋钮后,应稍等片刻,因钨丝灯急剧改变亮度,需要一段热平衡时间。当指针稳定后,重新校正"0"和"100%",然后再进行测定工作。

五、自动电位滴定仪

1. 测定原理

在滴定分析中,滴定进行到化学计量点附近时,将发生浓度的突变(滴定突变)。如果在滴定过程中在滴定容器内浸入一对适当的电极(1支为指示电极,另1支为参比电极)组成一工作电池,则在化学计量点附近可以观察到电位的突变(电位突跃),从而可确定终点的到达,这就是电位滴定仪的测定原理。

自动电位滴定是借助于电子技术使电位滴定自动化,这样可简化操作和数据处理手续。自动电位滴定方式不止一种,常用的DZ-2型自动电位滴定计是其中方式之一,它首先需要用手动操作,求出滴定被测液的终点的E值,进行终点E值的预设,才能进行自动滴定,非常适合工厂车间对大批量同一试样的重复分析。

2. 使用方法

现以DZ-2型自动电位滴定计为例,介绍其使用方法。

(1)仪器结构。此仪器由ZD-2型电位滴定计和滴定装置两个部件组成,二者用一双头插连接,电源分别供给,如图3.17、图3.18所示。

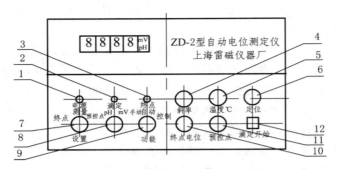

图 3.17　ZD-2 型电位滴定计前面板

1—电源指示灯；2—滴定指示灯；3—终点指示灯；4—斜率补偿调节旋钮；5—温度补偿调节旋钮；
6—定位调节旋钮；7—"设置"选择开关；8—"pH/mV"选择开关；9—"功能"选择开关；
10—"终点电位"调节旋钮；11—"预控点"调节旋钮；12—"滴定开始"按钮

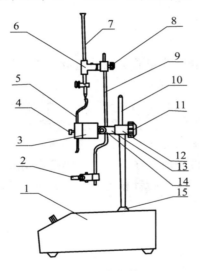

图 3.18　滴定装置

1—搅拌器；2—电极夹；3—电磁阀；4—电磁阀螺丝；5—橡皮管；6—滴管夹；7—滴定管；
8—滴定夹固定螺丝；9—弯式滴管架（二）；10—管状滴管架（一）；11—螺帽；
12—夹套；13—夹芯；14—支头螺钉；15—安装螺纹

（2）仪器的安装。单独使用时，无特定的要求。配套滴定时，应将滴定装置安放在右边，把管形金属滴定架旋紧在滴定管架上部的两枚螺丝上。在管架上有一个限制电磁阀降落位置的、可调整不同高度的紧圈。该紧圈预先固定在滴定架上部，其紧固螺帽置于侧面以便高速将电磁阀上夹心孔和夹套孔对齐，然后穿过滴定架，搁在紧圈上，并稍稍旋紧电磁阀的固定螺帽。滴定架和电极架分别旋紧在电磁阀的上面和下面，将电极夹夹口穿进电极架，并选择适当的高度，将滴定管夹穿进滴定管架并选择好适当的高度后旋紧。把左右两个电磁阀的接线插头分别插入"电磁控制插座"。用电磁阀两端的橡皮管把上下两处滴液计量管和滴液管的液路接口套接好。

（3）使用方法。将双盐桥式饱和甘汞电极的橡皮塞打开，橡皮外套拔下，将外盐桥套管中加入半管硝酸钾溶液使之与内盐桥相通，将其与仪器后面板的输出相连，银电极与仪器后面板电极接口相连。安装连接好以后，插上电源线，打开电源开关，电源指示灯亮，预热 20 min 后即可使用。

① 手动滴定：
a. "pH/mV" 选择开关置 "mV"。
b. "功能" 开关置 "手动"。
c. "设置" 开关置 "测量"。
d. 将电极夹在电极架上，固定后，将电极插入被测液中，打开搅拌器电源，调节至适当转速。
e. 读初始硝酸银体积值，记初始电动势 E 值。
f. 按下 "滴定开始" 开关，待滴定管中流出液体为所需体积时，放开此开关。
g. 读一次硝酸银体积值，记一次电动势 E 相应变化值。
h. 重复第 "f"、"g" 步，直到滴定突跃过后，再多滴加 2～3 mL 硝酸银溶液。

② 自动滴定：
a. "pH/mV" 开关置 "mV"。
b. "功能" 开关置 "自动"。
c. "设置" 开关置 "终点"，调节 "终点电位" 旋钮，使显示屏显示你所要设定的终点的电位值。
d. "设置" 开关置 "预控点"，调节 "预控点" 旋钮，使显示屏显示你所要设定的预控点的电位值。
e. "设置" 开关置 "测量"。
f. 将电极插入被测溶液中，打开搅拌器电源，调节至适当转速。
g. 读初始硝酸银体积值，记初始电动势 E 值。
h. 按下 "滴定开始" 开关，开始自动滴定，到达终点后，滴定灯不再闪亮，过 10 s 左右，直到终点灯亮滴定结束。
i. 读取终止时硝酸银体积值，记终止电动势 E 值。
j. 如果滴定混合液，则在滴定到达第一个等当点后，调节第二个等当点时工作电池的电动势值，再进行第二种组分的滴定，步骤同上。
k. 从电极架上取下两个电极，用水冲净，将甘汞电极的下端的橡皮帽套上，将侧面上端的孔用橡皮塞塞住，银电极则用滤纸吸干。

3. 注意事项

（1）滴定刚开始时可以加快滴定速度，每隔 1～2 mL 记录 1 次，当滴定至快到终点时放慢滴定速度，每隔 0.1 mL 记录 1 次相应变化值。

（2）自动滴定时，预控点与终点电位选定后，调节旋钮不可再动。

（3）自动滴定到达终点后，不可再按 "滴定开始" 按钮，否则仪器将认为另一极性相反的滴定开始，而继续进行滴定。

（4）滴定完成后，保存好上述数据，用坐标纸作图，并由所消耗体积计算待测液浓度。

六、化学耗氧量测定仪

1. 测定原理

用重铬酸钾（或高锰酸钾）为氧化剂，以电解产生亚铁离子为还原剂测定 COD 值。其方法依赖于恒电流库仑滴定，原理遵循库仑定律：

$$W = \frac{Q}{96\,487} \cdot \frac{M}{n} \tag{3.6}$$

式中　Q——电量，C；
　　　M——待测物质的分子量；
　　　n——滴定过程中被测离子的电子转移数；
　　　W——待测物质的质量，g。

若 COD 的单位为 $mg \cdot L^{-1}$，取样量为 V（mL），$Q = I \cdot t$，氧的分子量为32，电子转移数为4，将以上各项代入公式整理得：

$$COD = \frac{8\,000}{96\,487} \cdot \frac{I(t_0 - t_1)}{V} \quad (mg \cdot L^{-1}) \tag{3.7}$$

式中　I——电解电流，mA；
　　　t_0——空白试验时，电解产生亚铁离子，标定重铬酸钾或高锰酸钾的时间；
　　　t_1——水样试验时电解产生亚铁离子滴定剩余重铬酸钾或高锰酸钾（或高锰酸钾）的时间。

水样中的耗氧物质还原一定量的重铬酸钾（或高锰酸钾），剩余的重铬酸钾（或高锰酸钾）由电解产生亚铁离子为还原剂，还原剩余的重铬酸根离子（或高锰酸根离子）直至反应完全。此时标志仪器进入终点状态。面板终点指示灯点亮，蜂鸣器蜂鸣，指示电极电位突变，进而测得样品的耗氧量。

2. 使用方法

现以 HH-5 型化学耗氧量测定仪为例，介绍其使用方法。

（1）仪器结构。此仪器由主机、消解系统和搅拌器三部分组成，如图 3.19、图 3.20、图 3.21 所示。

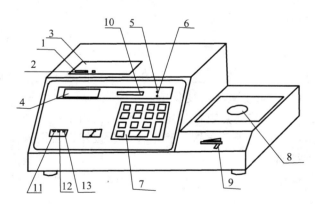

图 3.19　HH-5 型化学耗氧量测定仪主机

1—打印与走纸切换键；2—走纸键；3—打印机；4—数码管字符显示器；5—电流指示灯；6—终点灯；7—键盘；
8—电解池固定凹板；9—搅拌速度调节钮；10—指示电极电位信号显示器；11—电解电流 10 mA 挡指示灯；
12—电解电流 20 mA 挡指示灯；13—电解电流 40 mA 挡指示灯

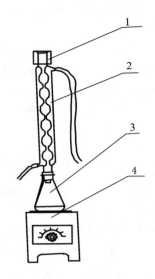
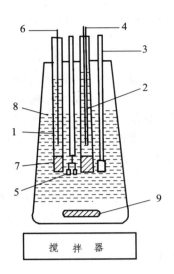

图 3.20　HH-5 型化学耗氧量测定仪消解系统

1—防尘盖；2—蛇形冷凝管；
3—消解杯；4—300 W 电炉

图 3.21　HH-5 型化学耗氧量测定仪搅拌器

1—电解铂丝阳极内充 3 mol·L^{-1} H$_2$SO$_4$；2—指示负极钨棒
管内充饱和 K$_2$SO$_4$ 溶液；3—指示正极单铂片连
小二芯红线叉；4—指示负极钨棒连小二芯黑夹子；
5—电解阴极双铂片连大二芯黑线叉；6—电解
阳极铂丝连大二芯红线叉；7—石英砂芯；
8—电解液；9—搅拌子

2. 使用方法

（1）准备电解池。

① 将洗净备用的电解池用约 1 mL 饱和 K$_2$SO$_4$ 注入钨棒（指示负极）内充液腔。用约 1 mL 3 mol·L^{-1} K$_2$SO$_4$ 注入铂丝（电解阳极）内充液腔，将电解池静置 10 min 观察内充液是否存在明显漏失现象，如发现，实验前应及时补充。

② 大二芯红线叉接单铂丝引线端子（电解阳极），大二芯黑线叉接双铂片引线端子（电解阴极）。

③ 小二芯红线叉接单铂片引线端子（指示正极），小二芯黑线夹子接钨棒引线端子（指示负线）。

④ 将此电解池置于主机右侧电解池固定凹板上，并将大小二芯插头分别插入主机后侧板的对应插座内。

（2）使用方法。

① 开启电源，这时仪器工作状态为标定铬法 10 mA 挡。

② 根据需要选定分析方法。即把"铬法/锰法"键，按到相应挡的灯亮，切换后内存中的标定值被清"0"，如在测量挡，数码管指示"b"，请你送入标定值。

③ 根据被测定样品 COD 值大小选择合适的电流挡。当选用铬法时，如测量 COD 很高的工业污水可用 40 mA 挡，一般工业污水可选用 20 mA 挡，如测量饮用水，清洁的江河水可选用 10 mA 挡。当选用锰法时，可选用 10 mA 挡或 20 mA 挡。

④ 将回流好的空白（标定）消解杯放于搅拌器上，放入干净的磁力搅拌子 1 只，把准

备好并接好连线的电极头插入消解杯中，选择适当的搅拌速度（电解液起旋，但无气泡）"标定/测量"置标定挡（灯亮）。

⑤ 按"启动"键，仪器自动电位补偿，使终点电路工作在可靠区，当补偿稳定后，"电流"灯亮，仪器开始从"0"作加法计数，这时开始电解产生 Fe^{2+} 滴定重铬酸钾或高锰酸钾，到终点后，终点灯亮，同时蜂鸣器鸣叫，电解电流自动关闭，计数停止。如需打印，按打印键，打印参数及结果。不需打印，按任意键，终点灯灭。如重复上述步骤数次，则仪器自动取平均值作为重铬酸钾（或高锰酸钾）总氧化量的标定值，存储到机内。

⑥ 在测量样品前，按一下"标定/测量"键，使测量灯亮，这时显示器显示出"b"及标定时平均标定值。如标定时，由于异常原因使得这次标定结果不对，从而也使平均值不对，可舍去这一可疑结果，自行算一下平均值，通过键盘输入标定值。送入被测样品的体积（1.2～10 mL），把电极头放入回流消解好的（或水浴好的）样品杯中，按下"启动"键，仪器自动电位补偿，补偿完成后，电流灯亮，仪器开始从预置标定值作减法计数，到终点后终点指示灯亮，同时报警，电解停止，所显示数即为样品的 COD 值。（如稀释过，其显示结果应乘上稀释倍数）。需打印按下打印键，打印出数据，不需打印，按任意键，终点灯灭。

⑦ 在测下一个样品时，须把电极头放入消解好的样品中，如取样量有变可通过键盘送入，不变，按下启动键，仪器自动相减至终点报警，停止电解，显示出结果。

3. 注意事项

（1）电解池内充液在连续使用 7 d 左右后应及时更换。

（2）仪器各连线接触应保持良好，否则仪器不能正常工作（出现无终点等故障）。

（3）电极铂片应保持光亮，有时在使用后会附着氯化银等化合物，此时应用（1∶3）硝酸在消解杯内浸洗并用蒸馏水洗净。如长期不用可置于干净无任何溶液的电解杯内。

（4）仪器的功能切换及参数输入在电解工作时不能输入，仪器不响应。

（5）电解电流换挡使用时，由于终点情况有差异，第一个数据可舍去不要。在电解过程中，由于仪器外部中断方式对强电源的波动有产生误动作的可能，可在溶液中加入 1～2 滴试亚铁灵试剂，一旦终点灯亮而样品颜色未变，即判断为误终点，打印出这次结果，再按一下启动键，使其继续电解至终点，被测样品的 COD 值标定时为：上述两结果和，测量时为：第 1 次结果 +（标定值 − 第 2 次测定结果）。

（6）如发现标定值明显偏低，一般都是硫酸等试剂纯度较差，也即试剂本身还原性物质较多或蒸馏水质量太低，必须仔细分析，逐一解决。

（7）如仪器显示"E-1"，则表示测量挡进样量没有送或为 0，显示"E-2"，表示在测量挡标定值不够减，说明样品配制有问题，显示"E-3"表示结果超量程（大于 999.9 $mg \cdot L^{-1}$）。

第 4 章 基础实验

实验一 分析天平的使用与称量练习

一、实验目的

（1）了解全机械加码电光分析天平的基本构造，熟悉电光天平的使用规则。
（2）学会正确使用全机械加码电光分析天平。
（3）掌握减量法和直接称量法。

二、实验原理及内容提要

准确测定物体的质量是化学实验的基本操作之一。分析天平是定量分析中最重要的精密称量仪器之一。了解分析天平的构造，正确地进行称量，是完成定量分析工作的基本保证。

分析天平的种类很多，常用的分析天平有空气阻尼分析天平、机械加码电光分析天平、单盘电光分析天平、电子天平等。常量分析天平一般可称准至 0.1 mg，最大载重为 100 g 或 200 g。在不同的实验中由于对物体质量的准确度要求不同，因此需使用不同精确度的天平进行称量。

1. 实验原理

以上提到的各种天平虽然在结构和使用方法上有所不同，但都是根据等臂杠杆原理制成的。其支点在天平梁的中央，天平梁的两端各挂一个天平盘。通常右盘放被称物体，左盘放砝码。当天平达到平衡时，砝码的质量就等于被称物体的质量。

2. 分析天平的操作使用

（1）使用前的检查和调整。将天平罩轻轻取下，折叠整齐，放在天平顶部。

检查天平是否正常：首先检查指数盘是否在 "000" 位置，环码、圆码是否有缺损，是否挂好，砝码盒内砝码、镊子是否齐全；然后再检查天平横梁、吊耳位置是否正常，两托盘内是否干净，不干净需用小毛刷清扫；最后再检查天平是否水平。若天平水准仪中的气泡处于中央的圆圈中，则表示天平已处在水平位置。若天平不水平，则可通过转动天平下方左右两个螺旋脚调平。若左方低，则两螺丝同时向外转；反之，则向内转。若前方低，则两螺丝同时向左转；反之，则向右转。

（2）调节零点。天平零点是指天平空载时，打开升降枢，天平投影屏上标线与微标尺上某一刻度吻合，这一刻度值称为天平的零点。注意天平载重后的平衡点称天平的停点。一般情况下，天平的零点为微标尺上的"0"刻度时，读数较为方便。

一般调节方法：接通电源，旋动升降旋钮慢慢开启天平，这时可看到微标尺的投影在光屏上移动，当投影稳定后，如果投影屏上标线与微标尺的"0"刻度不重合，并且偏离较小时，可拨动天平底板下面的微动调节杆，移动光屏的位置，使其重合，这时零点即调好。若偏离较大，调屏不能解决，则需先适当调节天平横梁上左边的平衡调节螺丝，再用微动调节杆调好。但是这种情况需实验老师帮助指导调整，学生不能擅自调节。

（3）物体称量。分析天平的加码原则为：先大后小，减半加码。当所加砝码是该物品实际克数的整数部分后，再加环码、圆码，在加码时由大到小，采用"减半加码法"，可缩短称量时间。所称量物体质量即为环码质量、圆码质量（以"克"为单位时小数点后第1位和第2位）、微标尺读数（小数点后第3位和第4位）三者之和。

首先将被称量物放在分析天平的右盘中心位置，关闭侧门，估计质量后，在左盘中心位置加相应质量的砝码（镊子夹取），或通过加码装置加上，然后缓慢开启升降枢，观察指针移动情况。若指针向左偏移，表示砝码偏轻，需增加砝码；若指针向右偏移，表示砝码偏重，需减轻砝码。按照此方法，以克为单位的砝码即可确定；然后通过转动机械加码装置刻度盘的外圈和内圈确定应加的环码质量、圆码质量。

注意：每次添加砝码或环码、圆码时，升降枢都应旋转关闭，以保护刀口。

3. 称量方法

根据称量试样的不同有不同的称量方法，常用的有减量法和直接称量法。

（1）直接称量法。在空气中稳定，不易吸潮的试样或试剂（如金属），可用直接称量法在表面皿（或 50 cm³ 小烧杯，或经特殊处理的硫酸纸）上直接称取。其方法是：先准确称量出表面皿的质量，然后用药匙取试样于表面皿上，再准确称量，两次质量之差即为试样的质量。也可根据所需试样的质量，先放好砝码，然后用药匙将试样放在表面皿中央，待天平接近平衡时，用食指轻敲匙柄将试样慢慢抖入。称量完毕，将试样全部转移到准备好的容器中。

注意：在将试样从称量容器中转移到实验容器中时，必须将全部试样转移完全，否则易引起较大误差。

（2）减量称量法。此法用于称取易吸水、易氧化或易与 CO_2 反应的试样。其称量方法如下：将洗净并烘干的称量瓶粗称一下，记下它的质量，用角匙将试样放在称量瓶中，其量较需要量多一些，再移至分析天平上准确称量，记下质量 m_1，然后将称量瓶置于准备好的盛放试样的烧杯（或锥形瓶）上方，用右手将瓶盖轻轻打开，慢慢将称量瓶口向下倾斜，用盖轻敲瓶口，使试样落入烧杯中，绝对不能将试样撒落在杯外。当倒出的试样接近所需量时，仍需在烧杯上方一面用盖轻敲称量瓶，一面将称量瓶慢慢竖起，使粘在瓶口和内壁上的试样落入称量瓶或烧杯中，然后盖好盖子，再准确称量，记下质量 m_2。两次称量之差（$m_1 - m_2$）即为试样的质量。如此继续进行，可称取多份试样。

第 1 份试样质量 = $(m_1 - m_2)$ g

第 2 份试样质量 = $(m_2 - m_3)$ g

……

注意：称量时不允许用手直接拿称量瓶或试样，可用干净纸条包裹称量瓶，然后再拿取。取放称量瓶瓶盖也要用小纸片垫着拿取，以免手指上的污物污染称量瓶及其瓶盖。

三、仪器与试剂

（1）仪器：电光天平，称量瓶，表面皿，烧杯（50 mL），药匙。
（2）试剂：$CaCO_3$（或细砂），橡皮塞（或铜片）。

四、实验内容

1. 称量前仪器检查和零点调整

称量前要先检查天平是否处于水平状态，秤盘是否清洁，机械减码器或机械加码器是否在零位。

在天平左方加环码和圆码，使指数盘调至零位（即环码和圆码全部被挂起）。然后开启天平，待投影屏停稳后观察标尺的零刻度线是否与投影屏中的标线相吻合，若不吻合，调整天平底座下的微动调节杆使其吻合。若调不到，报告老师帮助调整。在实际称量中，将投影屏中标线与微标尺中某一刻度线吻合即可，调好后在称量过程中不得再移动投影屏。

2. 用直接称量法称取指定质量样品

（1）将一个表面皿（或称量纸）放在电光天平台上精确称量。称量后将读数记在实验记录本上，并记录称得表面皿的质量 m_1。

（2）取一个橡皮塞（或一块铜片）放在表面皿上，在电光天平上精确称量其总质量 m_2，则橡皮塞（或铜片）的质量为 $m_2 - m_1$。

3. 减量法称量物体

将装有 $CaCO_3$ 或细砂（约半瓶）的称量瓶擦净外表，在电光天平上精确称量其质量 m_1。一手用小纸条夹住称量瓶中部并将瓶略倾斜，另一手拿住瓶盖并轻轻敲打称量瓶上边缘，使 $CaCO_3$ 或细砂慢慢落入小烧杯中。待适当量后，一边竖起称量瓶，一边继续轻敲瓶口，然后盖上瓶盖，再放回电光天平上称量其质量 m_2，则 $m_1 - m_2$ 即为倒出的 $CaCO_3$ 或细砂的质量，并按要求记录数据。

五、注意事项

（1）一切操作均要仔细，必须轻拿轻放，轻开轻关。
（2）不允许移动天平的位置。若天平发生故障，需报告老师帮助处理。
（3）绝不能使天平的载重超过限度；不能在天平上称有腐蚀性的挥发物质或热的物质；不可将试剂直接放在天平盘上，必须放在称量瓶、表面皿或其他容器中称量。
（4）一切加减环码、圆码及取放物品的操作都必须在休止天平的状态下进行，绝对禁止在天平摆动的状态下加减环码、圆码及取放物品。读取数据时应先读取光屏上的数据，立即休止天平，然后再读取圆码及环码的数据。不宜在天平开启的状态下读圆码及环码读数，防止玛瑙刀口受力时间过长。

（5）环码和圆码的刻度线必须与标线吻合，此时可感到环码和圆码的振动（环码和圆码只能加上所标的几个确定的不连续的量），在转动指数盘时，一定要轻轻地逐挡扭转，以免损坏机械加码装置或导致环码和圆码掉落。

（6）在进行称量操作时，必须完全关闭天平门后，再转动升降枢进行称量。

（7）减量法中所用的称量瓶通常都存放在玻璃干燥器中，需使用时才从干燥器中取出。取放称量瓶时用干净纸条包住称量瓶，以免手指上的污物污染称量瓶，影响称量的准确度。在倒试样时，如倒出的试样太多，超出实验要求范围时，只能将倒出的试样丢弃，再重称一份。切忌把多倒出的试样倒回称量瓶，以免污染称量瓶内的试样。

（8）实验完毕，检查天平是否处于休止状态，环码和圆码是否均退回"000"位，关好天平门，罩好天平罩。

（9）实验数据应记在记录本上，经老师检查并验收天平签字后才能离开实验室。

六、思考题

（1）天平的零点和停点有什么区别？
（2）为什么要使天平处于休止状态时，才能进行加减环码、圆码、取放物品的操作？
（3）称量时，若指针左偏，应进行什么操作？若标尺向右偏，又应进行什么操作？
（4）从称量瓶向外倒样品时应怎样操作？如果不那样操作，你有什么好的建议？
（5）什么情况下选用直接称量法，什么情况下选用减量法？用这两种方法称取样品质量时，能不能不先测天平的零点，为什么？

实验二　熔点的测定及温度计刻度的校正

一、实验目的

（1）了解熔点测定的意义，掌握测定熔点的操作方法。
（2）了解温度计校正的意义，学习温度计校正的方法。

二、实验原理及内容提要

1. 熔　点

熔点是固体有机化合物固、液两态在大气压力下达成平衡时的温度。纯净的有机化合物一般都有固定的熔点。固、液两态之间的变化是非常敏锐的，自初熔至全熔（称为熔程）温度不超过 0.5~1 ℃。

加热纯有机化合物，当温度接近其熔点范围时，温度的升高速度随时间变化为恒定值，如图 4.1 所示。

化合物温度不到熔点时以固相存在，加热使温度上升，达到熔点，开始有少量液体出现，达到固-液相平衡,继续加热,温度不再变化,此时加热所提供的热量使固相不断转变为液相,两相间仍为平衡,至固体完全熔化,继续加热则温度呈线性上升。因此,在接近熔点时,加热速度一定要慢,每分钟温度升高不能超过 2 ℃,只有这样才能使整个熔化过程尽可能接近于两相平衡条件,测得的熔点也越精确。

可熔性杂质对于固体有机化合物熔点的影响是使其熔点降低,熔点范围增大。物质的蒸气压随温度的升高而增大,如图 4.2 所示。当固-液-气态共存,且达到平衡(三相点)时的温度 T_M,即为该物质的熔点。微量杂质存在时,根据拉乌尔(Raoult)定律可知,这时的蒸气压-温度曲线为图 4.2 中的 $SM'L'$,M' 是三相点,相应温度 $T_{M'}$ 低于 T_M。这就是有杂质存在时有机物熔点降低的原因。因此,从测定固体物质的熔点便可以鉴定其纯度。

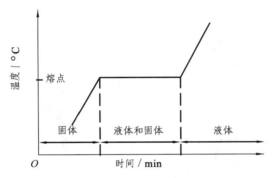

图 4.1 相随时间和温度的变化

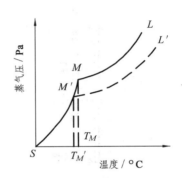

图 4.2 物质蒸气压随温度变化曲线

2. 混合熔点

如测定熔点的样品为两种不同有机物的混合物,例如,肉桂酸及尿素,尽管它们各自的熔点均为 133 ℃,但当把它们等量混合再测其熔点时,则比 133 ℃ 低得多,而且熔程增大。这种现象叫作混合熔点下降,这种试验叫作混合熔点试验,是用来检验两种熔点相同或相近的有机物是否为同一种物质的最简便的物理方法。

3. 温度计刻度的校正

普通温度计的刻度是在温度计的水银线全部均匀受热的情况下刻出来的,但我们在测定温度时常仅将温度计的一部分插入待测液中,有一段水银线露在液面外,这样测定的温度当然会比温度计全部浸入液体中所得的结果稍为偏低。因此,要想准确测定温度,就必须对外露的水银线造成的误差进行校正,这称之为温度计的读数校正。此外,普通温度计常因其毛细管的不均匀或刻度不准确,加上在使用过程中反复地受冷和热,亦会导致温度计零点的变动,而影响测定的结果,因此也要进行校正,这种校正称为温度计刻度校正。在生产和科研工作中,如想得到准确的温度数据时,所用的温度计就必须进行上述校正。

温度计刻度的校正有两种方法:

(1)比较法。选用 1 支标准温度计与要进行校正的温度计比较。这种方法比较简便。

(2)定点法。选用若干纯有机物,测定其熔点作为校正的标准。采用本法校正的温度计,则不必再作外露水银校正(即读数校正)。

三、实验仪器及试剂

（1）仪器：

① 熔点管（通常是用直径 1~1.5 mm、长 60~70 mm、一端封闭的毛细管作为熔点管）。

② 温度计，玻璃搅拌棒。

③ 毛细管法测熔点装置。如图 4.3 所示，首先取 1 个 100 mL 的烧杯，置于放有铁丝网的铁环上，在烧杯中放入 1 支玻璃搅拌棒（最好在玻璃底端烧一个环，便于上下搅拌），放入约 60 mL 浓硫酸作为热浴液体。其次，将毛细管中下部用浓硫酸润湿后，将其紧附在温度计旁，样品部分应靠在温度计水银球的中部，并用铁夹挂住，将其垂直地固定在离烧杯底约 1 cm 的中心处。

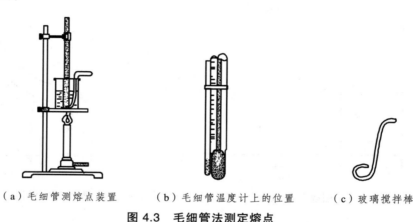

（a）毛细管测熔点装置　　（b）毛细管温度计上的位置　　（c）玻璃搅拌棒

图 4.3　毛细管法测定熔点

④ 熔点测定装置如图 4.4 所示，它是测定熔点最常用的仪器，称之为提勒（Thiele）管，又叫 b 形管。管口装有开口塞子，温度计插入其中，温度计水银球位于 b 形管上下两叉管之间，样品置于水银球中部，浴液的高度可达 b 形管上叉管处。加热时，火焰需与熔点测定管的倾斜部分接触。这种装置测定熔点的好处是管内液体因温度差而发生对流作用，省去了人工搅拌的麻烦。但也常因温度计的位置和加热部分的变化而影响测定的准确度。

（2）试剂：H_2SO_4（浓），水杨酸，马尿酸，对羟基苯甲酸，苯甲酸，肉桂酸，对二氯苯，对二硝基苯，蒽，萘，尿素，邻苯二酚，对苯二酚，D-甘露醇。

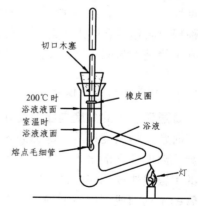

图 4.4　Thiele 管熔点测定装置

四、实验内容

1. 样品的填装

取 0.1~0.2 g 样品，置于干净的表面皿或玻片上，用玻璃棒或清洁小刀研成粉末，聚成小堆。将毛细管开口一端倒插入粉末堆中，样品便被挤入管中，再把开口一端向上，轻轻地在桌面上敲击，使粉末落入管底。也可将装有样品的毛细管，反复通过一根长约 40 cm 直立于玻板上的玻璃管,均匀地落下,重复操作,直至样品高 2~3 mm 为止。操作要迅速,以免样品受潮。样品一定要研得很细,装样要结实,样品中如有空隙,不易传热。

2. 熔点的测定

上述准备工作完成后,在充足光线下即可进行下述熔点测定的操作。用小火缓缓加热[用第一种装置(见图 4.3)时还必须小心地进行搅拌],以每分钟上升 3~4 ℃ 的速度升高温度至与所预料的熔点尚差 15 ℃ 左右时,减弱加热火焰,使温度上升速度每分种约 1 ℃ 为宜,此时应特别注意温度的上升和毛细管中样品的情况。当毛细管中样品开始蹋落和有润湿现象,且出现小滴液体时,表示样品开始熔化,是始熔,记下温度。继续微热至样品微量的固体消失成为透明液体时,是全熔,记下温度,此即为所测样品的熔点。

实验完毕,把温度计放好,让其自然冷却至接近室温时才能用水冲洗,否则容易发生水银柱破裂。

测定未知物的熔点时应先将样品填好 3 支毛细管。首先将其中 1 支迅速地测得未知物的熔点的近似值。待浴温下降约 30 ℃ 后,换第 2 支和第 3 支样品管仔细地测定。

进行混合熔点的测定至少需测定 3 种比例(1∶9、1∶1、9∶1)。

(1)测定下列各化合物的熔点:萘、苯甲酸、尿素。

(2)测定下列化合物的混合熔点:尿素和肉桂酸。

(3)由教师指定未知物 1~2 个,测其熔点并鉴定之。

3. 温度计刻度的校正

选择数种已知准确熔点的标准样品,测定它们的熔点,以观察到的熔点(t_2)为纵坐标,以此熔点(t_2)与准确熔点(t_1)之差(Δt)为横坐标作图,作出一条温度计校正曲线。从图中求得校正后的正确温度误差值,即可得到待校正的温度计的正确读数。

五、注意事项

(1)用浓硫酸热浴时应特别小心,不仅要防止灼伤皮肤,还要注意勿使样品或其他有机物触及硫酸。所以,在装填样品时,沾在管外的样品必须拭去,否则,硫酸的颜色会变成棕黑。如已变黑,可加少许硝酸钠(或硝酸钾)晶体,加热后便可褪色。

(2)每支毛细管只能用 1 次,样品熔化后,降低温度即凝固,该凝固温度不能算作样品的熔点。

(3)有的样品长时间加热易分解,可先将熔点管加热至低于样品熔点 20 ℃ 时,再放入样品测定。

六、思考题

(1)是否可以使用第 1 次测熔点时已经熔化了的有机化合物再作第 2 次测定呢?为什么?

(2)加热的快慢为什么会影响熔点?在什么情况下加热可以快一些,而在什么情况下加热则要慢一些?

(3)如果搅拌不均匀时会产生什么不良的结果?

实验三 酸碱标准溶液的配制和标定

一、实验目的

（1）掌握酸碱标准溶液的配制和标定方法。
（2）巩固分析天平的使用。
（3）学会滴定操作技术。

二、实验原理及内容提要

标准溶液是指已知准确浓度可用来滴定的溶液。一般采用下述两种方法配制：准确称取一定量的物质溶解后转移入容量瓶中，并稀释至刻度，摇匀。溶液的准确浓度可从计算得到，这种方法称为直接法。但是，大多数物质不宜用直接法配制，可先配制接近于所需浓度的该物质的溶液，然后用基准物来标定其浓度，这种方法称为间接法。

酸碱滴定中常用 HCl 和 NaOH 等溶液作为标准溶液，有时也用 H_2SO_4 配制酸标准溶液，但一般不用 HNO_3 或 CH_3COOH，因为硝酸（HNO_3）有氧化性，而醋酸（CH_3COOH）酸性太弱。

1. 酸标准溶液

作为滴定用的酸标准溶液 HCl 有一定的稳定性，$0.1\ mol \cdot L^{-1}$ HCl 溶液煮沸 1 h，没有发现明显的损失，甚至 $0.5\ mol \cdot L^{-1}$ 浓度的 HCl 溶液煮沸 10 min，损失也不明显。H_2SO_4 标准溶液的稳定性较好，但它也有缺点，首先是它的第二步离解常数不大（$pK_a^{\ominus} \approx 2$），滴定突跃相应就较小；其次是有些金属离子的硫酸盐难溶于水，在这种情况下就不能使用。

盐酸标准溶液一般不采用直接法配制，而是先配成近似浓度，然后用基准物质标定。标定 HCl 溶液的基准物质最常用的是无水碳酸钠和硼砂。

（1）无水 Na_2CO_3。Na_2CO_3 用作基准物质的优点是易制得纯品且价格便宜，但 Na_2CO_3 有强烈的吸水性，故使用前必须在 270~300 ℃ 的电炉内加热约 1 h 烘至恒重，然后置于干燥器中冷却备用。有时也采用分析纯的 $NaHCO_3$，在 270~300 ℃ 的电炉内加热（约 1 h），使之转化为：

$$2NaHCO_3 \xrightarrow{270 \sim 300\ ℃} Na_2CO_3 + CO_2 \uparrow + H_2O$$

用 Na_2CO_3 标定 HCl 的反应分两步进行：

$$Na_2CO_3 + HCl = NaHCO_3 + NaCl$$

$$NaHCO_3 + HCl = NaCl + H_2O + CO_2 \uparrow$$

反应完全时，pH 值的突跃范围是 5~3.5，最好用甲基红做指示剂，滴定至终点时，应煮沸溶液，以消除 CO_2 的影响。也可用甲基橙作指示剂，但最好进行指示剂校正。至于较稀的 HCl 标准溶液，不宜用甲基橙指示剂。

（2）硼砂（$Na_2B_4O_7 \cdot 10H_2O$）。硼砂作为基准物的优点是吸湿性小，也容易制得纯品。

但由于含有结晶水,当空气中相对湿度小于 39% 时,有明显风化而失水的情况(变为五水合物)。因此,在准确的分析工作中,常保存在相对湿度为 60% 左右的恒湿器中。硼砂用于标定 HCl 的反应如下:

$$Na_2B_4O_7 \cdot 10H_2O + 2HCl \Longrightarrow 4H_3BO_3 + 2NaCl + 5H_2O$$

等当点的产物是很弱的硼酸($K_a^\ominus = 5.7 \times 10^{-10}$),这时溶液的 pH 为 5.1,因此甲基红是很好的指示剂。

2. 碱标准溶液

NaOH 具有很强的吸湿性,也易吸收空气中的 CO_2,生成 Na_2CO_3,而且经常含有少量的硫酸盐、氯化物和硅酸盐等,因此不能用直接法配制标准溶液,而是先配成大致浓度的溶液,然后进行标定。

不含 CO_3^{2-} 的标准碱溶液可以按不同的方法配制。最常用的方法是取 1 份纯净的 NaOH 置于带橡皮塞的试剂瓶中,加入 1 份水,搅拌使之溶解,配成 50% 的 NaOH 溶液。在这种浓碱溶液中,Na_2CO_3 的溶解度很小,待 Na_2CO_3 沉淀下来后,吸取上层清液,稀释至所需浓度。

另一种方法是利用 $Ca(OH)_2$ 溶液来沉淀溶液中的 CO_3^{2-}。

$$Na_2CO_3 + Ca(OH)_2 \Longrightarrow CaCO_3 \downarrow + 2NaOH$$

由于 $Ca(OH)_2$ 在水溶液中的溶解度相当小,而在苛性碱溶液中溶解度更加降低,因此过量的 $Ca(OH)_2$ 将和 $CaCO_3$ 一起沉淀下来。待沉淀下来后,吸取上层清液,稀释至所需浓度。

常用于标定 NaOH 溶液的基准物质有邻苯二甲酸氢钾和草酸等。

(1)邻苯二甲酸氢钾($KHC_8H_4O_4$)。邻苯二甲酸氢钾容易制得纯品,没有结晶水,在空气中不吸水,容易保存,所以它是较好的基准物质。邻苯二甲酸氢钾与 NaOH 的反应为:

$$\begin{array}{c}\text{COOH} \\ \text{COOK}\end{array} + NaOH \Longrightarrow \begin{array}{c}\text{COONa} \\ \text{COOK}\end{array} + H_2O$$

由反应可知,由于滴定产物邻苯二甲酸钾钠盐呈弱碱性,故应选酚酞做指示剂。

邻苯二甲酸氢钾通常于 100~125 ℃ 时干燥后备用。

(2)草酸($H_2C_2O_4 \cdot 2H_2O$)。草酸相当稳定,相对湿度在 5%~95% 时不会风化而失水,因此可保存在密闭的容器中以备使用。

草酸是二元酸,其 $K_{a1}^\ominus$、$K_{a2}^\ominus$ 相差并不太大($K_{a1}^\ominus = 5.9 \times 10^{-2}$,$K_{a2}^\ominus = 6.4 \times 10^{-5}$),因此与强碱作用时,按二元酸一次滴定,反应方程式如下:

$$H_2C_2O_4 + 2NaOH \Longrightarrow Na_2C_2O_4 + 2H_2O$$

等当点时溶液的 pH 值为 8.4,等当点附近的 pH 突跃范围为 7.7~10.0,用酚酞做指示剂可以得到明显的终点。

草酸固体比较稳定,但草酸溶液的稳定性却较差。空气能使溶液中的 $H_2C_2O_4$ 逐渐氧化,光线以及某些催化剂（如 Mn^{2+}）能促进这个氧化还原反应，$H_2C_2O_4$ 在水溶液中能自动分解，放出 CO_2 和 CO，故溶液在长期保存后，其浓度逐渐降低。此外，苯甲酸、氨基磺酸等也可以用作标定碱溶液的基准物质。

三、实验仪器及试剂

（1）仪器：酸式滴定管（50 mL，1 支），碱式滴定管（50 mL，1 支），锥形瓶（250 mL，3 个），量筒（10 mL 和 500 mL 各 1 个），烧杯（500 mL，1 个），小口试剂瓶（500 mL，2 个）。

（2）试剂：浓 HCl（密度为 $1.18 \sim 1.19 \ g \cdot cm^{-3}$），固体 NaOH，硼砂（AR），邻苯二甲酸氢钾（AR），0.2% 甲基红水溶液，0.2% 酚酞乙醇溶液。

四、实验内容

1. 溶液的配制

（1）$0.1 \ mol \cdot L^{-1}$ HCl 溶液的配制。用干净的 10 mL 量筒取浓 HCl 4.5 mL，倒入事先已加入少量去离子水的烧杯中，用去离子水稀释至 500 mL，倒入试剂瓶中，摇匀，贴好标签。

（2）$0.1 \ mol \cdot L^{-1}$ NaOH 溶液的配制。用台天平称取 2 g 固体 NaOH，放入 500 mL 烧杯中，用去离子水溶解并稀释至 500 mL，倒入试剂瓶中，并用橡皮塞塞紧，摇匀，贴好标签。

2. 标　定

（1）$0.1 \ mol \cdot L^{-1}$ HCl 溶液的标定。准确称取硼砂 3 份（每份重 $0.4 \sim 0.6 \ g$），分别放入 3 个 250 mL 锥形瓶中，各加 30 mL 去离子水溶解，然后加甲基红指示剂 1~2 滴，用配制的 HCl 溶液滴定至溶液由黄变橙即为终点，并根据下式计算 HCl 溶液的浓度：

$$c(HCl) = \frac{m(Na_2B_4O_7 \cdot 10H_2O)}{\frac{V(HCl)}{1\,000} \times M_r(1/2 Na_2B_4O_7 \cdot 10H_2O)} \quad (mol \cdot L^{-1}) \tag{4.1}$$

要求标定结果相对平均偏差小于 0.2%。

（2）$0.1 \ mol \cdot L^{-1}$ NaOH 溶液的标定。准确称取邻苯二甲酸氢钾 3 份（每份重 $0.6 \sim 0.8 \ g$），分别放入 3 个 250 mL 锥形瓶中，各加入 30 mL 煮沸后冷却的去离子水，加 1~2 滴酚酞指示剂，用配制的 NaOH 溶液滴定至粉红色，30 s 内不褪色，即为终点。记下所耗 NaOH 溶液的毫升数，并根据下式计算出 NaOH 溶液的浓度：

$$c(NaOH) = \frac{m(KHC_8H_4O_4)}{\frac{V(NaOH)}{1\,000} \times M_r(KHC_8H_4O_4)} \quad (mol \cdot L^{-1}) \tag{4.2}$$

要求标定结果相对平均偏差小于 0.2%。

五、注意事项

标定 NaOH 溶液时,以酚酞为指示剂,终点为粉红色,红色 30 s 不褪即可,如果经过较长时间粉红色慢慢褪去,那是由于溶液吸收了空气中的 CO_2 生成 H_2CO_3。

六、思考题

(1)为什么 HCl 和 NaOH 标准溶液一般都用间接法配制,而不用直接法配制?

(2)在滴定分析中,滴定管为什么需要用操作溶液润洗几次?滴定中使用的锥形瓶,是否也要用操作溶液润洗?为什么?

(3)溶解样品或稀释样品溶液时,所用水的体积为何不需要很准确?

实验四 盐酸标准溶液的配制和标定

一、实验目的

(1)掌握实验室常用玻璃仪器的洗涤方法。
(2)学会正确使用移液管、滴定管、容量瓶等常用玻璃仪器。
(3)熟练掌握滴定操作技术,能够准确判断滴定终点,了解滴定误差的减免方法。
(4)掌握 $0.1\ mol \cdot L^{-1}$ HCl 标准溶液的配制和标定方法。

二、实验原理及内容提要

化学实验中常常使用各种玻璃仪器,如果用不干净的仪器进行实验或使用仪器的方法不当,往往得不到准确的结果,所以进行化学实验时,必须用干净的玻璃仪器,即使是使用新的玻璃仪器,也必须洗净后再使用。实验开始前,必须先把需要使用的玻璃仪器洗涤干净并掌握正确的仪器使用方法,否则会影响实验的效果。做完实验,应立即把用过的玻璃仪器洗刷干净,因为那时污物比较容易清洗;同时,由于了解污物的性质,也有利于选用适当的洗涤方法。

1. 玻璃仪器的洗涤

(1)玻璃仪器的一般洗涤方法。洗涤试管或烧瓶可注入半管或半瓶水,稍稍用力振荡,然后把水倒掉,照这样连洗数次;再注入一些水,用试管刷在容器内上下、左右、前后刷洗;刷洗后用水再冲洗几次,然后沥去余水,晾干。玻璃仪器里如附有不溶于水的碱、碳酸盐、碱性氧化物等物质,可以先加稀盐酸溶解,再用清水冲洗。玻璃仪器里如附有油脂,可以先用热的纯碱(碳酸钠)溶液或去污粉、洗衣粉、肥皂水洗,再用试管刷刷洗,最后用清水洗净。玻璃仪器洗净的标志是水倾出后,器壁上没有水滴粘附。洗干净的玻璃仪器,应放在不受振动的地方,或放在仪器架上晾干。

(2)常用洗涤液的使用方法。铬酸洗涤液:用铬酸洗涤液洗涤器皿时,需将器皿浸泡数分钟至数小时，当洗涤液变为绿褐色时，不再使用。用此种洗涤液洗过的器皿要注意器皿壁吸附铬离子而产生干扰。

肥皂液和合成洗涤剂：用于洗涤油脂和有机物。用于分析有机物的器皿洗净后，最好放于 300 ℃ 的烘箱中烘烤数小时。

硝酸溶液：测定金属离子时需用不同浓度的硝酸溶液浸泡、洗涤玻璃仪器。

注意：洗涤后的干净玻璃仪器应防止新的污染，如测锌所用的玻璃仪器在用酸浸泡后，不能用自来水冲洗，而应直接用纯净水冲洗；测铁的器皿不能用有铁丝柄的刷清洗等。

2. 常用玻璃仪器的使用

现以容量瓶为例，简单介绍玻璃仪器的使用方法。

容量瓶是一种细长颈、梨形的平底玻璃瓶，配有磨口塞，瓶颈上刻有标线，当瓶内液体在指定温度下达到标线处时，其体积即为瓶上所注明的容积。常用的容量瓶有 100、250、500 mL 等多种规格。

容量瓶的使用方法：

（1）使用前必须检查瓶塞处是否漏水。具体操作方法是在容量瓶内装入半瓶水，塞紧瓶塞，用右手食指顶住瓶塞，另一只手托住容量瓶底，将其倒立，观察容量瓶是否有漏水。若不漏水，将瓶正立后，使瓶塞旋转 180°，再次倒立，检查是否漏水。若两次操作容量瓶瓶塞周围均无水漏出，即表明容量瓶不漏水。

（2）将准确称量的固体溶质（用少量溶剂溶解）或定量量取的溶液放在烧杯中，然后把烧杯中的溶液转移到容量瓶里。为了保证溶质能全部转移到容量瓶中，要用溶剂多次洗涤烧杯，并把洗涤溶液全部转移到容量瓶里。转移时需用玻璃棒引流（见图 2.16）。将玻璃棒一端靠在容量瓶颈内壁上，注意不要让玻璃棒的其他部位触及容量瓶口，防止液体流到容量瓶外壁上。

（3）洗涤溶液按上述方法全部转移入容量瓶后，用蒸馏水稀释，当稀释到容量瓶容积的 2/3 时，直立旋摇容量瓶，使溶液初步混合（此时切勿加塞倒立容量瓶），然后继续稀释至液体液面离标线 1 cm 左右时，改用滴管小心滴加，最后使液体的弯月面与标线正好相切。若加水超过刻度线，则需重新配制。

（4）盖紧瓶塞，将瓶倒立，待气泡上升到顶部后，再倒转过来，如此反复多次，使溶液充分混匀（见图 2.17）。静置后如果发现液面低于刻度线，这是由于容量瓶内极少量溶液在瓶颈处润湿所损耗，所以并不影响所配制溶液的浓度，故不要在瓶内添水，否则，将使所配制的溶液浓度降低。

3. 滴定操作

滴定操作是化学实验中最基本的操作技术。酸碱溶液通过滴定，确定它们反应时所消耗的体积比，即可确定它们的浓度比。若其中一溶液的浓度已确定，则另一溶液的浓度可求出。以下为操作要点：

（1）使用酸式滴定管时，用左手控制活塞，拇指在管前，食指、中指在管后，三指平行轻拿活塞柄，无名指及小指弯向手心（见图 2.25）。转动活塞时，不要把食指或中指伸直，防止产生使活塞拉出的力，操作动作要轻缓。使用碱式滴定管时，左手拇指在前，食指在后，拿住橡皮管中玻璃珠稍上的部位。挤压时，不要用力按玻璃珠，更不能按玻璃珠以下的部位，否则，放开手时，空气将进入出口管形成气泡。

（2）拿锥形瓶时，右手前三指拿住瓶颈，边滴边摇动，以顺时针方向做圆周运动。瓶口不能碰滴定管口，瓶底不能碰锥形瓶下的白纸或白瓷板。滴定过程中左手不能离开活塞，眼睛不能看别的地方或看滴定管的液面，要始终注视溶液颜色的变化。

本实验以甲基橙为指示剂，用 HCl 溶液滴定 NaOH 溶液，当指示剂由黄色变为橙色时，即表示已达到终点，根据 NaOH 溶液的浓度，可根据下式求出盐酸的浓度：

$$c(\text{HCl}) = \frac{c(\text{NaOH}) \times V(\text{NaOH})}{V(\text{HCl})} \tag{4.3}$$

三、实验仪器及试剂

（1）仪器：酸式滴定管（50 mL，1 支），锥形瓶（250 mL，3 个），量筒（25 mL 和 50 mL 各 1 个），烧杯（250 mL，2 个），试剂瓶（500 mL，2 个），移液管（25 mL，1 支），容量瓶（250 mL，1 个）。

（2）试剂：浓 HCl（AR），0.1 mol·L^{-1} 标准 NaOH 溶液，0.2%甲基橙指示剂，洗液。

四、实验内容

1. 仪器洗涤

根据玻璃仪器的受污情况，选择不同的洗涤方法将实验所需要的玻璃仪器洗涤干净。

2. 盐酸标准溶液的配制

（1）1 mol·L^{-1} HCl 溶液的配制。用 25 mL 量筒取浓 HCl 23 mL 左右，倒入事先已加入少量蒸馏水的 250 mL 的烧杯中，再用蒸馏水稀释至 250 mL 左右，倒入试剂瓶中，摇匀，贴好标签待用。

（2）0.1 mol·L^{-1} HCl 溶液的配制。用 50 mL 量筒量取 25 mL 上述 1 mol·L^{-1} HCl 溶液于 250 mL 容量瓶中，用水稀释至刻度，摇匀待用。

3. 盐酸标准溶液的标定

用移液管吸取 25.00 mL 0.100 0 mol·L^{-1} NaOH 标准溶液（具体浓度由老师提供）于 250 mL 锥形瓶中，加入 1~2 滴 0.2%甲基橙指示剂。将上述配置好的 0.1 mol·L^{-1} HCl 溶液装入 50 mL 酸性滴定管中，用于滴定锥形瓶中的 NaOH 标准溶液。滴定时右手应紧握锥形瓶瓶口并不停地摇动，左手控制滴定管活塞，直到加入 1 滴或半滴 HCl 溶液后，溶液由黄色变为橙色，滴定终点就算到达。记下此时所耗 HCl 溶液的体积数（mL）。再重复滴定两次，每两次误差应不能大于 0.02 mL。取 3 次消耗的盐酸溶液体积的平均值，按式（4.3）计算 HCl 溶液的浓度。

五、注意事项

（1）不能在容量瓶里进行溶质的溶解，应将溶质在烧杯中溶解后转移到容量瓶里。容量瓶用毕应及时洗涤干净，塞上瓶塞，并在塞子与瓶口之间夹一纸条，以防止瓶塞与瓶口粘连。

（2）甲基橙指示剂为双色指示剂，从其解离平衡的角度考虑，指示剂用量多一点或少一点，不会影响指示剂的变色范围。但是，实际操作中如果指示剂用量太多，将使溶液颜色加深，则终点颜色的变化就不太明显，并且指示剂本身也会消耗一些滴定液从而给实验带来误差，因此，甲基橙指示剂的用量不宜超过 2 滴。

六、思考题

（1）仪器洗净的标志是什么？洗净的仪器能否用抹布抹？洗净的烧杯能否叠在一起？

（2）滴定前，滴定管为什么要用操作溶液润洗几次？滴定中使用的锥形瓶，是否也要用相应的操作溶液润洗？

（3）实际操作中，对滴定结果有影响的干扰因素有哪些？你有什么好的建议可尽可能地消除这些干扰因素的影响？

（4）以下情况对滴定结果有何影响？
① 滴定管中留有气泡。
② 滴定近终点时，没有用蒸馏水冲洗锥形瓶的内壁。
③ 滴定完后，有液滴悬挂在滴定管的尖端处。
④ 滴定过程中，有一些滴定液自滴定管的活塞处渗透出来。

实验五　高锰酸钾标准溶液的配制和标定

一、实验目的

（1）了解高锰酸钾标准溶液的配制方法和保存条件。
（2）掌握用 $Na_2C_2O_4$ 作基准物质标定高锰酸钾溶液的原理、方法及滴定条件。

二、实验原理及内容提要

市场上销售的高锰酸钾含有少量杂质，如硫酸盐、氯化物及硝酸盐等，因此不能用直接法来配制准确浓度的高锰酸钾溶液。高锰酸钾为强氧化剂，易和水中的有机物和空气中的尘埃等还原性物质作用。$KMnO_4$ 溶液还能自行分解，其分解反应如下：

$$4KMnO_4 + 2H_2O = 4MnO_2\downarrow + 4KOH + 3O_2\uparrow$$

分解速度随溶液的 pH 值而改变。在中性溶液中分解得很慢，但 Mn^{2+} 和 MnO_2 能加速 $KMnO_4$ 的分解，见光则分解得更快。因此，$KMnO_4$ 标准溶液的浓度容易改变，必须正确配制和保存。

正确配制和保存的 $KMnO_4$ 溶液应呈中性，不含 MnO_2，这样浓度就比较稳定，放置数月后浓度大约也只降低 0.5%。但是，如果长期使用，仍应定期标定。

$KMnO_4$ 溶液的标定常用 $Na_2C_2O_4$ 做基准物，因为 $Na_2C_2O_4$ 不含结晶水，容易精制，且操作简便。用 $Na_2C_2O_4$ 标定 $KMnO_4$ 溶液的反应如下：

$$2MnO_4^- + 5C_2O_4^{2-} + 16H^+ \xrightarrow{\Delta} 2Mn^{2+} + 10CO_2\uparrow + 8H_2O$$

滴定温度应控制在 70~80 ℃，不应低于 60 ℃，否则反应速度太慢。但温度太高，草酸将会发生分解。

滴定时可利用 MnO_4^- 本身的颜色指示滴定终点。

三、实验仪器及试剂

（1）仪器：酸式滴定管（50 mL，1 支），锥形瓶（250 mL，3 个），量筒，玻砂漏斗。

（2）试剂：$KMnO_4$（s），$Na_2C_2O_4$（AR 或基准试剂），3 mol·L^{-1} H_2SO_4。

四、实验内容

1. 0.02 mol·L^{-1} $KMnO_4$ 溶液的配制

称取若干克 $KMnO_4$ 固体（自行计算），置于 1 L 烧杯中，加蒸馏水 1 000 mL，盖上表面皿，加热煮沸 20~30 min，并随时加入蒸馏水以补充蒸发损失。冷却后，在暗处放置 7~10 d，然后用微孔玻砂漏斗或玻璃棉过滤除去 MnO_2 沉淀。将滤液储存在棕色瓶中，摇匀。若溶液煮沸后在水浴上保持 1 h，冷却，经过滤可立即标定其浓度。

2. 高锰酸钾溶液浓度的标定

准确称取在 130 ℃ 下烘干的 $Na_2C_2O_4$ 若干克（相当于配制的 $KMnO_4$ 溶液 20~30 mL）置于 250 mL 锥形瓶中，加入蒸馏水 40 mL 及 H_2SO_4 溶液 10 mL，加热至 75~80 ℃（瓶口开始冒气，不可煮沸），立刻用待标定的 $KMnO_4$ 溶液滴定至溶液呈粉红色，并且在 30 s 内不褪色，即为终点。标定过程中要使溶液保持适当的温度。

重复滴定 2~3 次。根据滴定所消耗的 $KMnO_4$ 溶液体积和基准物的质量，按下式计算 $KMnO_4$ 溶液的浓度：

$$c(KMnO_4) = \frac{2}{5} \cdot \frac{m(Na_2C_2O_4)}{\dfrac{V(KMnO_4)}{1000} \cdot M_r(KMnO_4)} \quad (mol \cdot L^{-1}) \tag{4.4}$$

式中　$M_r(KMnO_4)$——$KMnO_4$ 的相对分子量。

五、注意事项

（1）在实验过程中，加热及放置时均要盖上表面皿，以免尘埃及有机物等落入。

（2）标定过程中要注意滴定速度，必须待前一滴溶液褪色后再加第二滴，此外还应使溶液保持适当的温度。

（3）$KMnO_4$ 作氧化剂，通常是在强酸介质中反应。在滴定过程中若发现产生棕色浑浊（由于酸度不足引起），应立即加入 H_2SO_4 补救；但若已经达到终点，则加 H_2SO_4 已无效，这时应重做实验。

（4）当滴定到达终点后，由于 $KMnO_4$ 溶液颜色很深，不易观察溶液弯月面的最低点，因此应该从液面最高边上读数。

（5）$KMnO_4$ 溶液的终点是不大稳定的。这是由于空气中含有还原性气体及尘埃等杂质，落入溶液中能使 $KMnO_4$ 慢慢分解，从而使粉红色消失。所以滴定时经过 30 s 不褪色，即可认为终点已到。

六、思考题

（1）配制 $KMnO_4$ 标准溶液时，为什么要把 $KMnO_4$ 溶液煮沸一定时间和放置数天？为什么还要过滤？是否可用滤纸过滤？

（2）用 $Na_2C_2O_4$ 标定 $KMnO_4$ 溶液时，H_2SO_4 加入量的多少对标定有何影响？可否用 HCl 或 HNO_3 来代替？

（3）用 $Na_2C_2O_4$ 标定 $KMnO_4$ 溶液时，为什么要加热？温度是否愈高愈好？为什么？

（4）滴定管中的 $KMnO_4$ 溶液，应怎样准确地读取读数？

（5）配好的 $KMnO_4$ 溶液为什么要装在棕色瓶中放置并暗处保存？如果没有棕色试剂瓶应怎么办？

（6）装 $KMnO_4$ 溶液的烧杯放置一段时间后，杯壁上常有棕色沉淀，该沉淀是什么？该沉淀不容易洗净，应该怎样洗涤？

实验六 过氧化氢含量的测定（高锰酸钾法）

一、实验目的

（1）了解过氧化氢的性质。
（2）掌握 $KMnO_4$ 法测定过氧化氢含量的原理和方法。

二、实验原理及内容提要

1. 过氧化氢的性质

过氧化氢俗称双氧水。纯的过氧化氢是一种无色黏稠的液体，与水相似，过氧化氢在固态和液态时都会发生缔合作用，而且缔合的程度比水高。

极纯的过氧化氢相对稳定。90% 的 H_2O_2 在 323 K 时每小时仅分解 0.001%。分解作用在较低温度时比较平稳，若加热到 426 K 或更高温度时，纯过氧化氢便会猛烈地发生爆炸分解反应：

$$2H_2O_2 \xrightleftharpoons{\Delta} 2H_2O + O_2 ; \quad \Delta_r H_m^\ominus = -195.9 \text{ kJ} \cdot \text{mol}^{-1}$$

过氧化氢在碱性介质中的分解远比在酸性介质中快。此外，影响过氧化氢分解速度的最重要因素是杂质,很多重金属离子如 Fe^{2+}、Mn^{2+}、Cu^{2+}、Cr^{3+} 等离子都能加速过氧化氢的分解。波长为 320~380 nm 的光也能使 H_2O_2 分解速度加快,故 H_2O_2 或其溶液应保存在棕色瓶中并放置在阴凉处。有时为了防止 H_2O_2 分解,常加入一些稳定剂如微量的锡酸钠、焦磷酸钠或 8-羟基喹啉等来抑制杂质的催化分解作用,从而使过氧化氢稳定。

过氧化氢在酸性介质或碱性介质中都是一个强氧化剂。例如,H_2O_2 能从 KI 的酸性溶液中将 I_2 析出:

$$H_2O_2 + 2KI + 2HCl = I_2 + 2H_2O + 2KCl$$

过氧化氢还可将黑色的 PbS 氧化为白色的硫酸铅:

$$PbS + 4H_2O_2 = PbSO_4 + 4H_2O$$

在碱性介质中 H_2O_2 可以把 CrO_2^- 氧化为 CrO_4^{2-}:

$$2CrO_2^- + 3H_2O_2 + 2OH^- = 2CrO_4^{2-} + 4H_2O$$

当过氧化氢遇到更强的氧化剂时,也可以作为还原剂,例如,Cl_2、Ag_2O、$KMnO_4$ 都能与 H_2O_2 反应得到氧:

$$Cl_2 + H_2O_2 = 2HCl + O_2\uparrow$$
$$Ag_2O + H_2O_2 = 2Ag + H_2O + O_2\uparrow$$
$$2KMnO_4 + 5H_2O_2 + 3H_2SO_4 = 2MnSO_4 + K_2SO_4 + 8H_2O + 5O_2\uparrow$$

过氧化氢是一种弱酸,其 $K_{a1}^{\ominus}$ 为:

$$H_2O_2 \rightleftharpoons HO_2^- + H^+$$

$$K_{a1}^{\ominus} = \frac{[c(H^+)/c^{\ominus}][c(HO_2^-)/c^{\ominus}]}{c(H_2O_2)/c^{\ominus}} = 1.55 \times 10^{-12} \quad (293\ K)$$

第二级电离常数很小,约为 10^{-25}。

过氧化氢的主要用途是以它的氧化性为基础的。在医药上用稀 H_2O_2(3% 或更低)作为一种温和的消毒杀菌剂。工业上用作漂白剂,用于毛、丝、羽毛等含动物蛋白质的织物的漂白。在近代高能技术中纯 H_2O_2 曾被作为单一组分的喷气燃料和火箭燃料的氧化剂。在实验中稀的或 30% 的 H_2O_2 被广泛用作氧化剂,氧化产物为 H_2O,不至于引入其他杂质。

2. $KMnO_4$ 法测定 H_2O_2 含量的原理和方法

在稀的 H_2SO_4 溶液中,在室温条件下过氧化氢被高锰酸钾定量地氧化,其反应式为:

$$2MnO_4^- + 5H_2O_2 + 6H^+ = 2Mn^{2+} + K_2SO_4 + 8H_2O + 5O_2\uparrow$$

因此,测定过氧化氢时,可用 $KMnO_4$ 溶液作滴定剂,根据微过量的 $KMnO_4$ 本身的粉红色显示终点。

滴定开始时,反应速度较慢,因而刚滴入的高锰酸钾溶液不易褪色,当反应生成 Mn^{2+} 后,它起催化作用,加快了反应速度,故能顺利地滴定到终点。

根据 $KMnO_4$ 的浓度和滴定所耗的体积可以算出溶液中 H_2O_2 的含量。

三、实验仪器及试剂

（1）仪器：酸式滴定管（50 mL，1 支），容量瓶（250 mL，1 个），锥形瓶（250 mL，3 个），移液管（1 mL 和 25 mL 各 1 支），量筒（10 mL 和 50 mL 各 1 个）。

（2）试剂：H_2SO_4（3 mol·L^{-1}），$KMnO_4$（0.1 mol·L^{-1}），H_2O_2（30%）。

四、实验内容

用移液管吸取 30% H_2O_2 溶液 1.0 mL，置于 250 mL 容量瓶中，加去离子水稀释至刻度，充分摇匀。然后用移液管移取 25.00 mL 上述溶液，置于 250 mL 锥形瓶中，加入 50 mL 去离子水和 10 mL 3 mol·L^{-1} H_2SO_4 溶液，用 $KMnO_4$ 标准溶液滴定至溶液呈微红色，在 30 s 内不褪色即为终点。记录滴定时所消耗的 $KMnO_4$ 溶液的体积，平行测定 3 次。

按下式计算样品中 H_2O_2 的含量：

$$H_2O_2\text{含量} = \frac{c(1/5KMnO_4) \times \dfrac{V(1/5KMnO_4)}{1\,000} \times M_r(1/2H_2O_2)}{1.00 \times \dfrac{25}{250}} \times 100\% \quad (4.5)$$

五、注意事项

（1）用乙酰苯胺或其他有机物作稳定剂的 H_2O_2，用此法分析结果不很准确，采用碘量法或铈量法测定较合适。

（2）H_2O_2 与 $KMnO_4$ 溶液开始反应速度很慢，$KMnO_4$ 紫色不易褪色，可以再加入 2~3 滴 1 mol·L^{-1} $MnSO_4$ 溶液作为催化剂，以加快反应速度。

六、思考题

（1）用 $KMnO_4$ 法测定 H_2O_2 时，能否用 HCl 和 HNO_3 来控制酸度？为什么？

（2）为什么含有乙酰苯胺等有机物作稳定剂的过氧化氢试样不能用高锰酸钾法而能用碘量法或铈量法准确测定？

实验七　液体饱和蒸气压的测定

一、实验目的

（1）采用静态法测定 CCl_4 在不同温度下的饱和蒸气压。

（2）掌握计算平均摩尔汽化热的方法。

二、实验原理及内容提要

测定饱和蒸气压常用方法有动态法和静态法。动态法常用的为饱和气流法，即通过一定体积的已被待测液体所饱和的气流，用某物质完全吸收，然后称量吸收物质增加的质量，求出蒸气的分压力。本实验采用静态法，即把待测物质放于一个封闭体系中，在不同温度下直接测量蒸气压或在不同外压下，测液体的沸点。

在一定温度下，气-液平衡时的蒸气压力称为该液体的饱和蒸气压。蒸发 1 mol 液体所需要吸收的热量为该温度下液体的摩尔汽化热。

蒸气压随温度的变化率服从克拉贝龙方程，即

$$\frac{\mathrm{d}p}{\mathrm{d}T} = \frac{\Delta_l^g H_m^\ominus}{T[V_m(g) - V_m(l)]} \tag{4.6}$$

式中　$\Delta_l^g H_m^\ominus$——摩尔汽化热；

$V_m(g)$——气体摩尔体积；

$V_m(l)$——液体摩尔体积。

如果气体可以被当作理想气体，则液体体积与气体体积相比很小，可以忽略不计；若在不大的温度变化范围内，摩尔汽化热可以近似地看作常数，则可将上式积分得：

$$\lg\left(\frac{p_2}{p_1}\right) = \frac{\Delta_l^g H_m^\ominus}{2.303R} \times \frac{T_2 - T_1}{T_1 T_2} \tag{4.7}$$

或

$$\lg\left(\frac{p}{p^\ominus}\right) = \frac{\Delta_l^g H_m^\ominus}{2.303RT} + B \tag{4.8}$$

$$\lg\left(\frac{p}{p^\ominus}\right) = -\frac{A}{T} + B \tag{4.9}$$

式中　R——摩尔气体常数；

B——积分常数；

A——$\frac{\Delta_l^g H_m^\ominus}{2.303R}$。

公式（4.7）~（4.9）都是克拉贝龙-克劳修斯方程的具体形式，是气-液平衡中非常有用的公式。假如用升华热代替汽化热，这些公式对固-气平衡也能适用。

三、实验仪器及试剂

（1）仪器：平衡管，烧杯（5 000 mL），搅拌器，冷凝管，缓冲瓶，1/10 刻度温度计，蒸气压力测定仪，抽气泵，控温仪，电炉或电加热器。

（2）试剂：CCl_4。

四、实验内容

（1）装配实验装置。平衡管，如图 4.5 所示，是由 3 个相连的玻璃管 a、b 和 c 组成的。

a 管中储存液体，b 和 c 管中液体在底部连通。当 a、b 管上部纯粹是待测液体的蒸气，b 管与 c 管中的液面在同一水平上时，则表示加在 b 管液面上的蒸气压与加在 c 管液面上的外压相等，此时液体的温度即为系统的气-液平衡温度，即沸点。将干净的平衡管放于烘箱中或煤气灯上烘热，赶走管内部分空气，将 CCl_4 液体自 c 管的管口灌入，管子冷却后，部分液体可以流入 a 管。

按图 4.6 装配好各装置：将平衡管 5 与 CCl_4 蒸气冷凝管 3 借助玻璃磨口相连，接口要求严密，以防外部冷凝水渗入和漏气。CCl_4 蒸气冷凝管左通 U 形管压力计 1，右通缓冲瓶 6。缓冲瓶中另有两个活塞 A、B，A 通大气，B 通抽气泵，可以控制。温度计及搅拌器固定好，放于烧杯中合适位置。接好冷凝器冷却水进出管，应使冷却水便于调节控制。

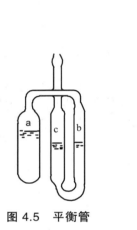

图 4.5　平衡管

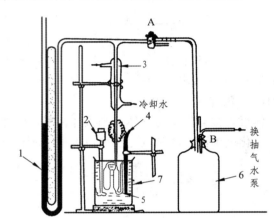

图 4.6　蒸气压测定仪器置图

1—U 形管压力计；2—搅拌马达；3—冷凝管；4—1/10 刻度温度计；
5—平衡管；6—缓冲瓶；7—5 000 mL 大烧杯；A、B—活塞

（2）关闭活塞 A，打开抽气泵及缓冲瓶上接抽气泵的活塞 B，使系统中压力减低约 50 kPa（40 cm 汞柱），再打开活塞 A 借助大气压力将液体压入 a 管，反复几次直至 a 管中的液体灌至其高度的 2/3 为宜。

（3）关闭活塞 A，打开抽气泵，再打开缓冲瓶上接抽气泵的活塞 B，使系统中压力减低约 50 kPa。关闭活塞 B，隔数分钟，看 U 形管压力计高度是否改变，以检查仪器是否漏气。确定无漏气后，记下大气压及室温。

（4）打开活塞 A 使系统与大气相通，平衡管全部浸于水中。打开控温仪电源，旋钮置"校正"位置，指针调满刻度，再将旋钮置于"测量"位置；调节温度调节刻度盘逐渐升温至水浴温度达 80 ℃左右，升温过程中平衡管中有气泡产生，这时空气与蒸气被排出，在此温度下加热数分钟，即可以把平衡管中的空气赶净（b、c 之间有连续气泡产生）。开动电动搅拌器不断搅拌，待空气赶净后，停止加热。当温度下降至一定程度时，c 管中气泡开始消失，b 管液面开始上升，同时 c 管液面下降。仔细观察，当两管的液面一旦达到同一水平时，立即记下此时水浴中温度计的读数（即沸点）和大气压力。

（5）重复赶气，再测定两次该气压下的沸点，若 3 次结果一致，方可进行下面实验。

（6）大气压下的实验做完后，为防止空气倒灌入 a 管，应立即关闭通往大气的活塞 A。先打开抽气泵，再打开通往抽气泵的活塞 B，使系统中减压约 6.7 kPa（5 cm 汞柱），此

时液体又重新沸腾起来。关闭活塞 B，让其继续冷却，不断搅拌。如上面所述，当 b、c 两管液面等高时，立即记录水浴中温度计读数、辅助温度计读数和压力计两臂水银柱的高度。

（7）继续做实验，每次再减压约 6.7 kPa（5 cm 汞柱），直至压力计两臂相差约 50 kPa（40 cm 汞柱）时，停止实验，记录下每次实验的温度和压力计两臂读数。再测一次大气压力。

（8）数据处理及计算：

① 列表记下温度、压力数据，做温度、压力校正，计算出不同温度下的饱和蒸气压。

② 作出饱和蒸气压-温度的光滑曲线。

③ 做出 $\lg\left(\dfrac{p}{p^{\ominus}}\right) - \dfrac{1}{T}$ 图，求出斜率及截距；将 p 和 T 的关系写成 $\lg\left(\dfrac{p}{p^{\ominus}}\right) = -\dfrac{A}{T} + B$ 的形式。在此图中求外压力为 101.32 kPa 时的沸点。

④ 计算平均摩尔气化热。

⑤ 计算摩尔气化熵并与特鲁顿（Trouton）规则比较。

特鲁顿（Trouton）规则：在正常沸点下，各正常液体的摩尔气化熵是相同的，即

$$\Delta_l^g S_m^{\ominus} = 87.91 \quad (J \cdot K^{-1} \cdot mol^{-1})$$

五、注意事项

（1）装配好本实验的测定仪器装置后，一定要做气密性检查，以保证系统无漏气。

（2）平衡管 a、b 管中的空气一定要赶净。

（3）实验过程中，要注意防止空气倒灌。

（4）记录数据要仔细、快速，特别要注意压力计两臂读数的变化。

六、思考题

（1）简述静态法测定液体饱和蒸气压的原理。

（2）怎样判断平衡管 a、b 中的空气已经被赶净？

（3）实验过程中何时容易发生空气倒灌现象？如何防止？

（4）实验装置中，冷凝管及缓冲瓶各有什么作用？

实验八 反应速率常数与活化能的测定

一、实验目的

（1）学会用电导法测乙酸乙酯皂化反应的速率常数。

（2）了解反应活化能的测定方法。

（3）掌握电导率仪、自动平衡记录仪、恒温水浴的使用方法。

二、实验原理及内容提要

乙酸乙酯皂化反应是一个二级反应,其反应式为:

$$CH_3COOC_2H_5 + OH^- \rightleftharpoons CH_3COO^- + C_2H_5OH$$

在反应过程中,各物质的浓度随时间而改变,溶液中 OH^- 浓度逐渐减少,而 CH_3COO^- 浓度逐渐增大。因 OH^- 的迁移率比 CH_3COO^- 的迁移率大得多,故随着反应的进行,溶液的电导值逐渐减少。在一定范围内,可认为溶液电导值的减少量与 CH_3COO^- 浓度的增加量成正比。

设两种反应物浓度相等,均为 c,当经过反应时间 t 后生成物的浓度为 x,若逆反应可以忽略,则有以下关系:

$$CH_3COOC_2H_5 + OH^- \longrightarrow CH_3COO^- + C_2H_5OH$$

$t=0$	c	c	0	0
$t=t$	$c-x$	$c-x$	x	x
$t \to \infty$	$\to 0$	$\to 0$	$\to c$	$\to c$

对于二级反应,其反应的速率方程可表示为:

$$\frac{dx}{dt} = k(c-x)(c-x) \tag{4.10}$$

式中 k——反应速率常数。

将上式积分得:

$$kt = \frac{x}{c(c-x)} \tag{4.11}$$

若反应初始时溶液的电导率值为 G_0,任一时刻 t 时溶液的电导率值为 G_t,反应进行时间 $t \to \infty$ 时溶液的电导率值为 G_∞,则有:

$$t = t \text{ 时},\ x = \beta(G_0 - G_t) \tag{4.12}$$

$$t \to \infty \text{ 时},\ c = \beta(G_0 - G_\infty) \tag{4.13}$$

式中 β——比例系数。

将式(4.12)及式(4.13)代入式(4.11),有:

$$kct = \frac{G_0 - G_t}{G_t - G_\infty} \tag{4.14}$$

此式移项整理得:

$$G_t = \frac{1}{kc} \cdot \frac{G_0 - G_t}{t} + G_\infty \tag{4.15}$$

该式为一直线方程,其斜率为 $1/kc$。

由式(4.15)可知,只要测定出 G_0 值及一组 G_t 后即可计算出相应的 $(G_0 - G_t)/t$,以 G_t 对 $(G_0 - G_t)/t$ 作图,由所得直线的斜率即可求得反应速率常数 k 值。

利用阿仑尼乌斯公式，由两个不同温度下测得的反应速率常数值即可计算出反应的活化能 E_a：

$$\ln \frac{k_2}{k_1} = \frac{E_a}{R}\left(\frac{T_2 - T_1}{T_1 T_2}\right) \quad (4.16)$$

式中　k_1、k_2——温度 T_1、T_2（单位为 K）时测得的速率常数；

　　　R——摩尔气体常数；

　　　E_a——活化能。

三、实验仪器及试剂

（1）仪器：双管电导池 2 个，移液管（15 mL，2 支），DDS-307 电导率仪 1 台，XWT 型自动平衡记录仪 1 台，恒温水浴 1 台，带橡皮塞的洗耳球 1 个。

（2）试剂：$0.05\ mol \cdot L^{-1}$ NaOH 溶液，$0.05\ mol \cdot L^{-1}$ 乙酸乙酯水溶液。

四、实验内容

（1）将电导率仪的输出端与记录仪的输入端用导线连接，并将记录仪的量程调节器调定在 10 mV 处。

（2）了解和熟悉电导率仪的构造和使用注意事项。

（3）了解和掌握记录仪的使用。

（4）将洗净干燥过的双管电导池混合反应器（见图 4.7）放在超级恒温水浴中夹好，用移液管加 15 mL NaOH 溶液于 A 池，再加同等体积同等浓度的 $CH_3COOC_2H_5$ 溶液于 B 池。将电极用蒸馏水洗净后用滤纸吸干（千万不要碰到电极上的铂黑），然后将电极插入 A 池。将带有橡皮塞的洗耳球塞于 B 池池口。在室温下（T_1）恒温 10～20 min。

（5）检查记录笔是否满度记录，否则调"零电位器"；调"走纸速度"至 8 mm/min 处，并将"记录"开关扳下。

（6）检查电导率仪是否指满刻度，否则进行调整。将电导率仪的"校正"-"测量"开关扳向"测量"。

（7）当记录笔恰到记录纸的任一横线处（以横线作起始时间便于计算）即轻压 B 池上的洗耳球使 $CH_3COOC_2H_5$ 进入 A 池与 NaOH 混合，而后放松使溶液吸回 B 池，反复压几次混合均匀后即不再动。

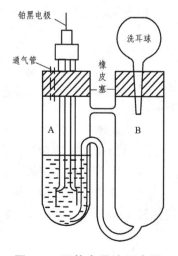

图 4.7　双管电导池示意图

（8）经 20 min 后即可停止实验。将电导率仪的"校正"-"测量"开关扳向"校正"处。

（9）打开超级恒温水浴的电源、加热器，搅拌预热，调节水银接点温度计至比室温约高 10 ℃（T_2）并使之恒定。重复以上实验内容。

（10）数据处理及计算。

① 将记录纸剪下，纵坐标按走纸速度确定反应时间，横坐标可取任意标度来代表电导率变化；将曲线外推至起始时间求得 G_0 值，如图 4.8 所示。

② 从图上取时间相等的 8~10 组数据（t, G_t），计算出相应的 $(G_0-G_t)/t$，以 G_t 对 $(G_0-G_t)/t$ 作图，由所得直线斜率求出 k_1。

③ 用同样的方法求出 k_2，计算出皂化反应的活化能 E_a。

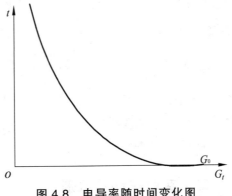

图 4.8　电导率随时间变化图

五、注意事项

（1）在 A 池中加入 NaOH，B 池中加入 $CH_3COOC_2H_5$ 时，应注意不能让溶液超过混合反应器的倒 U 形管顶，即：在两池中加入溶液后，倒 U 形管中应保留有一小段空气柱将两溶液暂时隔开。

（2）在挤压洗耳球将 $CH_3COOC_2H_5$ 和 NaOH 混合时，用力轻重要适当，过轻不能使两溶液完全混合均匀；过猛会使溶液溅出或松开时导致 A 池溶液过多返回 B 池，使 A 池中的电极暴露于液面之上引起记录混乱。

（3）在记录数据时，除了自动记录的数据外，还应记下计算时所需用到的其他数据，如反应物浓度、走纸速度、室温及升温后的恒温温度等。

六、思考题

（1）为什么本实验要在恒温条件下进行，且 $CH_3COOC_2H_5$ 和 NaOH 溶液在混合前还要预先恒温？

（2）被测溶液的电导是哪些离子的贡献？反应中溶液的电导为什么会发生变化？

（3）为什么要使两种反应物浓度相等？若两溶液浓度不等，应如何计算 k 值？

（4）为什么可以用峰值的任意标度代替电导？

（5）反应分子数与反应级数是两个完全不同的概念，反应级数只能通过实验来确定。试问如何从实验结果来验证 $CH_3COOC_2H_5$ 皂化反应为二级反应？

实验九　莫尔法测定水中 Cl^- 含量

一、实验目的

（1）掌握莫尔法测定 Cl^- 的原理和方法。

（2）学会用 NaCl 标准溶液标定 AgNO$_3$ 溶液的方法。

二、实验原理

Cl$^-$ 广泛存在于各种水中，如海水、苦咸水、生活污水和工业废水中往往含有大量 Cl$^-$，甚至天然淡水水源中也会有一定数量的 Cl$^-$。水中 Cl$^-$ 不多时，对人体无害。我国生活饮用水水质标准规定，氯化物含量不应超过 250 mg·L^{-1}。

水中 Cl$^-$ 含量过高，会对锅炉、金属管道和建筑物有腐蚀作用，也不利于农作物的生长。因此不少工业用水和灌溉用水都对 Cl$^-$ 含量有一定的限制和要求。在环境工程和水利、水文学实验中，常用 Cl$^-$ 来作为水流运动的示踪剂。

自来水中 Cl$^-$ 的定量检测，最常用的方法是莫尔法。该法的应用比较广泛，生活饮用水，工业用水，环境水质检测以及一些药品、食品中氯的测定都使用莫尔法。莫尔法是在中性或弱碱性溶液中，以 K$_2$CrO$_4$ 作指示剂，用 AgNO$_3$ 标准溶液直接滴定待测样品中的氯离子含量，由于 AgCl 的溶解度比 Ag$_2$CrO$_4$ 的溶解度小，根据分步沉淀原理，在滴定过程中，溶液首先析出 AgCl 沉淀。随着滴定的进行，溶液中 Cl$^-$ 浓度逐渐减小，Ag$^+$ 浓度逐渐增大，当接近化学计量点时，Ag$^+$ 浓度增大到与 CrO$_4^{2-}$ 生成砖红色 Ag$_2$CrO$_4$ 沉淀，从而指示滴定终点，即

滴定反应：Ag$^+$ + Cl$^-$ === AgCl↓（白色）　　　　$K_{sp}^{\ominus} = 1.8 \times 10^{-10}$

终点反应：2Ag$^+$ + CrO$_4^{2-}$ === Ag$_2$CrO$_4$↓（砖红色）　　$K_{sp}^{\ominus} = 2.0 \times 10^{-12}$

三、仪器与试剂

（1）仪器：棕色酸式滴定管（50 mL，1 支），锥形瓶（250 mL，3 个），量筒，移液管（50 mL 和 25 mL 各 1 支）等。

（2）试剂：

① 0.014 10 mol·L^{-1} NaCl 标准溶液。将盛有分析纯氯化钠的坩埚放入马福炉中加热 40~50 min，温度控制在 500~600 ℃。冷却后称取 8.240 0 g 溶于蒸馏水中，转移至 100 mL 容量瓶中，稀释至标线。吸取该溶液 10.00 mL，用蒸馏水在 1 000 mL 的容量瓶中稀释至标线，此溶液的浓度即为 0.014 10 mol·L^{-1}。

② AgNO$_3$ 标准溶液。称取 2.395 g AgNO$_3$ 溶于蒸馏水中，并稀释至 1 000 mL，储于棕色试剂瓶中，其准确浓度用 NaCl 标准溶液标定：用移液管吸取 25.00 mL NaCl 标准溶液于 250 mL 锥形瓶中，加蒸馏水 25 mL。于另一锥形瓶中加入 50.00 mL 蒸馏水作空白样，各加入 1 mL K$_2$CrO$_4$ 指示剂溶液，分别在不断摇动下用 AgNO$_3$ 标准溶液滴定，滴至由于 1 滴 AgNO$_3$ 溶液的加入使砖红色沉淀刚出现即为终点，则 AgNO$_3$ 标准溶液的浓度为：

$$c(\text{AgNO}_3) = \frac{25.00 \times 0.014\ 10}{V_1 - V_2} \quad (\text{mol} \cdot \text{L}^{-1}) \quad\quad (4.17)$$

式中　V_1——滴定 25.00 mL NaCl 标准溶液所用的 AgNO$_3$ 溶液的体积，mL；

V_2——滴定蒸馏水空白样所用的 $AgNO_3$ 溶液的体积,mL。

③ K_2CrO_4 指示剂溶液。称取 5 g K_2CrO_4 溶于少量水中,滴加上述 $AgNO_3$ 标准溶液至有砖红色沉淀生成。摇匀,静置 12 h,然后过滤并将滤液稀释至 100 mL。

四、实验步骤

如果水样的 pH 值在 6.5~10.5 范围内,可直接滴定,超出此范围的水样应以酚酞作指示剂,用稀 HNO_3 或稀 $NaHCO_3$ 溶液调节至 pH 值为 8 左右。

(1)取 50.00 mL 水样(若 Cl^- 含量高,可取适量水样用蒸馏水稀释至 50.00 mL)置于干净的锥形瓶中,另取一锥形瓶加 50.00 mL 蒸馏水做空白试验。

(2)加入 1 mL K_2CrO_4 指示剂溶液,在不断摇动下用 $AgNO_3$ 标准溶液滴定至溶液砖红色沉淀刚出现为终点。记录消耗 $AgNO_3$ 标准溶液的体积 V_1,同时作空白试验。水样中 Cl^- 含量可按下式计算:

$$c(Cl^-) = \frac{(V_1 - V_2) \times 35.45 \times 1\,000 \times c(AgNO_3)}{50.00} \quad (mg \cdot L^{-1}) \tag{4.18}$$

式中 V_1——水样消耗 $AgNO_3$ 标准溶液的体积,mL;

V_2——滴定蒸馏水空白样所用的 $AgNO_3$ 标准溶液的体积,mL;

35.45——Cl^- 的摩尔质量,$g \cdot mol^{-1}$。

取平行测定 3 份的数据,分别计算水样中 Cl^- 离子的浓度,求其平均值。

五、注意事项

1. 溶液的酸度

莫尔法适宜的酸度为 pH = 6.5~10.5,因为当 pH < 6.5 时,Ag_2CrO_4 将与 H^+ 反应而溶解:

$$Ag_2CrO_4 + H^+ \rightleftharpoons 2Ag^+ + HCrO_4^-$$

若 pH > 10.5,Ag^+ 将生成 AgOH 沉淀进而迅速分解为 Ag_2O:

$$2Ag^+ + 2OH^- \rightleftharpoons 2AgOH \rightleftharpoons Ag_2O \downarrow + H_2O$$

如果有 NH_4^+ 存在,pH 上限还应降低,例如,滴定 NH_4Cl 中的 Cl^- 时,pH 应为 6.5~7.2,因为 pH > 7.2 时 NH_4^+ 易生成 NH_3,NH_3 与 Ag^+ 生成 $[Ag(NH_3)_2]^+$ 而使 AgCl 和 Ag_2CrO_4 溶解度增大。调节溶液的酸度时,若碱性太强,可用稀硝酸中和;酸性太强时可用 $NaHCO_3$ 或 $Na_2B_4O_7 \cdot 10H_2O$ 中和。

2. 干扰离子

与 Ag^+ 和能生成沉淀或配合物的 Pb^{2+}、Ba^{2+}、Hg^{2+} 等离子都干扰测定,大量的 Cu^{2+}、Co^{2+}、Ni^{2+} 等有色离子会影响终点的观察,在中性或微碱性溶液中易水解的离子,如 Al^{3+}、Fe^{3+}、Bi^{3+}、Sn^{4+} 等高价金属离子也妨碍测定,应设法消除可能的干扰。

3. 指示剂的用量

在莫尔法中，指示剂的用量是一重要条件，现计算如下：
化学计量点时：

$$c(Ag^+) = c(Cl^-) = \sqrt{K_{sp}^{\ominus}(AgCl)} = \sqrt{1.56 \times 10^{-10}} = 1.25 \times 10^{-5} \quad (mol \cdot L^{-1})$$

需指示剂 CrO_4^{2-} 量：

$$c(CrO_4^{2-}) = K_{sp}^{\ominus}(Ag_2CrO_4)/[c(Ag^+)]^2 = 5.8 \times 10^{-2} \quad (mol \cdot L^{-1})$$

这样高的浓度，① 使溶液呈深黄色，影响终点的判断；② 会使终点提前，结果偏低。若浓度过低，则终点出现过迟。实验证明：CrO_4^{2-} 的浓度比理论量小约 5.0×10^{-3} mol·L^{-1} 较为合适，多消耗的 $AgNO_3$ 溶液通过空白试验消除。

本实验适用于测定 Cl^- 含量为 10～50 mg·L^{-1} 的天然水样，也适用于经恰当稀释的高矿化废水（咸水、海水等）以及经过各种预处理的生活污水和工业废水。

六、思考题

（1）莫尔法测定水中 Cl^- 含量时，溶液 pH 值应控制在什么范围？为什么？若有 NH_4^+ 存在，其控制的 pH 范围是否需要改变？

（2）K_2CrO_4 浓度大小或用量多少对测定结果有什么影响？

（3）能否用莫尔法直接滴定试样中的 Ag^+？为什么？

实验十　电位滴定法测定水中 Cl^- 含量

一、实验目的

（1）掌握电位滴定法用 $AgNO_3$ 标准溶液滴定试液中 Cl^- 的原理和方法。
（2）了解沉淀滴定过程中工作电池电动势变化与被滴溶液中离子浓度变化的关系和规律。
（3）学会自动电位滴定计的操作。

二、实验原理及内容提要

本实验用银电极为指示电极，用饱和甘汞电极为参比电极组成一工作电池（注意：由于滴定剂 Ag^+ 与甘汞电极向外扩渗的 Cl^- 会发生反应。故不可将甘汞电极直接插入被滴液中，而要浸入另一盛有 KNO_3 溶液的容器中，两溶液间用 KNO_3 盐桥相连。若用市售的双桥式甘汞电极，它已考虑到以上影响，故可直接浸入被滴液中）。在滴定过程中，随着 Ag^+ 的滴入 X^- 浓度不断减小，Ag^+ 浓度不断增大即 pAg^+ 值不断减小。由于指示电极的电位与 pAg^+ 呈线性关系（本实验的指示电极用的是银电极，此外，Ag^+、Cl^-、I^- 的离子选择性电极也可用作本实验的指示电极）：

$$\varphi(Ag^+/Ag) = \varphi^{\ominus}(Ag^+/Ag) - \frac{2.303RT}{F}pAg^+ \tag{4.19}$$

25 °C 时：
$$\varphi(Ag^+/Ag) = \varphi^{\ominus}(Ag^+/Ag) - 0.059pAg^+ \tag{4.20}$$

所以，随着 $AgNO_3$ 溶液的滴入，$\varphi(Ag^+/Ag)$ 便逐渐增大，但甘汞电极电位为一定值，于是工作电池的电动势（E）便随着 pAg^+ 的减小而变动，到达等当点附近 pAg^+ 发生突变，电池电动势 E 也发生突变而指示出滴定终点。

由于 AgX 沉淀易吸附溶液中的 Ag^+ 与 X^- 而带来误差，因此，在滴定开始前需在试液中加入 KNO_3 或 $Ba(NO_3)_2$，使 AgX 沉淀吸附溶液中浓度较大的 K^+、NO_3^-，而减少对 Ag^+ 或 X^- 的吸附，以减小误差。

自动电位滴定是借助于电子技术使电位滴定自动化，这样可简化操作和数据处理手续。自动电位滴定方式不止一种，本实验用的 ZD-2 型自动电位滴定计是其中的方式之一，它首先需要用手动操作，求出滴定被测液的终点的 E 值，进行终点 E 值的预设，才能进行自动滴定。自动电位滴定法非常适合工厂车间对大批量同一试样的重复分析。

三、仪器及试剂

（1）仪器：ZD-2 型自动电位滴定计，216 型银电极，217 型甘汞电极。

（2）试剂：$0.1\ mol \cdot L^{-1}\ AgNO_3$ 标准溶液（待标定），固体 $Ba(NO_3)_2$(AR)，$6\ mol \cdot L^{-1}$ HNO_3，$0.100\ 0\ mol \cdot L^{-1}$ NaCl 标准溶液（由实验室配制）。

四、实验内容

1. $0.1\ mol \cdot L^{-1}\ AgNO_3$ 标液溶液的标定（用自动电位滴定计的手动操作）

（1）吸取 $0.100\ 0\ mol \cdot L^{-1}$ NaCl 溶液 10.00 mL 于 150 mL 烧杯中，加去离子水约 40 mL，3 滴 $6\ mol \cdot L^{-1}\ HNO_3$，0.5 g $Ba(NO_3)_2$ 溶液，将搅拌棒洗净放入溶液中。

（2）将 216 型银电极与 217 型甘汞电极用电极夹固定，并分别与仪器的"－"端及"＋"端相连，把滴液开关放在"－"位置上，将滴定毛细管下端插入溶液中，管下端与电极下端处于同一水平位置。

（3）按仪器使用步骤开动电磁搅拌器，搅拌数分钟后，读出电极与溶液组成的工作电池的起始电动势 $E_{始}$。

（4）采用手动操作方式滴定，滴定开始可加入较多的 $AgNO_3$ 溶液（每次约 1 mL）。并使每次的加入量大致相等，当电动势变化较大时，则应放慢滴定速度，尽量滴入很少量的 $AgNO_3$ 溶液，突跃过后，再多滴加 2~3 mL $AgNO_3$ 溶液。

记录数据列表如下（表 4.1 仅是格式，正式记录表由学生自己画）：

表 4.1　电位滴定测定水中 Cl^- 含量实验数据记录

$V(AgNO_3)$ / mL									
E / mV									
$V(AgNO_3)$ / mL									
E / mV									
$V(AgNO_3)$ / mL									
E / mV									
$V(AgNO_3)$ / mL									
E / mV									
$V(AgNO_3)$ / mL									
E / mV									

由以上测定的数据绘制：① $E\text{-}V$ 曲线，② $\Delta E/\Delta V\text{-}V$ 曲线；③ $\Delta E^2/\Delta V^2\text{-}V$ 曲线。求得到达终点时消耗的 $AgNO_3$ 溶液体积 $V_终$，计算出 $AgNO_3$ 标准溶液的浓度，再根据 $E\text{-}V$ 曲线，求出到达终点时工作电池的电动势 $E_终$（mV），为以下自动电位滴定 Cl^- 提供预设终点电动势的数据 E。

2. 水中 Cl^- 的滴定

吸取自来水水样 50.00 mL 于 150 mL 烧杯中，加入 3 滴 6 mol·L^{-1} HNO_3 和 0.5 g $Ba(NO_3)_2$ 溶液，用 ZD-2 型自动电位滴定计进行自动电位滴定，预设终点的 E，分别采用以上手动操作测得的数据，按自动滴定操作步骤进行滴定，记录到达等当点时消耗的 $AgNO_3$ 溶液的体积 V（mL）。由此计算水中 Cl^- 含量（mg·L^{-1}）。

六、思考题

（1）本实验中所用的指示电极除用银电极外，还可用哪些离子选择性电极为指示电极？它们的电极电位与被测离子活度有什么关系？

（2）为什么在 Ag^+ 与 X^- 滴定中要用双盐桥甘汞电极为参比电极？如果用 KCl 单盐桥甘汞电极为参比电极，对测定结果有何影响？

（3）试液在滴定前为什么要加入 HNO_3？为什么还要加入 $Ba(NO_3)_2$ 或 KNO_3？

（4）根据电位滴定结果，能否计算 AgCl 的溶度积常数？如何计算？

实验十一　燃烧热的测定

一、实验目的

（1）掌握氧弹式量热计的构造和使用方法，并利用氧弹量热计测定萘的（定容）燃烧热。
（2）掌握贝克曼温度计及氧气瓶的使用方法。

(3)明确定容燃烧热与定压燃烧热的区别。

二、实验原理及内容提要

1 mol 物质完全氧化时的反应热称作燃烧热。要能完全燃烧需要适当的条件,当为其提供强氧化剂时,有机物质均能迅速而完全燃烧。

氧弹式量热计是测定定容燃烧热的常用量热计,如图 4.9 所示,氧弹剖面如图 4.10 所示。

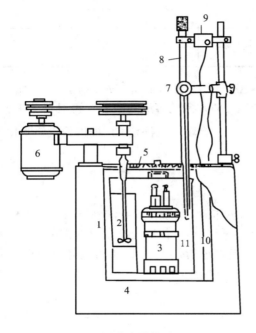 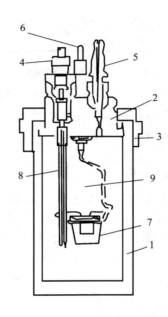

图 4.9 氧弹式量热计

1—水夹套;2—搅拌器;3—氧弹;4—热绝缘垫片;
5—热绝缘胶板;6—马达;7—放大镜;
8—贝克曼温度计;9—振荡器;
10—空气隔热层;11—水桶

图 4.10 氧弹的构造

1—厚壁圆筒;2—弹盖;3—螺帽;4—进气孔;
5—排气孔;6—电极;7—燃烧皿支架;
8—电极(进气管);9—火焰遮板

氧弹式量热计的基本原理是能量守恒定律。样品完全燃烧所释放的热量、引火丝(铁丝及棉线)燃烧放出的热量及氧气中微量的氮气氧化成硝酸的生成热,大部分被氧弹外的水桶中的水吸收,余下的则被氧弹、水桶、搅拌器及温度计等所吸收。因放置氧弹的水桶外是空气隔热层,再外面是温度恒定的水夹套,可认为量热计是准孤立系统。测量样品燃烧前后桶内水的温度变化,即可由热平衡方程式求算出该样品的定容燃烧热:

$$Q_V \cdot m + \sum Q \cdot b - 5.98V$$
$$= m' \cdot c' \cdot \Delta T + c \cdot \Delta T = (m' \cdot c + c)\Delta T = K \cdot \Delta T \quad (4.21)$$

式中 Q_V——被测物质的定容燃烧热,J/g;
m——被测物质的质量,g;

$\sum Q \cdot b$——引火丝的燃烧热，$J \cdot g^{-1}$ [铁丝及棉线的燃烧热 Q 分别为 $-6\,700\,J \cdot g^{-1}$ 及 $-16\,800\,J \cdot g^{-1}$；b 为燃烧掉的铁丝及棉丝的质量，g]；

5.98——硝酸的生成热为 $-59\,800\,J/mol$，当用浓度为 $0.100\,0\,mol \cdot L^{-1}$ 的 NaOH 来滴定生成的硝酸时，1 mL NaOH 相当于 $-5.98\,J$；

V——滴定生成硝酸时，耗去的 NaOH 溶液的体积；

m'——水桶中水的质量，g；

c'——水的比热容，$J \cdot g^{-1} \cdot K^{-1}$；

c——水桶、氧弹的总热容，$J \cdot K^{-1}$；

ΔT——环境无热交换时，体系的真实温度变化，K；

K——量热计的水当量，$J \cdot K^{-1}$。

三、实验仪器及试剂

（1）仪器：容量瓶（1 000 mL，1个），碱式滴定管（50 mL，1支），锥形瓶（250 mL，1个），氧弹量热计（附压片机）1台，分析天平1台，万用表1个，普通温度计1支，贝克曼温度计1支，氧化钢瓶及减压阀等1套，引火铁丝，引火棉线。

（2）试剂：苯甲酸（AR），萘（AR），NaOH 标准溶液（$0.100\,0\,mol \cdot L^{-1}$），甲基红指示剂。

四、实验内容

1. 量热计水当量的测定

（1）用清洁的布擦净压片模，称取约 1 g 已知燃烧热的苯甲酸（不能超过 1.1 g）进行压片。样片松紧应压得适当，压得太紧点火时不易全部燃烧；压得太松易脱落。将样品在干净玻璃板上轻击 2～3 次，再在分析天平上准确称量。

（2）拧开氧弹盖（需放于专用支架上），装好不锈钢杯，将氧弹内壁擦干，特别清洁电极下端的不锈钢丝，用移液管移取 10 mL 蒸馏水于弹筒内。

（3）剪取 15 cm 长的引火铁丝和 35 cm 长的棉线，用棉线将样片及引火铁丝仔细缠好并小心挂在氧弹盖上的燃烧皿中，引火铁丝两端须与电极缠紧。用万用表检查两电极间电阻值，一般不应大于 20 Ω。旋紧氧弹盖，卸下进气管口的螺栓，换接上导气管接头。导气管另一端与氧气钢瓶上的减压阀连接。打开钢瓶阀门，使氧弹中充入 2 MPa 的氧气。关闭氧气瓶阀门，旋下导气管，放掉氧气表中的余气。将氧弹进气螺栓旋上，再用万用表检查两电极间的电阻，若阻值过大或电极与弹壁短路，则应放出氧气，开盖检查。

（4）在量热计的水夹套中放入自来水，用容量瓶准确量取 3 L 自来水装入铜水桶中（为了减少热交换，最好比夹套水温低 1～1.5 ℃），然后把氧弹放于铜水桶中，使水淹至弹盖上缘（不能淹没两极接线处）。用手扳动搅拌器，检查桨叶是否与器壁相碰。两电极上接上点火导线，装上已调好的贝克曼温度计，盖好盖子，打开量热计控制箱的电源开关，电源按钮上的指示灯亮，按下光源、搅拌、振荡 3 个开关。

（5）温度变化基本稳定后，读取点火前最初阶段的温度。每隔 30 s 读 1 次，共读 10 次，读完后立即按电钮点火并自左向右旋转电流调节旋钮,使其发红直至熔断,旋开按钮,此时红色指示灯熄灭(表示点火完毕),且温度迅速上升(若指示灯不熄,表示铁丝没有熔断,应立即加大电流引发燃烧;若指示灯根本不亮或虽加大电流也不熄灭,而且温度也不见迅速上升,则须打开氧弹检查原因)。30 s 读 1 次温度计读数,待温度开始下降后,再读取最后阶段的 10 次读数后即可停止实验。温度快速上升阶段的读数可较粗略,最初阶段和最后阶段的温度要精确到 0.002 ℃。

(6)停止实验后关闭搅拌器,小心取下贝克曼温度计,再取出氧弹,打开出气口放出余气。旋开氧弹盖,检查样品是否燃烧完全,若发现氧弹中有明显的黑色残渣,应重做实验。测量燃烧后剩下的引火丝长度以计算实际燃烧的长度。用少量蒸馏水冲洗氧弹内壁,将洗涤液收集于锥形瓶内,稍加煮沸,以甲基橙作指示剂,用 0.100 0 mol · L^{-1} NaOH 滴定。最后倒去铜水桶中的水,用布擦干全部设备。

2. 萘的燃烧热的测量

在分析天平上准确称取 0.6 g 左右的萘,按上述方法进行测定。

3. 数据处理及计算

(1)苯甲酸的定容燃烧热为 –26 502 J/g,萘的定压燃烧热的理论值为 –40 205 J/g。

(2)作苯甲酸和萘燃烧热测定中的"温度-时间曲线"(作法见附一),由求得的 ΔT 计算水当量 K、萘的定容燃烧热 Q_V 及萘的定压燃烧热 Q_p,并与理论值比较。

五、注意事项

(1)实验前要仔细阅读"附一、附二"中的有关内容,实验中严格按操作规程操作。

(2)实验的成功与样品完全燃烧密不可分,点火操作技术很重要。本实验用已知质量和燃烧热的棉线将压好的样片与引火铁丝连接起来引起燃烧;有时也可不用棉线,而是直接将引火铁丝压入样片中。

(3)检查点火后温度不迅速上升的原因时应注意这几个方面:伸入弹体内部的电极和氧弹壁接触短路,这样点火时变压器有嗡嗡声,导线发热;连接燃烧丝的电路断了,这可用万用表检查出来;氧弹内氧气不足。

六、思考题

(1)使用氧气应注意些什么问题?

(2)为什么要测定真实温度差?如何测定真实温度差?

附一 "温度-时间曲线"及 ΔT 的确定

将实验测得的时间及温度值按给定的坐标标度做出"温度-时间曲线(ABCD)",如图 4.11 所示。

由于氧弹式量热计只是一个准孤立系统,不可能是绝对孤立系统,且由于燃烧后由低温达到高温需要一定的时间,故这段时间内系统与环境间难免要发生热交换,温度计上读得的不是真实的温度差 ΔT,常用作图法或经验公式法进行校正。

本实验采用作图法进行校正,如图 4.11 所示,画出点火前期 AB 和点火后末期 CD 两线段的切线,用虚线外延,然后作一垂线 HM,并与切线的延线相交于 G、H 两点,使得 BEG 包围的面积等于 CEH 包围的面积。G、H 两点的温度差 ΔT 即为体系内部由于燃烧反应放出热量致使系统温度升高的数值。

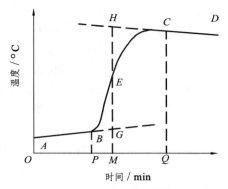

图 4.11　温度-时间曲线图

附二　氧气使用操作规程

本实验中需要有较高压力的氧气做氧化剂,高压氧气一般靠储氧钢瓶提供,充满氧气的钢瓶的压力可达 15.0 MPa(150 个大气压)。使用氧气需用氧气压力表,氧气表的构造如图 4.12 所示。

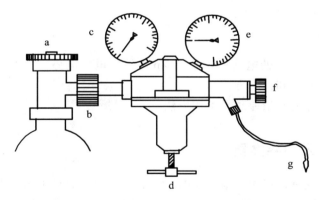

图 4.12　氧气表

a—总阀门;b—氧气表和钢瓶连接螺旋;c—总压力表;d—调压阀门;
e—分压力表;f—供气阀门;g—接氧弹进气口螺旋

本实验中氧弹充氧时,应按如下方法操作:

(1)将氧气瓶放稳固定(卧倒或直立,实验室中一般是直立缚牢),取下瓶上钢帽,将氧气表与钢瓶接上。

(2)将氧弹盖旋紧。关紧出气阀,将进气阀上盖除去,将紫铜管接上并拧紧。

(3)打开钢瓶总阀门 a 前,先检查调压阀门 d 的手把是否已全部松开(阀门 d 处于关闭,否则由于高压气流冲击会使调压阀失灵),关上供气阀门 f,再开钢瓶总阀门 a,总压力表 c 指示钢瓶内总压力,旋紧调压阀门 d(向上顶)直至分压力表 e 指示实验所需压力(2.0 MPa,约 20 个大气压),打开供气阀门 f,氧气就灌入氧弹内,压力表 e 稍降又复回升,且稳定约 1 min 为止,此时氧气即充好。

（4）关闭总阀门 a，松开紫铜管与氧弹接头，放去余气后松开阀门 d 的手把，再恢复原状。
（5）检查氧弹是否漏气，如不漏气即可点火燃烧。
此外，使用氧气钢瓶时还必须注意以下问题：
（1）搬运钢瓶时，为防止剧烈振动，严禁连氧气表一起装车运输。
（2）严禁与氢气同在一个实验室内使用。
（3）尽可能远离电源、热源。
（4）使用时要特别注意工具、手、钢瓶周围不能沾有油脂，以防燃烧和爆炸。
（5）氧气瓶应与氧气表一起使用，并注意保护氧气表，不能随便将其用在其他钢瓶上。
（6）开阀门及调压时，人不能站在钢瓶出气口处，头不能在瓶头之上，应该在瓶的侧面，以确保人身安全。
（7）开氧气瓶总阀门 a 前，需先检查调压阀门 d 是否处于关闭（手把松开是关闭）状态，不能在调压阀 d 开放（手把顶紧是开放）状态下打开总阀 a，以防事故的发生。
（8）防止漏气。若发现漏气应将螺旋旋紧或更换皮垫。
（9）当钢瓶压力降至 1.0 MPa（约 10 个大气压）以下时，不能再用，需去灌气。

实验十二 原电池电动势的测定

一、实验目的

（1）测定 Cu-Zn 原电池的电动势和 Cu、Zn 电极的电极电势。
（2）学会电极的制备和处理方法。
（3）掌握电位差计的测量原理及使用方法。

二、实验原理及内容提要

原电池电动势不仅是描述原电池性能的一个重要参数，而且可用它来研究构成此电池的化学反应的热力学性质，如通过测定可逆电池的电动势，可以求得氧化还原反应系统的平衡常数，电解质活度及活度系数，溶解度，解离常数，配位常数，酸碱度等。

在进行电动势测量时，应使电池反应在接近热力学可逆条件下进行，即要求放电和充电过程都必须在准平衡状态下进行，此时只允许有无限小的电流通过电池。利用对消法（又叫补偿法）可以在电池无电流（或极小电流）通过的情况下测得两极的静态电势。这时的电位降低值即为该电池的平衡电势，此时的电池反应是在接近可逆条件下进行的，所以对消法测得的电池电动势可以认为是可逆电池的电动势。

对消法的线路示意如图 4.13，$abBa$ 回路系由钾电池组（或蓄电池或稳压电源）、可变电阻和电位差计组成。钾电池组为工作电源。其输出电压必须大于待测电池的电动势。调节可变电

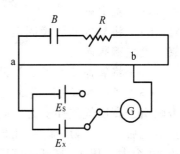

图 4.13 对消法原理线路

阻使流过回路的电流为某一定值,在电位差计的滑线电阻上产生确定的电位差,其数值由已知电动势的标准电池 E_s 校准。另一回路 abGE_xa 由待测电池 E_x(或 E_s)、检流计 G 和电位差计组成,移动 b 点,当回路中无电流时,电池的电动势等于 a、b 两点的电位降。

电池由两个电极(半电池)组成,电池的电动势 E 是两个电极的电极电势 φ_+ 及 φ_- 之差(假设两个电极溶液互相接触而产生的电势已经用盐桥消除掉)。一定温度下电动势的大小决定于电极的性质及溶液中有关离子的活度。电极电势的绝对值是不能测量到的,电化学中的电极电势是以规定标准氢电极(使氢电极中氢气压力为 1 个大气压,溶液中氢离子活度为 1 mol·L^{-1})的电极电势为零而求得的相对值。在实际应用中,由于使用氢电极较麻烦,可用其他可逆电极来代替氢电极做参比电极,常用的有甘汞电极、氯化银电极等,本实验采用甘汞电极作参比电极。

甘汞电极的电极电势随着所采用的 KCl 溶液的浓度不同而不同,经常使用的有 0.1 mol·L^{-1}、1.0 mol·L^{-1} 及饱和式 3 种。本实验采用饱和甘汞电极,其电极电势:

$$\varphi_{饱和甘汞} = 0.2415 - 0.00076(t-25) \tag{4.22}$$

式中 t——实验条件下的温度,°C。

因此,根据实验测得的电池电动势即可以求出电极的电极电势。

三、实验仪器及试剂

(1)仪器:半电池管 4 个,饱和 KCl 盐桥,烧杯(50 mL,5 个),饱和甘汞电极 1 支,Zn 电极 2 个,铜电极 2 个,标准电池 1 个,钾电池 4 个,双刀双掷开关 1 个,导线若干,可变电阻,学生型电位差计 1 台,检流计 3 台。

(2)试剂:稀 H_2SO_4,稀 HNO_3,硝酸亚汞溶液(饱和),镀铜溶液,0.1000 mol·L^{-1} CuSO$_4$,0.0100 mol·L^{-1} CuSO$_4$,0.1000 mol·L^{-1} ZnSO$_4$。

四、实验内容

1. 电极制备

(1)铜电极。将铜电极在约 6 mol·L^{-1} 的稀硝酸溶液内浸洗以除去氧化层和杂物,取出后用水洗涤,再用蒸馏水淋洗。将该铜电极置于电镀烧杯中作阴极,另取一个经清洁处理的铜棒作阳极,进行电镀,电流密度控制在 20 mA·cm^{-2} 为宜。其电镀装置如图 4.14 所示。电镀 15~30 min,使铜电极表面有一层紧密镀层。电镀结束后,取出铜电极,用蒸馏水淋洗后,将其插入盛有 0.1 mol·L^{-1} CuSO$_4$ 溶液或 0.01 mol·L^{-1} CuSO$_4$ 溶液的任一个 50 mL 烧杯中(插入前最好用插入溶液淋洗一下)。

(2)锌电极。用稀硫酸浸洗锌电极以除去表面上的氧化层,然后取出用水洗涤,再用蒸馏水淋洗,浸入饱和硝酸亚汞溶液中 3~5 s,使锌电极表面上生成一层均匀的锌

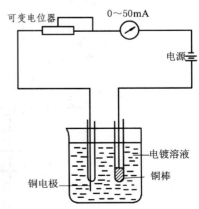

图 4.14 制备铜电极的电镀装置

汞齐，取出锌电极用滤纸擦干，再用蒸馏水淋洗。把处理好的锌电极插入装有 0.1 mol·L^{-1} ZnSO$_4$ 溶液的 50 mL 烧杯中，锌片插入前用 0.1 mol·L^{-1} ZnSO$_4$ 溶液淋洗 1 次。

2. 电池组合

（1）将上面制备的铜电极和锌电极用盐桥连接起来即得铜-锌原电池装置。

$$(-) \text{Zn} \mid \text{ZnSO}_4(0.100\,0\ \text{mol}\cdot\text{L}^{-1}) \parallel \text{CuSO}_4(0.100\,0\ \text{mol}\cdot\text{L}^{-1}) \mid \text{Cu}\ (+)$$

$$(-) \text{Cu} \mid \text{CuSO}_4(0.010\,00\ \text{mol}\cdot\text{L}^{-1}) \parallel \text{CuSO}_4(0.100\,0\ \text{mol}\cdot\text{L}^{-1}) \mid \text{Cu}\ (+)$$

（2）将 20~30 mL 饱和 KCl 溶液倒入 50 mL 烧杯中，脱去甘汞电极的橡皮帽，将其插入饱和 KCl 溶液中，组成下列电池：

$$(-) \text{Zn} \mid \text{ZnSO}_4(0.100\,0\ \text{mol}\cdot\text{L}^{-1}) \parallel \text{KCl(饱和)} \mid \text{Hg}_2\text{Cl}_2 \mid \text{Hg}\ (+)$$

$$(-) \text{Hg} \mid \text{Hg}_2\text{Cl}_2 \mid \text{KCl(饱和)} \parallel \text{CuSO}_4(0.100\,0\ \text{mol}\cdot\text{L}^{-1}) \mid \text{Cu}\ (+)$$

3. 电动势的测定

（1）按图 4.15 接好电动势测量线路。

（2）根据标准电池电动势的温度校正公式：

$$\begin{aligned} E_t &= E_{20} - 4.06\times10^{-5}(t-20) - 9.5\times10^{-7}(t-20)^2 \\ &= 1.018\,3 - [4.06\times10^{-5} - 9.5\times10^{-7}(t-20)](t-20) \end{aligned} \tag{4.23}$$

式中　t——实验条件下的室温，°C；

　　　E_t——室温 t（°C）下的标准电池电动势，V；

　　　E_{20}——20 °C 下的标准电池电动势（1.018 3 V）。

计算出室温下标准电池的电动势 E_t 值。

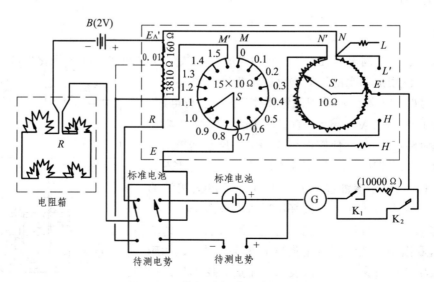

图 4.15　学生型电位差计接线图

（3）将标准电池电动势刻度盘旋到与计算的标准电池电动势相同的数值处。将双刀双掷开关掷向"标准"，调电阻箱电阻至检流计指针上下不偏转为止（先用电键 K_1 进行粗调：按一下 K_1 看检流计偏转情况，适当增减电阻，调至检流计指"0"附近，再用 K_2 细调至"0"处）。再将双刀双掷开关掷向"测量"，测定已准备好的电池的电动势。每测一组电池电动势均要重新校对检流计"0"点。

4. 计　算

（1）根据饱和甘汞电极的电极电势与温度的关系式计算室温时饱和甘汞电极的电极电势。

（2）根据能斯特方程式计算下列电池电动势的理论值，电池为：

$$(-)\ Zn\ |\ ZnSO_4(0.100\ 0\ mol\cdot L^{-1})\ \|\ CuSO_4(0.100\ 0\ mol\cdot L^{-1})\ |\ Cu\ (+)$$

$$(-)\ Cu\ |\ CuSO_4(0.010\ 00\ mol\cdot L^{-1})\ \|\ CuSO_4(0.100\ 0\ mol\cdot L^{-1})\ |\ Cu\ (+)$$

计算时物质的浓度 c 要用活度 a 表示，如：$a(Zn^{2+}) = r(Zn^{2+})c(Zn^{2+})$，$a(Cu^{2+}) = r(Cu^{2+})c(Cu^{2+})$，其中 r 是离子的平均活度系数，浓度、温度、离子种类不同，r 的数值就不同，本实验所需用到的 r 值如表 4.2 所示。

表 4.2　Zn^{2+}、Cu^{2+} 在不同浓度的 r 值

电解质 $\diagdown$ r $\diagdown$ c	0.100 0 mol·L^{-1}	0.010 0 mol·L^{-1}
CuSO$_4$	0.16	0.40
ZnSO$_4$	0.15	0.387

计算所用公式为：

$$\varphi_+ = \varphi^{\ominus}(Cu^{2+}/Cu) - \frac{RT}{2F}\ln\frac{1}{a(Cu^{2+})}$$

$$\varphi_- = \varphi^{\ominus}(Zn^{2+}/Zn) - \frac{RT}{2F}\ln\frac{1}{a(Zn^{2+})}$$

$$E = \varphi_+ - \varphi_-$$

将计算得到的理论值与实验值进行比较。

（3）根据下列电池的电动势的实验值，分别计算出锌电极的电极电势和铜电极的电极电势以及它们的标准电极电势，并与手册中的电极电势比较。电池为：

$$(-)\ Zn\ |\ ZnSO_4(0.100\ 0\ mol\cdot L^{-1})\ \|\ KCl(饱和)\ |\ Hg_2Cl_2\ |\ Hg\ (+)$$

$$(-)\ Hg\ |\ Hg_2Cl_2\ |\ KCl(饱和)\ \|\ CuSO_4(0.100\ 0\ mol\cdot L^{-1})\ |\ Cu\ (+)$$

五、注意事项

（1）电池的电动势不能直接用伏特计来测量，因为电池与伏特计相连接后，便成了通路，有电流通过，发生化学变化、电极被极化、溶液浓度改变，电池电动势不能保持稳定且电池本身有内阻，伏特计所测得的电位差不等于电池的电动势。

（2）制备锌电极时，一定要将锌电极锌汞齐化，即生成 Zn（Hg），而不用锌棒。因为锌棒中有可能含有其他金属杂质，在溶液中其本身会成为微电池，影响测定结果的准确性。另外，因为汞有毒，从饱和硝酸亚汞溶液中取出的锌电极的滤纸不能随便乱扔，要放入指定的广口瓶中，加水淹没滤纸并盖好瓶盖。

六、思考题

（1）为什么不能用伏特计准确测定电池的电动势？对消法测电池电动势的原理是什么？

（2）参比电极的作用是什么？应具备什么条件？

（3）如何计算标准电池的电动势？"标准"是指的什么条件？

（4）若将电池极性接反了，会有什么后果？工作电池、标准电池和未知电池任一个没有接通会有什么后果？

附一　标准电池

在用对消法测定原电池的电动势时，需用一个电动势为已知且稳定不变的辅助电池，常采用韦斯顿（Weston）标准电池，这是一个可逆电池。在此电池中，负极为镉汞齐，把它浸入硫酸钠溶液中，该溶液为 $CdSO_4 \cdot 8/3H_2O$ 晶体的饱和溶液，并与该晶体经常保持接触。正极为汞与 Hg_2SO_4 的糊体，此糊体也浸在 $CdSO_4 \cdot 8/3H_2O$ 晶体的饱和溶液中。

韦斯顿标准电池的电动势在 20 ℃ 时为 1.018 3 V，其构造如图 4.16 所示，电池所用的各种物质均应很纯。

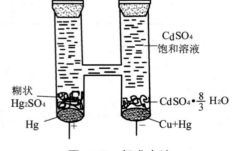

图 4.16　标准电池

在使用标准电池时应注意：

（1）标准电池宜在 4～40 ℃ 范围内使用，不宜突然改变温度。精密标准电池应在恒温下使用。

（2）要平稳携带，水平放置，不能倒置、摇动等；受摇动后电动势会改变，应静止保持 5 h 以上再用。不能用万用表等直接测量标准电池。

（3）标准电池的放电电流不能大于 0.000 1 A，不能作为电源，绝对避免短路和长期与外电路接触，只能极短暂地间隙使用且应注意避光。

（4）正、负极不能接错，应定期检验电动势的值。

附二　检流计

低电阻直流电位差计常用于测内阻小的电动势。若未知电池的内阻为 100 Ω，则通过此内阻产生 0.000 1 V 的电位降时所流过的电流为 10^{-6} A，只要检流计灵敏度达到 10^{-6} A/mm，就能检出这个电流，因此用这种灵敏度的检流计就可使测量精度达 ±0.000 1 V。假如电池内阻为 10 000 Ω，这时就需换用灵敏度为 10^{-8} A/mm 的光点反射式检流计，检流计的铭牌上常标有临界电阻 $R_临$ 的值，它与包括检流计在内的测量电路较合适的总电阻 $R_回$ 间的关系为：

（1）$R_临$ 与 $R_回$ 相近时，检流计光点（或指针）能较快达到新的平衡位置。

（2）若 $R_临 > R_回$，光点移动缓慢。

（3）若 $R_临 < R_回$，光点振荡不停，读数困难。

因此，在选用检流计时，除考虑灵敏度外，还必须根据测量回路电阻选择检流计的临界电阻。在使用检流计时应注意以下问题：

（1）当测量电路未完全补偿时应使用串有高电阻的按钮。

（2）未补偿时，按钮接触应短促。

（3）指针或光点振荡不止时，应用短路开关使之停于零点。

（4）当光点反射检流计停止使用时，应将两接线柱短路，以防止线圈振荡。

附三 电 位 差 计

电位差计（也称电势差计）是根据对消法（或补偿法）测量原理设计的一种平衡式电压测量仪器。电位差计在物理化学实验中应用十分广泛，常用来测量电动势和校正各种电表；还可作为输出可变的精密稳压电源，常用在极谱分析和电位滴定等实验中；此外，有些电位差计（如学生型）中的滑线电阻可单独用作电桥桥臂，供精密测量电阻时使用。

国产的电位差计有学生型；701 型、UJ-1 型、UJ-2 型、UJ-25 型等低电阻电位差计；UJ-9 型等高电阻电位差计。根据待测系统的不同选用不同类型的电位差计，通常，低电阻系统选用低电阻类型电位差计，高电阻系统选用高电阻电位差计。现已出现多种自动测量电动势并显示结果的仪表，如 pHS-4 型 pH 计、数字电压表等。本实验采用学生型电位差计。

学生型电位差计的接线图如图 4.15 所示，在电位差计中 MM' 是串联着的 15 个 10 Ω 的电阻，NN' 是一条均匀的电阻线，其电阻也为 10 Ω，即 MM' 和 NN' 总电阻为 160 Ω。在表面上刻有与电阻相应的刻度，在 MM' 上从 M 作为 0 开始，每增加 10 Ω 表面刻度增加 0.1，M' 点的读数是 1.5。在 NN' 上把 10 Ω 电阻分为 100 等分，从 N 点作 0 开始，每一等分读数增加 0.001 0，N' 的读数是 0.100 0。若使流经该电阻丝的电流为 0.010 0 A，则刻度数代表电位降低值的伏特数，这与滑线电阻并联的高电阻用来调整滑线上的电位降低值使与刻度有准确的对应关系一致。为了准确地控制电流，采用标准电池来校准。标准电池在 20 ℃ 时的电动势是 1.018 3 V，把它联入线路，方向与外电池并联。转动 S 和 S' 使电位差计上连接 E 和 E^+ 的转动旋钮的接触点的刻度等于标准电池的电动势（1.018 3 V）。即 E 和 E^+ 间连接上一个 101.83 Ω 的电阻。调节电阻箱 R，按下电钮，当检流计 G 指示无电流通过时，这时流过电阻丝的电流恰是 0.010 0 A 即：

$$I = \frac{V}{R} = \frac{1.018\,3}{101.83} = 0.010\,0 \quad \text{(A)} \tag{4.24}$$

不再变动电阻箱的阻值，将双刀开关转向测定电动势的方向，联入待测电池，转动 S 及 S'，按下电钮，使检流计没有电流通过，此时 S 及 S' 上所指的刻度就是电池电动势的伏特数。

为了在全部测量中保持电流稳定，每测 1 次待测电池后都应将双刀开关转向标准电池，调整电阻 R，使检流计保持在零点。外电池 B 可用直流稳压电源或铅蓄电池以使电压稳定，也可用电池组。

为了保证电动势测量在可逆条件下进行，避免发生极化等不可逆现象，线路接通时间应该极短，在线路中有 2 个按键和 1 个保护电阻，未接近平衡时用 K_1，待接近平衡时再接 K_2，以保护检流计。

实验十三　邻二氮菲吸光光度法测定微量铁

一、实验目的

（1）熟悉分光光度计的结构和使用方法。
（2）掌握邻二氮菲吸光光度法测定微量铁的方法原理。
（3）学习标准曲线的制作。

二、基本原理及内容提要

1. 吸光光度法简介

分光光度法的依据是有色溶液对光的选择吸收性。当一束波长为 λ 的平行单色光通过均匀的、非散射的有色溶液时，一部分光被有色溶液吸收，一部分光透过有色溶液。溶液的浓度愈大，透过的液层愈厚，入射光愈强，则光被吸收得愈多，光强度的减弱也愈多。描述它们之间这一定量关系的定律称为朗伯-比尔定律，可用下式表示：

$$A = \varepsilon b c \tag{4.25}$$

式中　A——吸光度；
　　　c——有色溶液浓度，$mol \cdot L^{-1}$；
　　　b——溶液的厚度，cm；
　　　ε——摩尔吸光系数，$L \cdot mol^{-1} \cdot cm^{-1}$。它表示物质的浓度为 $1\ mol \cdot L^{-1}$，液层的厚度为 1 cm 时溶液的吸光度，是有色物质在一定波长下的特征常数，其数值与入射光的波长、溶液的性质和温度等有关。

当入射光的波长、溶液的温度、液层厚度（即比色皿厚度）均一定时，吸光度 A 只与有色溶液的浓度 c 成正比，因此可根据相对测量的原理，用标准曲线法进行定量分析。即配置一系列已知浓度的标准溶液，在一定的实验条件下依次测量各标准溶液的吸光度 A，以溶液的浓度为横坐标，相应的吸光度为纵坐标，绘制标准曲线。在相同的实验条件下，测定待测溶液的吸光度，根据测得的吸光度值从标准曲线上查出相应的浓度值，即可计算出试样中被测物质的浓度。

2. 邻二氮菲吸光光度法测定铁的基本原理

测量微量铁的分光光度法所用的显色剂种类较多，如硫氰酸钾、磺基水杨酸和邻二氮菲等。

其中邻二氮菲法由于具有灵敏度高、稳定性好、干扰少等优点，因而是目前普遍采用的一种方法。

邻二氮菲（1,10-二氮杂菲），也称邻菲罗啉，是测定微量铁的一个很好的显色剂。在 pH 值为 2~9 的范围内（一般控制在 5~6 间），Fe^{2+} 与试剂生成稳定的橙红色配合物：

$$Fe^{2+} + 3\,phen \longrightarrow [Fe(phen)_3]^{2+}$$

该配合物，在 510 nm 附近有最大吸收，摩尔吸光系数 $\varepsilon_{510} = 1.10 \times 10^4$ L·mol^{-1}·cm^{-1}。Fe^{3+} 与邻二氮菲作用生成蓝色配合物，稳定性较差，因此在实际应用中常加入还原剂盐酸羟胺使 Fe^{3+} 还原为 Fe^{2+}：

$$2Fe^{3+} + 2NH_2OH \cdot HCl = 2Fe^{2+} + N_2 + 4H^+ + 2H_2O + 2Cl^-$$

该方法的选择性很高，相当于含铁量 40 倍的 Sn^{2+}、Al^{3+}、Ca^{2+}、Mg^{2+}、Zn^{2+}、SiO_3^{2-}，20 倍的 Cr^{3+}、Mn^{2+}、PO_4^{3-} 和 5 倍的 Co^{2+}、Cu^{2+} 等离子不干扰测定。

三、实验仪器及试剂

（1）仪器：721B 型分光光度计 1 台，比色皿，容量瓶（50 mL，6 个；1 000 mL，2 个），移液管（10 mL，1 支），吸量管（1 mL、2 mL、5 mL 各 1 支）。

（2）试剂：

① 标准铁溶液（1.00×10^{-3} mol·L^{-1}）：准确称取 0.480 2 g 铁盐 $NH_4Fe(SO_4)_2 \cdot 12H_2O$ 置于烧杯中，加入 80 mL 1∶1 的 HCl 溶液和少量蒸馏水，溶解后定量转移至 1 L 的容量瓶中，加蒸馏水稀释至刻度，摇匀，其 Fe^{3+} 浓度为 1.00×10^{-3} mol·L^{-1}。

② 标准铁溶液（1.00×10^{-4}）：准确称取 0.859 8 g 铁盐 $NH_4Fe(SO_4)_2 \cdot 12H_2O$ 置于烧杯中，加入 20 mL 1∶1 的 HCl 溶液和少量蒸馏水，溶解后定量转移至 1 L 的容量瓶中，加蒸馏水稀释至刻度，摇匀。即每毫升溶液含 Fe^{3+} 100 μg。

③ 盐酸羟胺 10% 水溶液（实验时新鲜配制）。

④ 邻二氮菲 0.15% 水溶液（实验时新鲜配制）。

⑤ 醋酸钠溶液（1 mol·L^{-1}）。

⑥ 盐酸溶液（6 mol·L^{-1}）。

四、实验内容

1. 绘制吸收曲线

用吸量管吸取 0.0、2.0 mL 1.00×10^{-3} mol·L^{-1} 标准铁溶液分别放入两个 50 mL 容量瓶中，各加入 1 mL 10% 盐酸羟胺溶液，2.0 mL 0.1% 邻二氮菲溶液和 5 mL 1 mol·L^{-1} NaAc 溶液，用蒸馏水稀释至刻度，摇匀，用 1 cm 比色皿，以试剂空白试液为参比液，置于 721B 型分光光度计中。在 440~560 nm 波长范围内分别测定其吸光度 A 值，当临近最大吸收波长附近时应间隔波长 5~10 nm 测 A 值，其他各处可间隔波长 20~40 nm 测定，然后以波长为横坐标，

所测 A 值为纵坐标，绘制吸收曲线，并找出最大吸收峰的波长。

2. 标准曲线的测定

用吸量管分别移取铁标准溶液（100 μg·mL^{-1}）0.0、0.2、0.4、0.6、0.8、1.0 mL 依次放入 6 个 50 mL 容量瓶中，分别加入 10% 盐酸羟胺溶液 1 mL，稍摇动，再加入 0.15% 邻二氮菲溶液 2 mL 及 5 mL 1 mol·L^{-1} NaAc 溶液，加蒸馏水稀释至刻度，充分摇匀，用 1 cm 比色皿，以不加铁标准溶液的空白试液为参比液，选择最大测定波长为测定波长，依次测各溶液的 A 值。

3. 未知水样的测定

取 5.00 mL 未知水样，按以上方法显色后，在最大测定波长处，用 1 cm 比色皿，以不加铁标准溶液的试液为参比液，平行测定 A 值两次，求其平均值。

4. 数据处理

（1）以铁的质量浓度为横坐标，A 值为纵坐标，在坐标纸上画出标准曲线。
（2）在标准曲线上查处铁的浓度，计算出未知水样中铁的含量（μg·mL^{-1}）。

五、注意事项

（1）正确使用比色皿。拿取比色皿时，手指不能接触其透光面，以免玷污影响透光率。应抓在另两面毛玻璃上。测定时，为保证溶液浓度不被稀释，应先用待测溶液润洗比色皿内壁 2～3 次，再注入待测溶液。

（2）测定一系列溶液的吸光度时，通常是按由稀到浓的顺序测定，被测定的溶液以装至比色皿的 3/4 高度为宜。盛好溶液后，用擦镜纸轻轻擦拭透光面，直至干净透明。一般把盛放参比溶液的比色皿放在第一格，待测溶液放在其他格。测定完毕，比色皿应立即用蒸馏水冲洗干净，并放回原处。

六、思考题

（1）邻二氮菲分光光度法测定微量铁时为什么要加入盐酸羟胺溶液？
（2）吸收曲线与标准曲线有何区别？在实际应用中有何意义？
（3）邻二氮菲与铁的显色反应，其主要条件有哪些？

实验十四　钢中锰含量的测定

一、实验目的

（1）了解测定钢中锰含量的意义。
（2）学习吸光光度法测定锰的原理和方法。

(3）学习分光光度计的使用。

二、实验原理及内容提要

锰为银白色金属，性坚而脆，是黑色金属中最常见的元素之一。

锰是钢中有益元素，它可使钢的硬度和锻性提高。炼钢时，锰是良好的脱氧剂和脱硫剂。钢中锰除以金属状态存在于金属固溶体中之外，还能形成 MnS、Mn_3C 以及少量的 MnSi、FeMnSi、$MnO \cdot SiO_2$ 和氮化物等。锰与硫形成的 MnS 熔点较高，可防止因 FeS 而导致热脆现象，并由此提高了钢的可锻性，同时还能使钢铁的硬度和强度增加。因此，测定钢中锰的含量，对了解钢的性能具有重要意义。

钢中锰含量常用吸光光度法测定。将试样用硝酸溶解：

$$3MnS + 14HNO_3 = 3Mn(NO_3)_2 + 3H_2SO_4 + 8NO + 4H_2O$$

以 H_3PO_4 将 Fe^{3+} 结合为无色的 $[Fe(HPO_4)_2]^-$，在催化剂 $AgNO_3$ 作用下，以 $(NH_4)_2S_2O_8$ 为氧化剂，将溶液煮沸，使 Mn^{2+} 氧化为紫红色的 MnO_4^-，反应生成的高锰酸根颜色深浅与锰含量成正比，其反应方程式为：

$$2Mn(NO_3)_2 + 5(NH_4)_2S_2O_8 + 8H_2O \xrightarrow{Ag^+}$$
$$5(NH_4)_2SO_4 + 5H_2SO_4 + 4HNO_3 + 2HMnO_4$$

生成的 MnO_4^- 在波长为 530 nm 处测定吸光度，通过标准曲线即可求出试样中锰的含量。

三、实验仪器及试剂

（1）仪器：721B 型分光光度计 1 台，容量瓶（50 mL，6 个；100 mL，1 个），烧杯（50 mL，5 个），吸量管（10 mL，1 支），量筒（10 mL，1 个），滴管 1 支，玻棒 1 根。

（2）试剂：

① 锰标准溶液（0.100 0 g·L^{-1}）。精确称取 0.143 8 g 分析纯 $KMnO_4$ 于盛有 50 mL 蒸馏水的烧杯中，加入 2 mL 浓 H_2SO_4，4 mL 浓 HNO_3，在搅拌下滴加 10% Na_2SO_3 溶液至红色褪尽为止。煮沸除去 SO_2，冷却后，稀释至 1 000 mL。取此溶液 100 mL 稀释至 500 mL，则 1.00 mL 等于 0.01 mg 锰。

② 硫磷混合酸。用 1∶1 硫酸按 5∶1 加入磷酸。

③ 0.5% $AgNO_3$ 溶液。

④ 20% 的过硫酸铵溶液[$(NH_4)_2S_2O_8$]。

⑤ 5% DETA 溶液。

⑥ 钢样。

四、实验内容

1. 标准曲线的绘制

（1）用 10 mL 吸量管分别吸取锰标准溶液 0.10、0.50、2.50、6.00、10.00 mL 于 50 mL 烧杯中。用量筒加硫磷混合酸 10 mL，0.5%$AgNO_3$ 溶液 3 mL，20% 过硫酸铵溶液 5 mL，煮

沸 20 s，冷却后移入 50 mL 容量瓶中，用少量水小心地冲洗烧杯并移入容量瓶中，最后用蒸馏水稀释至刻度，摇匀。待上述标准系列溶液配制完成后，在 721B 型分光光度计上，置于 530 nm 波长处，以其中任一剩余有色溶液中加入 1~2 滴 5% 的 DETA 溶液褪去高锰酸颜色为空白溶液，分别测其吸光度，并记录表 4.3 中。

表 4.3

编号	1	2	3	4	5
锰标准液 V/mL	0.10	0.50	2.50	6.00	10.00
标准液浓度 $c(Mn^{2+})$/mg·mL^{-1}					
吸光度 A					

（2）在坐标纸上按上述测定结果，以吸光度 A 为纵坐标，浓度 c 为横坐标，绘制 A-c 曲线。

2. 钢样中锰含量的测定

称取试样 0.100 0 g 放在 50 mL 烧杯中，加入 1∶1 HNO$_3$ 溶液 10 mL，加热溶解后，加入硫磷混合酸 10 mL，0.5% AgNO$_3$ 溶液 5 mL，20% 过硫酸铵溶液 10 mL，煮沸 20 s，冷却后移入 100 mL 容量瓶中，用少量蒸馏水洗烧杯 3 次，并移入容量瓶中，最后用蒸馏水稀释至刻度，摇匀。在 721B 型分光光度计上测其吸光度，并在标准曲线上查出与此吸光度对应的浓度，并由下式计算出钢中锰的百分含量：

$$锰(\%) = \frac{c_{试样}(mg/mL) \times V_{试样}(mL)}{试样质量(g) \times 1\,000} \times 100\% \tag{4.26}$$

式中　$V_{试样}$——指试样溶解后，转入容量瓶的体积。

如果试样溶解后颜色太深，可以增大稀释倍数，计算时 $V_{试样}$ 应考虑稀释的倍数。

五、注意事项

（1）在用 HNO$_3$ 溶液加热溶解钢样时，一定要等无棕色气体出现并消失后，才将溶液移入容量瓶中，否则氮化物的还原性使 MnO$_4^-$ 溶液褪色，影响测定的结果。

（2）在实验过程中，当加入硫磷混合酸、AgNO$_3$ 溶液、过硫酸铵溶液后，控制煮沸时间是本实验的关键，如加热不够，Mn^{2+} 氧化不完全，但加热时间过长，生成的 MnO$_4^-$ 又会慢慢分解。因此，应注意观察煮沸前 (NH$_4$)$_2$S$_2$O$_8$ 分解产生氧的小气泡，然后出现溶液沸腾冒大气泡现象，一般 20 s 即可使 Mn^{2+} 完全发生氧化。

（3）在实验时，若试样为碳素钢，可用水为空白溶液。合金钢中含有 Cu、Ni、Cr、Co 等时，可利用褪色空白溶液消除其颜色干扰。

六、思考题

（1）钢样用 HNO$_3$ 处理的目的是什么？

（2）为什么溶解钢样时，加入 H_3PO_4 就可以防止 MnO_2 沉淀的生成？

（3）在吸光光度法中标准系列溶液的配制时，除了精确用吸量管吸取一定量的锰标准溶液外，为什么还要用蒸馏水稀释在 50 mL 容量瓶中？

（4）用比色法测定锰时，不同的钢样为什么应使用不同的空白溶液进行比色分析？

实验十五　水中溶解氧（DO）的测定

一、实验目的

（1）掌握碘量法测定水中溶解氧（DO）的原理和方法。

（2）初步了解碘量法的几种修正方法。

二、实验原理及内容提要

溶解于水中的分子氧称为溶解氧。溶解氧的含量与大气压力及水的温度密切相关，与水中的含盐量也有一定的关系。大气压力减小，溶解氧量也减小；温度升高，溶解氧量也显著下降；水的含盐量增加，也会使溶解氧量降低。水体中溶解氧含量的多少，反映出水体受污染的程度，溶解氧的测定是衡量水体污染的一个重要指标。

碘量法是最基本的测定溶解氧的方法，常用于较清洁水溶解氧的测定，根据水中所含污染物的不同，可采用各种修正法进行溶解氧的测定。碘量法的测定原理是水样中加入硫酸锰和碱性碘化钾，水中溶解氧将低价锰氧化成高价锰，生成四价锰的氢氧化物棕色沉淀，加酸后氢氧化物沉淀溶解并与碘离子反应，释出游离碘，以淀粉作指示剂，用硫代硫酸钠滴定释出的碘，即可计算出溶解氧的含量。各步反应方程式为：

$$MnSO_4 + 2NaOH = Mn(OH)_2 \downarrow + Na_2SO_4$$
$$\text{(白色沉淀)}$$

$$2Mn(OH)_2 + O_2 = 2MnO(OH)_2 \downarrow$$
$$\text{(棕色沉淀)}$$

$$MnO(OH)_2 + 2KI + 2H_2SO_4 = I_2 + MnSO_4 + K_2SO_4 + 3H_2O$$
$$I_2 + 2Na_2S_2O_3 = 2NaI + Na_2S_4O_6$$
$$\text{(无色，连四硫酸钠)}$$

三、实验仪器及试剂

（1）仪器：滴定管（50 mL，2 支），移液管（1 mL，3 支；25 mL，1 支；100 mL，1 支），量筒（10 mL 和 100 mL 各 1 个），碘量瓶（250 mL，2 个）；具塞试剂瓶（250 mL，2 个）或溶解氧取样器 2 套。

（2）试剂：

① 浓硫酸。浓硫酸腐蚀性很大，使用时必须小心，以防溅在皮肤或衣服上。

② 硫酸锰溶液。将 480 g $MnSO_4 \cdot 4H_2O$ 或 400 g $MnSO_4 \cdot 2H_2O$ 溶解于蒸馏水中，过滤后稀释成 1 000 mL。此溶液中不能含有高价锰，试验方法是取少量此溶液加入碘化钾及稀硫酸后溶液不能变成黄色，如变成黄色表示有少量碘析出，即表示溶液中含有高价锰。

③ 碱性碘化钾溶液。将 500 g 氢氧化钠溶解于 300~400 mL 蒸馏水中，冷至室温。另外溶解 150 g 碘化钾（或 135 g 碘化钠）于 200 mL 蒸馏水中，慢慢加入已冷却的 NaOH 溶液，摇匀后用蒸馏水稀释至 1 000 mL 储于塑料瓶中。该溶液是强碱性溶液，腐蚀性很大，使用时注意勿溅在皮肤或衣服上。

④ 1% 淀粉指示剂。称取 2 g 可溶性淀粉，溶于少量蒸馏水中，用玻璃棒调成糊状后慢慢加入（边加边搅拌）刚煮沸的 200 mL 蒸馏水中，冷却后加入 0.25 g 水杨酸或 0.8 g 氯化锌为防腐剂。此溶液遇碘应变为蓝色，如变成紫色表示已有部分变质，要重新配制。

⑤ 硫酸溶液（1∶5）。将浓 H_2SO_4（密度 1.84 g·cm^{-3}）33 mL 慢慢加入 167 mL 蒸馏水中。

⑥ 硫代硫酸钠溶液[$c(Na_2S_2O_3) \approx 0.25$ mol·L^{-1}]。称取 6.2 g $Na_2S_2O_3 \cdot 5H_2O$ 溶于煮沸放冷的蒸馏水中，加入 0.2 g 碳酸钠，用水稀释至 1 000 mL，储于棕色瓶中，使用前用 0.0250 mol·L^{-1} 的 $K_2Cr_2O_7$ 标准溶液标定，标定方法如下：

在 250 mL 碘量瓶中，加入 100 mL 蒸馏水和 1 g KI，加入 10.00 mL 0.025 00 mol·L^{-1} 的 $K_2Cr_2O_7$ 标准溶液，5 mL H_2SO_4 溶液（1∶5），密塞，摇匀，于暗处静置 5 min 后，用待标定的 $Na_2S_2O_3$ 溶液滴定至溶液呈淡黄色，加入 1 mL 淀粉溶液，继续滴定至蓝色刚好褪去为止，记录用量。

标定反应为：

$$K_2Cr_2O_7 + 6KI + 7H_2SO_4 = Cr_2(SO_4)_3 + 3I_2 + 4K_2SO_4 + 7H_2O$$
（绿色，硫酸铬）

$$I_2 + 2Na_2S_2O_3 = 2NaI + Na_2S_4O_6$$
（无色，连四硫酸钠）

四、实验内容

1. 采 样

采集测定溶解氧的水样，最好使用溶解氧瓶（即生化氧量瓶），该瓶容量一般为 300 mL。若无这种瓶，也可用 250 mL 或 300 mL 的具塞磨口锥形烧瓶代替。采样时要做到：一不要和空气接触；二要避免搅动，不要引起水样中溶解氧量的任何变化。

（1）从水管或水龙头采样时，要用橡皮管，一端紧接在龙头上，另一端深入瓶底，任水注满溢出数分钟，取出橡皮管，迅速盖紧玻璃塞。瓶内需完全充满，瓶塞下不要留任何空隙。

（2）从水池或湖中取水时，宜用特制的溶解氧取样器，如图 4.17 所示。先将样瓶（250 mL 或 300 mL）与 1 个大瓶（500 mL）按图放置好，并将两瓶固定起来使之便于下沉。在粗绳上标明深度米数。采样时，将取样设备投入水中，使之迅速下沉并达到所需要的深度，使水样进入样瓶并赶出空气，继而进入大瓶赶出大瓶的气，直至大瓶不再存有空气时为止。提出水面后，将样瓶取下，迅速用玻璃塞盖紧。

（3）若送来的水样装在大瓶中，应该用虹吸方法把水样移入瓶中。

水样采集完毕，需将样瓶编号，以免出错。此时最好就地进行化学处理，使溶解氧固定。

2. 溶解氧的固定

用移液管插入溶解氧瓶中液面下，加入 1 mL 硫酸锰溶液，10 mL 碱性碘化钾溶液，盖紧瓶盖颠倒混合数次，静置，待棕色沉淀物降至半瓶时，再颠倒混合 1 次，待沉淀物降到瓶底。

3. 碘析出

轻轻打开瓶塞，立即用移液管插入液面下加入 1.0 mL H_2SO_4，小心盖好瓶塞，颠倒混合摇匀至沉淀物全部溶解为止，放置暗处 5 min。

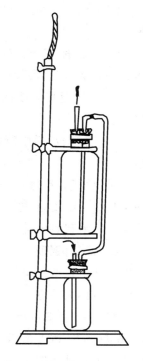

图 4.17　溶解氧取样器

4. 滴　定

取 100.00 mL 上述溶液于 250 mL 锥形瓶中，用 $Na_2S_2O_3$ 滴定至溶液呈淡黄色，加 1 mL 淀粉溶液，继续滴定至蓝色刚好褪去为止，记录 $Na_2S_2O_3$ 溶液的用量。

5. 计　算

$$DO = \frac{c \times V \times 8 \times 1\,000}{100} \text{ (mg} \cdot \text{L}^{-1}) \tag{4.27}$$

式中　c——$Na_2S_2O_3$ 溶液浓度，$mol \cdot L^{-1}$；
　　　V——滴定时消耗 $Na_2S_2O_3$ 溶液的体积，mL；
　　　8——氧 $\left(\frac{1}{2}O\right)$ 摩尔质量，$g \cdot mol^{-1}$。

五、注意事项

（1）采样后立即进行溶解氧的测定，若不能在取水样处完成测定，则需在水样中立即加入硫酸锰及碱性碘化钾溶液，使溶解氧"固定"在水中（或保存在 4 ℃ 左右，迅速送往实验室测定），其余的测定步骤可送往实验室进行。取样时间与测定时间间隔不要太长，一般不应超过 4 h。

（2）瓶中充满水样时，不能留有空气泡，否则空气泡中的氧也会氧化低价锰，使分析结果偏高。

（3）在标定 $Na_2S_2O_3$ 溶液时，必须使氧化剂 $K_2Cr_2O_7$ 处于高酸度条件下，而碘和 $Na_2S_2O_3$ 溶液定量反应要求在微酸性或中性溶液中进行（酸度高会加快 $Na_2S_2O_3$ 的分解），因此，必须把高酸度的溶液稀释，与此同时，溶液稀释后亦可减少碘分子在滴定过程中损失。

（4）根据水样中所含污染物的不同，需对碘量法进行不同的修正，常见的有以下几种情况：

① 叠氮化钠修正法。本法用叠氮化钠消除 NO_2^- 干扰，可用于含亚硝酸盐-氮（NO_2^--N）在 $0.1\ mg\cdot L^{-1}$ 以上的水样。测定步骤、计算及所用试剂均同碘量法，只是以叠氮化钠-碱性碘化钾溶液代替碱性碘化钾溶液。

② 高锰酸钾修正法。本法用于含有 Fe^{2+}、S^{2-}、SO_3^{2-}、NO_2^- 和有机物等还原性物质污染的水样。这些污染物可采用在酸性条件下加 $KMnO_4$ 来去除，过量的 $KMnO_4$ 用草酸还原去除。具体去除方法是：

水样约为 250 mL 时，在水样瓶中，用移液管沿瓶口壁加 0.7 mL 浓 H_2SO_4，再加 1 mL 0.6% $KMnO_4$ 溶液（移液管插入溶液），盖好瓶盖摇匀，溶液为淡红色，如溶液中红色很快褪去，则再加 1 mL $KMnO_4$ 溶液摇匀，红色保持 5 min 不褪为止。

5 min 后，用移液管加 2% 草酸溶液 1 mL（移液管仍需插入液面之下），盖好盖子摇匀，红色褪尽。若红色未褪尽，则需再加入草酸，草酸的用量要恰好使 $KMnO_4$ 完全作用，否则可能使测定结果偏低。

③ 硫酸铜-磺胺酸修正法。本法用于含有生物黏膜，如活性污泥的水样。以硫酸铜-磺胺酸去除污染物后，再按碘量法测定溶解氧。

六、思考题

（1）水样中加了 $MnSO_4$ 和碱性碘化钾溶液后，如发现白色沉淀，测定还需继续进行吗？为什么？

（2）推导溶解氧测定的计算公式。

实验十六　化学需氧量（COD_{Mn}）的测定

一、实验目的

（1）了解化学需氧量及其测定的意义。

（2）掌握氧化还原滴定法（$KMnO_4$ 作氧化剂）测定化学需氧量的原理和方法。

二、实验原理及内容提要

化学需氧量（COD，Chemical Oxygen Demand）是指用适当氧化剂处理水样时，水样中需氧污染物所消耗的氧化剂的量，通常是以相应的氧量（单位为 mg·L^{-1}）来表示。COD 是表示水体或污水污染程度的重要综合性指标之一，是环境保护和水质控制中经常需要测定的项目。COD 值越高，说明水体污染越严重。COD 的测定分为酸性高锰酸钾法、碱性高锰酸钾法和重铬酸钾法。本实验采用酸性高锰酸钾法。方法是：在酸性条件下，向被测水样中定量加入高锰酸钾溶液，加热水样，使高锰酸钾与水样中的有机污染物充分反应。过量的高锰酸钾则加入一定量的草酸钠还原，最后用高锰酸钾溶液返滴过量的草酸钠，由此计算出水样的耗氧量。反应方程式为：

$$2MnO_4^- + 5C_2O_4^{2-} + 16H^+ = 2Mn^{2+} + 10CO_2\uparrow + 8H_2O$$

三、实验仪器及试剂

（1）仪器：水浴锅，容量瓶（1 000 mL，1 个），滴定管（50 mL，1 个），移液管（50 mL，1 支），锥形瓶（250 mL，1 支），量筒，电炉，洗耳球，铁架台等。

（2）试剂：

① 0.013 mol·L^{-1} 草酸钠标准溶液。准确称取基准物质 Na$_2$C$_2$O$_4$ 0.42 g 左右溶于少量的蒸馏水中，定量转移至 250 mL 容量瓶中，稀释至刻度，摇匀，计算其浓度。

② 0.005 mol·L^{-1} 高锰酸钾溶液。在台式天平上称取 KMnO$_4$ 0.85 g，加入适量的蒸馏水使其溶解后，倒入洁净的棕色试剂瓶中，用水稀释至约 1 000 mL。摇匀、塞好，静置 7~10 d 后，其上层溶液用玻璃砂芯漏斗过滤，残余溶液和沉淀则倒掉。最后把试剂瓶洗净，将滤液倒回瓶内，摇匀。

③ 硫酸（1:3），10% 硝酸银溶液。

四、实验内容

（1）用移液管移取 50.00 mL 水样置于 250 mL 锥形瓶中，用移液管加入蒸馏水 50.00 mL，用量筒加入硫酸（1:3）10 mL，再加入 10% 硝酸银溶液 5 mL 除去水样中的 Cl$^-$（当水样中的 Cl$^-$ 浓度很小时，可以不加入硝酸银），摇匀后准确用移液管移取 0.005 mol·L^{-1} 高锰酸钾溶液 10.00 mL（V_1），将锥形瓶置于沸水浴中加热 30 min，氧化需氧污染物。稍冷后（约 80 ℃，加入 0.013 mol·L^{-1} 草酸钠标准溶液 10.00 mL，摇匀，此时溶液应为无色），在 70~80 ℃ 的温度下用 0.005 mol·L^{-1} 高锰酸钾溶液滴定至微红色，30 s 内不褪色即为终点，记下高锰酸钾溶液的用量（V_2）。

（2）在 250 mL 锥形瓶中加入 100.00 mL 蒸馏水和硫酸（1:3）10 mL，加入 0.013 mol·L^{-1} 草酸钠标准溶液 10.00 mL，摇匀，水浴加热片刻后取出在 70~80 ℃ 的温度下，用 0.005 mol·L^{-1} 高锰酸钾溶液滴定至溶液呈微红色，30 s 内不褪色即为终点，记下高锰酸钾溶液的用量（V_3）。

（3）在 250 mL 锥形瓶中加入 100.00 mL 蒸馏水和硫酸（1:3）10 mL，水浴加热片刻后取出在 70~80 °C 温度下,用 0.005 mol·L^{-1} 高锰酸钾溶液滴定至溶液呈微红色,30 s 内不褪色即为终点,记下高锰酸钾溶液的用量(V_4)。

(4)计算。

按下式计算化学需氧量 COD_{Mn}:

$$COD_{Mn} = \frac{[(V_1 + V_2 - V_4) \times f - 10.00] \times c(Na_2C_2O_4) \times M_r(O) \times 1000}{V} \quad (mg \cdot L^{-1}) \quad (4.28)$$

式中 f——$10.00/(V_3 - V_4)$,即每毫升高锰酸钾相当于 f mL 草酸钠标准溶液;

V——水样体积;

$M_r(O)$——氧的相对原子质量,$M_r(O) = 16.00$。

五、注意事项

(1)由于空气中含有还原性物质及尘埃等杂质,落入溶液中能使 $KMnO_4$ 慢慢分解,因此在实验过程中,加热及放置时均应盖上表面皿,以免尘埃及有机物等落入。

(2)滴定过程中要注意滴定速度,必须待前一滴溶液褪色后再加第二滴,此外还应使溶液保持适当的温度。

(3)在滴定过程中若发现产生棕色浑浊(由于酸度不足引起),应立即加入硫酸补救。但若已经达到终点,则加 H_2SO_4 无效,这时应重做实验。

(4)加入 10% 硝酸银溶液的目的是除去水样中的 Cl^-。当水样中的 Cl^- 浓度很小时,可以不加入硝酸银,如果产生轻微沉淀也不影响测定。如果水样中 Cl^- 含量超过 1 000 mg·L^{-1} 时,则需要按其他方法处理。

(5)滴定时如果消耗高锰酸钾溶液过多,则说明水样的化学需氧量太高,应将水样适当稀释后再重新测定。

六、思考题

(1)滴定过程中当酸度不足时,为什么会产生棕色沉淀?

(2)滴定时为什么经过 30 s 浅红色不褪色,即可认为终点已到?

实验十七 常见阳离子的分离和鉴定

一、实验目的

(1)掌握常见阳离子的基本性质。

(2)了解常见阳离子的分离方法。

(3)了解常见阳离子的鉴定方法。

二、实验原理及内容提要

一般在鉴定溶液中的某种离子时，常根据被鉴定离子在水溶液中与试剂离子反应，是否生成具有某些特殊性质（如沉淀的生成或溶解；溶液颜色的改变；有气体产生。）的新化合物，来确定被鉴定离子存在与否。本实验就是根据常见阳离子的性质，探讨其分离、鉴定的简便方法。

本实验分离、鉴定的阳离子均能与 NaOH 反应生成氢氧化物沉淀，根据它们生成氢氧化物沉淀所需的 pH 值不同，可通过控制 pH 值的大小来将其分离开，然后再利用各离子的特性逐一鉴定。反应方程如下：

$$Fe^{3+} + [Fe(CN)_6]^{4-} \longrightarrow [Fe(CN)_6Fe]^-$$

$$Mn^{2+} + BiO_3^- + H^+ \longrightarrow MnO_4^- + Bi^{3+} + H_2O$$

在 pH = 10 的溶液中，Mg^{2+} 与铬黑 T 的反应为：

$$HIn^{2-}(蓝色) + Mg^{2+} \rightleftharpoons MgIn^-(红色) + H^+$$

$$\frac{1}{2}Zn^{2+} + \underset{N=N-C_6H_5}{\overset{NH-NH-C_6H_5}{C=S}} \longrightarrow \underset{N=N-C_6H_5}{\overset{NH-NH-C_6H_5}{C=S \rightarrow Zn^{2+}/2}}$$

三、实验仪器及试剂

（1）仪器：试管，离心试管，离心机。

（2）试剂：1 mol·L^{-1} HCl，2 mol·L^{-1} NaOH，6 mol·L^{-1} NH$_3$·H$_2$O，0.1 mol·L^{-1} MgCl$_2$，0.1 mol·L^{-1} Fe$_2$(SO$_4$)$_3$，0.1 mol·L^{-1} ZnSO$_4$，0.1 mol·L^{-1} CrCl$_3$，0.1 mol·L^{-1} MnSO$_4$，0.1 mol·L^{-1} AgNO$_3$，0.1 mol·L^{-1} CuCl$_2$，0.1 mol·L^{-1} K$_4$[Fe(CN)$_6$]，二苯硫腙溶液（1~2 mg 二苯硫腙溶于 100 mL CCl$_4$ 中），铬黑 T 溶液，3% H$_2$O$_2$，NaBiO$_3$ 晶体。

四、实验内容

将 5 mL Mg^{2+}、Fe^{3+}、Zn^{2+} 的混合溶液〔先在试管中加入 3 mL 去离子水，然后依次加入 10 滴 0.1 mol·L^{-1} MgCl$_2$、0.1 mol·L^{-1} Fe$_2$(SO$_4$)$_3$、0.1 mol·L^{-1} ZnSO$_4$ 溶液〕，注入试管 1 中，参照以下步骤进行分离和鉴定。

1. Mg^{2+}、Fe^{3+}、Zn^{2+} 的分离

（1）在混合液中逐滴加入 NaOH 溶液，直到混合液中产生沉淀，并使其 pH = 4 时止，然后离心分离。把上清液移至另一试管 2 中；沉淀用去离子水洗涤两遍后，记为沉淀 1，留待下面分析。

（2）往试管 2 的上清液中继续逐滴加入 NaOH 溶液，直到溶液中产生沉淀，并使其 pH = 8 时止，把上清液移到另一试管 3 中；沉淀用去离子水洗涤两遍后，记为沉淀 2，留待下面分析。

2．Mg^{2+}、Fe^{3+}、Zn^{2+} 的鉴定

（1）Fe^{3+} 的鉴定。取沉淀 1 加入去离子水及几滴盐酸，振荡试管使沉淀溶解。然后加入 $K_4[Fe(CN)_6]$ 溶液，如有深蓝色沉淀，证明有 Fe^{3+}。

（2）Zn^{2+} 的鉴定。取沉淀 2 加入去离子水及几滴 NaOH 溶液，振荡试管使沉淀溶解。然后滴入 5 滴二苯硫腙溶液，并在水浴上加热，如试管中水相呈粉红色，证明有 Zn^{2+}。

（3）Mg^{2+} 的鉴定。取试管 3 中的上清液 1 mL 滴加 NaOH 溶液，使其 pH = 10，然后加入 2 滴铬黑 T 溶液，如溶液呈红色，证明有 Mg^{2+}。

3．Cr^{3+}、Mn^{2+} 的鉴定

（教师配制含有 Cr^{3+} 的待测液 1 和含有 Mn^{2+} 的待测液 2）

（1）Cr^{3+} 的鉴定。先在试管中滴入 10 滴待测液 1，滴加 2 mol·L^{-1} NaOH 溶液至沉淀消失为止；再滴入 3%H_2O_2 溶液，然后在水浴中加热至溶液颜色转变为黄色；再滴入 5 滴 $AgNO_3$ 溶液，有砖红色沉淀者，证明有 Cr^{3+}。

（2）Mn^{2+} 的鉴定。先在试管中滴入 10 滴待测液 2，滴入 1 滴 2 mol·L^{-1} HCl 溶液，然后加入少量 $NaBiO_3$ 晶体，溶液颜色转变为紫红色者；证明有 Mn^{2+}。

五、思考题

（1）Mg^{2+}、Fe^{3+}、Zn^{2+} 阳离子混合液，如何分离和鉴定？
（2）若溶液中存在 Cr^{3+}、Mn^{2+}，如何分离和鉴定？
（3）Cr^{3+}、Mn^{2+} 能否用与 NaOH 反应生成氢氧化物沉淀的方法分离？

实验十八　常见阴离子的分离和鉴定

一、实验目的

（1）掌握常见阴离子的基本性质。
（2）了解常见阴离子的分离方法。
（3）了解常见阴离子的鉴定方法。

二、实验原理及内容提要

本实验就是根据常见阴离子在水溶液中与试剂离子反应，生成具有某些特殊性质（如沉淀的生成或溶解；溶液颜色的改变；有气体产生）的新化合物的性质，来确定被鉴定阴离子存在与否。并由此确定其分离、鉴定的简便方法。

本实验分离、鉴定的阴离子为 Cl^-、Br^-、I^-，它们与 $AgNO_3$ 反应均生成沉淀，根据沉

淀的性质将它们分离后再逐一鉴定，具体过程如下：

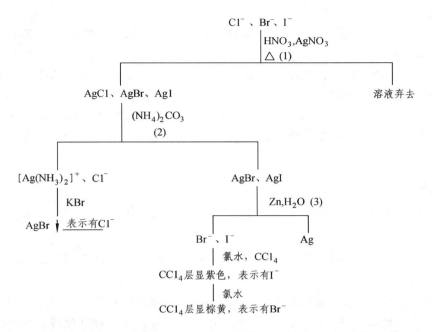

本实验鉴定的阴离子为常见阴离子，可采用其典型的特征反应进行鉴定。如

$$Ba^{2+}+SO_4^{2-} = BaSO_4（白色沉淀）$$
$$Hg^{2+}+2I^- = HgI_2（红色沉淀）$$
$$HgI_2+2I^- = [HgI_4]^{2-}（无色）$$

三、实验仪器及试剂

（1）仪器：试管，离心试管，离心机。

（2）试剂：$0.1\ mol·L^{-1}$ NaCl，$0.1\ mol·L^{-1}$ NaBr，$0.1\ mol·L^{-1}$ NaI，$6\ mol·L^{-1}$ HNO_3，$0.1\ mol·L^{-1}$ $AgNO_3$，饱和$(NH_4)_2CO_3$溶液，Zn 粉，$2\ mol·L^{-1}$ H_2SO_4，CCl_4，Cl_2水，$0.1\ mol·L^{-1}$ $BaCl_2$，$3\ mol·L^{-1}$ HCl，淀粉溶液，钼酸铵，氨基苯磺酸，α-萘胺，$0.1\ mol·L^{-1}$ $CuCl_2$，$0.1\ mol·L^{-1}$ $NaNO_3$，$0.1\ mol·L^{-1}$ Na_3PO_4，$0.1\ mol·L^{-1}$ Na_2SO_3，$0.1\ mol·L^{-1}$ $Na_2S_2O_3$，$0.1\ mol·L^{-1}$ Na_2SO_4，$0.2\ mol·L^{-1}$ $SrCl_2$，$6\ mol·L^{-1}$ HAc。

四、实验内容

1. Cl^-、Br^-、I^-的分离、鉴定

将 5 mL Cl^-、Br^-、I^-的混合溶液（先在试管中加入 3 mL 去离子水，然后依次加入 10 滴 $0.1\ mol·L^{-1}$ NaCl、$0.1\ mol·L^{-1}$ NaBr、$0.1\ mol·L^{-1}$ NaI 溶液），注入试管 1 中，参照以下步骤进行分离和鉴定。

（1）卤离子的沉淀。取 5 滴制备溶液，滴入离心管中，用 $6\ mol·L^{-1}$ HNO_3 酸化后，然

后再加 3～4 滴 6 mol·L^{-1} HNO$_3$，加 AgNO$_3$ 至沉淀完全。加热 2 min，离心分离，弃去清液。沉淀用水洗涤两次，然后按（2）处理。

（2）Cl$^-$ 的鉴定。在沉淀上加 1 mL 饱和 (NH$_4$)$_2$CO$_3$ 溶液，搅动后离心分离。沉淀用水洗过后，按（3）处理。

移溶液于另一离心管中，滴加 0.1 mol·L^{-1} NaBr 溶液，出现浓厚的浑浊，示有 Cl$^-$。

（3）AgBr、AgI 的分解和 Br$^-$、I$^-$ 的鉴定。在（2）的沉淀上加 5 滴水和少量锌粉，搅动 2～3 min，离心分离，弃去沉淀。溶液用 2 mol·L^{-1} H$_2$SO$_4$ 酸化，加 4 滴 CCl$_4$，然后加入氯水，不断摇动，CCl$_4$ 层显紫红色，示有 I$^-$。继续滴加氯水，摇动，CCl$_4$ 层紫红色消失，并显棕黄色，示有 Br$^-$。

2. 阴离子的鉴定

（1）SO$_4^{2-}$ 的鉴定。取待测液 2 mL，加入 BaCl$_2$，观察现象。如有白色沉淀，证明有 SO$_4^{2-}$ 存在。

（2）S$_2$O$_3^{2-}$ 的鉴定。取待测液 2 mL，加 2～3 滴 3 mol·L^{-1} HCl，加热，出现白色浑浊，示有 S$_2$O$_3^{2-}$。

（3）SO$_3^{2-}$ 的鉴定。取待测液 2 mL，加 0.2 mol·L^{-1} SrCl$_2$ 至不再有沉淀析出。加热约 3 min，放置 10 min 后，离心沉降。沉淀用水洗涤，用数滴 3 mol·L^{-1} HCl 处理。如果沉淀不完全溶解，离心分离，弃去残渣，清液中加碘淀粉溶液，蓝紫色褪去，示有 SO$_3^{2-}$。

（4）PO$_4^{3-}$ 的鉴定。取待测液 2 mL，用 6 mol·L^{-1} HNO$_3$ 酸化后再多加 2 滴，加 8 滴钼酸铵溶液，加热至 60～70 ℃，静置约 5 min，析出黄色沉淀，示有 PO$_4^{3-}$。

（5）NO$_3^-$ 的鉴定。取待测液 2 mL，用 6 mol·L^{-1} HAc 酸化后再多加 2 滴，加少许锌粉，搅动，使溶液的 NO$_3^-$ 还原为 NO$_2^-$，加氨基苯磺酸溶液和 α-萘胺溶液各 1 滴，生成红色化合物，示有 NO$_3^-$。

（6）S^{2-} 的鉴定。取待测液 2 mL，加入几滴 CuCl$_2$，观察现象。如有黑色沉淀，证明有 S^{2-} 存在。

五、思考题

（1）已知 S^{2-}、SO$_4^{2-}$ 阴离子混合液，如何分离和鉴定？

（2）若溶液中存在有 Cl$^-$、I$^-$，如何分离和鉴定？

第5章 提高型实验（综合型、设计型）

实验一 化学反应焓变的测定

一、实验目的

（1）理解化学反应中焓变的意义，了解定压热效应与定容热效应之间的关系。
（2）掌握测定化学反应焓变的实验原理和方法。
（3）学习实验数据的作图法处理。

二、实验原理及内容提要

一般的化学反应，只涉及体积功而不做其他形式的功。在热化学中，通常把只做体积功，反应前后温度相同时系统吸收或放出的热称为反应的热效应。化学反应的热效应有两种类型：定压热效应和定容热效应。当化学反应在密闭容器中进行时，反应前后体积 V 保持不变（$\Delta V = 0$），此时的热效应称作定容热效应，记为 Q_V；当化学反应在定压条件下进行时，系统放出或吸收的热量，称作定压热效应，记为 Q_p。

实际上，当反应进度为 1 mol 时，定压热效应在数值上就等于化学反应的焓变，即 ΔH。反应是吸热时，ΔH 为正值；反应是放热时，ΔH 为负值。因为大多数反应是在定压条件下进行的，所以化学反应的热效应通常是用定压热效应来表示。测定化学反应焓变具有重要的实际意义，在实际测量中，放热反应常在定容条件下进行，如在弹式量热计中进行。这样直接测得的是反应的定容热效应 Q_V，然后根据定压热效应 Q_p 和定容热效应 Q_V 的计算关系算得：

$$Q_p = Q_V + p\Delta V$$

若以摩尔为单位，对理想气体，即为：

$$Q_p = Q_V + \Delta nRT \tag{5.1}$$

这样，只要能求出反应前后气态物质摩尔数的变化 Δn，即可得出反应的焓变。一般情况下，普通的化学实验对精确度要求不高，且弹式量热计造价比较贵，所以在自制的保温杯式量热计中进行测定也可以达到要求。本实验中化学反应焓变测量的基本原理是将一定量的反应物质放在自制保温杯式量热计中进行反应，然后再分步测定反应所释放的热量，最后利用计算公式求出反应的焓变。由于盐酸与氢氧化钠反应是典型的放热反应，且实验试剂容易得到，所以本实验采用这一反应来练习测定化学反应的焓变。根据相关热力学数据可算出常温下该反应的标准摩尔焓变为 – 55.84 kJ·mol^{-1}。反应的热化学方程式如下：

$$H^+(aq) + OH^-(aq) =\!=\!= H_2O(l) \tag{5.2}$$

保温杯式量热计是一个上有开口，与大气相通，保持定压状态，但力求与外界尽量少有能量交换的系统，如图 5.1 所示。主要由保温和测温两部分组成，杯口处用聚苯乙烯泡沫塞塞紧，以达到保温的效果。保温的作用是隔绝系统与环境的热交换。测温必须用精密温度计，是量热的关键部分。当反应放热时，一方面使杯中的水温和量热计的温度升高；另一方面由于体系与环境之间存在少量的热交换，使系统的温度下降。因此，测定该化学反应的 ΔH 就必须分步测知：

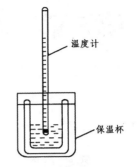

图 5.1　自制保温杯式量热计

1. 量热计本身吸收的热量 Q_1

量热计本身吸收的热量可以从量热计的质量定压热容 c_p 和反应前后的温差计算得到。量热计的质量定压热容 c_p 可通过已知反应的反应热测定出。本实验采用冷热水混合实验测得 c_p。

已知水的质量热容为 4.184 J/g·℃，设冷水的质量为 m_1，温度为 T_1；热水的质量为 m_2，温度为 T_2；冷热水混合后水温为 T_H。则高温水失去热量：

$$Q_h = (T_2 - T_H) \times m_2 \times 4.184 \text{（J）}$$

冷水得到热量：

$$Q_c = (T_H - T_1) \times m_1 \times 4.184 \text{（J）}$$

那么，

$$c_p = (Q_h - Q_c)/(T_H - T_1) \tag{5.3}$$

则量热计本身吸收的热量为：

$$Q_1 = \Delta T \times c_p \tag{5.4}$$

式中　ΔT——酸碱反应结束时反应溶液的温度与反应起始时的温度（室温）之差，℃。

2. 量热计中反应溶液吸收的热量 Q_2

对于量热计中反应溶液吸收的热量：

$$Q_2 = -\Delta T \times c \times V \times \rho \tag{5.5}$$

式中　ΔT——反应结束时反应溶液的温度与反应起始时的温度（室温）之差，℃；
　　　c——溶液的质量热容，J/g·℃；
　　　V——溶液的体积，mL；
　　　ρ——溶液的密度，g·cm^{-3}。

3. 体系与环境交换的热量（散热值）Q_3

因为实验所用的自制保温杯式量热计上有开口，且非绝对的绝热系统，所以在实验过程中，保温杯式量热计将不可避免地与环境发生少量热交换，也就是说反应的热效应除了上述

的 Q_1 和 Q_2 外,还有一部分的热量散失值 Q_3。采用作图外推法可适当消除这一影响。反应放热后,系统温度升高,向环境放热,以时间为横坐标,温度为纵坐标作 T-t 曲线,那么将 T-t 曲线外推,即可找出比较真实的 T_H 和 ΔT,如图 5.2、图 5.3 所示。最大限度地弥补了热量散失值 Q_3。

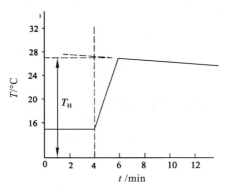

图 5.2 作图法求 T_H 图 5.3 作图法求 ΔT

则该酸碱反应的焓变:

$$\Delta H = -(\Delta T \times c \times V \times \rho + \Delta T \times c_p)/(1000n) \tag{5.6}$$

式中 n——参加反应的水合氢离子的摩尔数。

三、实验仪器和试剂

(1)仪器:自制保温杯式量热计 1 个,温度计 2 支(最小分度 0.1 ℃,最大测量温度 50 ℃,1 支;最小分度 1 ℃,最大测量温度 100 ℃,1 支),移液管(50 mL,2 支),烧杯(50 mL,1 个),量筒(50 mL,1 个),托盘天平 1 台(游标尺最小刻度 0.1 g),滤纸,镊子,秒表。

(2)试剂:0.2 mol·L^{-1} HCl 标准溶液,NaOH 溶液(浓度比 HCl 略大),蒸馏水。

四、实验内容

1. 冷热水混合测定量热计质量定压热容 c_p

将保温杯洗净,用滤纸吸去其内表面的水分。然后用 50 mL 量筒量取 50 mL 室温下自来水(即冷水)放于小烧杯中,用天平称量出带水的烧杯的质量,用标记笔在液面最高处作一标记。

将小烧杯中冷水倒入量热计中,再称量出空烧杯的质量,计算出量热计中冷水的质量 m_1。将量热计盖上并用简易搅拌器轻轻上下搅拌,每隔 20 s 读 1 次温度,待温度稳定(T_1)后,在小烧杯中装入热水(热水的温度一般不低于 45 ℃,不高于 50 ℃)至标线。称量后,准确测量其温度 T_2,立即倒入量热计中,加盖后轻轻上下搅拌,并记录时间,保持每隔 20 s 读 1 次温度,读取 6 个以上温度读数,在记录本上记录下来。测定完毕洗净保温杯,并用滤纸将保温杯及温度计上的水吸干。

2. 反应前后系统温差 ΔT 的测定

用移液管移取 HCl 标准溶液 50 mL 于量热计中,加盖后上下轻轻搅拌,待温度恒定后记录下反应的起始温度。用另 1 支 50 mL 的移液管移取氢氧化钠溶液,快速加入量热计中,并不断搅拌,保持每隔 20 s 记录 1 次温度,读取 6 个以上温度读数,在记录本上记录下来。测定完毕洗净保温杯,并用滤纸将保温杯及温度计上的水吸干。

3. 作图处理数据以及相关计算

在冷热水混合实验中,以时间为横坐标,温度为纵坐标作 T-t 曲线,外推至混合后时间为 0 时,求 T_H。

酸碱反应中,以时间为横坐标,温度为纵坐标作 T-t 曲线,外推至反应时间为 0 时,求 ΔT。

误差计算公式:

$$误差 = \frac{\Delta H_实 - \Delta H_理}{\Delta H_理} \times 100\% \tag{5.7}$$

五、注意事项

(1)应清楚了解温度计的测量范围,以免在操作时损坏温度计。
(2)实验前,调整好温度计的位置,并在保温杯盖插温度计孔处在温度计上套上一橡皮圈,以免实验时温度计脱掉损坏温度计和保温杯。
(3)一旦温度计被打破,要及时通知实验老师,不得私自处理。
(4)作图时应使用坐标纸,用铅笔绘图,坐标轴和相应的单位必须标出,刻度要合理。

六、思考题

(1)反应进度是什么概念?它和焓变有什么关系?
(2)测定量热计热容和测定反应前后系统温差 ΔT 这两步操作可否交换先后顺序?
(3)实验中,冷热水混合的起始时间,酸碱反应的起始时间有没有必要记录,为什么?
(4)实验中求 T_H 和反应的 ΔT 为什么要用外推法?外推法有什么意义?
(5)产生实验误差的原因有哪些?如何改进以减少误差?

实验二 电 化 学

一、实验目的

(1)了解原电池、电解池的组成及有关的化学反应。
(2)掌握离子浓度与电极电势的关系。
(3)了解分解电压和电化学防腐的知识。

二、实验原理及内容提要

电化学是研究化学反应与电现象之间关系的科学,原电池和电解是电化学的主要内容。利用氧化还原反应把化学能转变为电能的装置叫原电池。在原电池中,系统的吉布斯自由能是减少的($\Delta G < 0$),反应可以自发进行。使电流通过电解质溶液或熔盐,从而在电极上产生氧化还原反应的现象叫电解。电解是一个非自发反应($\Delta G > 0$),在电解过程中将电能转变为化学能,能够发生电解的装置叫电解池。

原电池由正极、负极及盐桥组成。在正极,氧化剂得到电子由氧化态变成还原态;在负极,还原剂失去电子由还原态变成氧化态。盐桥是一个装满含 KCl 饱和溶液的凝胶的倒置 U 形管,它用来使两极溶液保持电中性,让电流能延续产生。原电池电动势是正极电极电势与负极电极电势之差。常用原电池符号来表示原电池装置,如常见的 Cu-Zn 原电池可用下列符号来表示:

$$(-)Zn\,|\,Zn^{2+}(c_1)\,\|\,Cu^{2+}(c_2)\,|\,Cu(+)$$

其中,$(-)Zn\,|\,Zn^{2+}(c_1)$ 为负极半电池;$Cu^{2+}(c_2)\,|\,Cu(+)$ 为正极半电池;| 表示相界面;‖ 表示盐桥。当两极参与氧化还原反应的物质不能作电极时,应选择合适的惰性电极,常用的有 Pt、石墨。

在电解池中,与电源负极相连的极称为阴极,与电源正极相连的极称为阳极。电子进入电解池的阴极,使阴极上电子过剩;电子从阳极离开,使阳极上电子缺少。因此,电解质溶液或熔盐中的正离子移向阴极得到电子成为还原态;负离子移向阳极失去电子成为氧化态。

要产生电解作用,必须在两极上外加一定的电压。使电解能够顺利进行的最小外加电压叫分解电压,可由实验测得。当外加电压大于分解电压时,电解池中的电流将与外加电压成正比。

电极电势不仅取决于电对中氧化态和还原态物质的本性,而且还取决于它们的浓度和温度。电极电势与浓度和温度的关系可用能斯特方程式来表示。当电对和温度一定时,很容易根据能斯特方程式判断出两极电极电势随离子浓度的变化,进而还可推知电池电动势随离子浓度的变化。

根据金属电化学腐蚀的机理,可采取多种有效的方法防止金属腐蚀。缓蚀剂法是在介质中加入少量能减小腐蚀速率的物质来防止金属腐蚀的方法,所加物质称为缓蚀剂或阻化剂,而缓蚀剂的实质是增加电阻及电极极化。电化学防护中的阴极保护法就是外加直流电源(或加保护屏)使金属为阴极,进而进行阴极极化使其被保护。

三、实验仪器及试剂

(1)仪器:

① 原电池所需仪器:烧杯(50 mL,4 个),量筒(10、20 mL 各 1 个),玻璃棒 1 根,滴管 1 支,盐桥 1 个,小蒸发皿 1 个,铜及锌电极 1 副,碳电极 1 副,伏特表(5 V,1 个),电流表(5 mA,1 个)。

② 分解电压测定仪器:烧杯(500 mL,1 个),温度计(100 ℃,1 支),铂电极 1 副,直流稳压电源(6 V,1 个),电阻调节器 1 个,电磁搅拌器 1 个,伏特表(5 V,1 个),电

流表（10 mA，1个）。

③ 防腐所需仪器：试管2支，烧杯（50 mL，2个），直流电源1个，铁钉数粒。

（2）试剂：

① 1 mol·L^{-1} NaCl，0.1 mol·L^{-1} CuSO$_4$，0.1 mol·L^{-1} ZnSO$_4$，去离子水，硫脲，K$_3$[Fe(CN)$_6$]。

② 0.5 mol·L^{-1} SnCl$_2$。称取11 g SnCl$_2$·2H$_2$O加入10 mL 12 mol·L^{-1} 的盐酸，加水稀释至100 mL。

③ 0.1 mol·L^{-1} FeCl$_3$。称取17 g FeCl$_3$ 加入4.2 mL 12 mol·L^{-1} 的盐酸，再加水稀释至1 000 mL。

④ 6 mol·L^{-1} 氨水。量取120 mL 15 mol·L^{-1} 的氨水加水稀释至300 mL。

⑤ 盐桥用琼脂冻胶。100 mL水中加入10～15 g KCl，再加1 g琼脂，加热至全部溶解，冷却即可。

四、实验内容

1. 原电池及电解池

用 Sn^{2+}-Fe^{3+} 原电池作电源来电解NaCl溶液，其装置如图5.4，按下列步骤操作：

（1）将两极导线与电流计（5 mA）相连接，（注意：切不可接错正负极！）放入盐桥，观察电流计中有无电流流过。写出该电池的电池符号及两极的反应。

（2）在小蒸发皿内加入5 mL 1 mol·L^{-1} NaCl溶液，滴加3滴酚酞，用砂纸将原电池两极导线打亮后，浸于NaCl溶液中，使两导线平行相距约5 mm。等待一会后，观察两极周围有无颜色变化、有无气泡生成，并解释所观察到的现象。

（3）实验完毕，取出盐桥、电极和导线，将NaCl溶液倒入废液缸中。

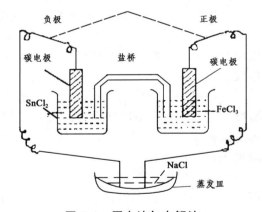

图5.4 原电池与电解池

2. 离子浓度与电极电动势的关系

在贴有ZnSO$_4$标签的小烧杯中加入20 mL 0.1 mol·L^{-1} 的ZnSO$_4$溶液；在贴有CuSO$_4$标签的小烧杯中加入20 mL 0.1 mol·L^{-1} 的CuSO$_4$溶液；再在两个小烧杯中分别加入Zn片和Cu片作电极，用盐桥连通两极的溶液。

（1）测定该原电池的电动势。粗略地用伏特计来测定并记录测定结果。

（2）在CuSO$_4$溶液中不断滴入6 mol·L^{-1} 的氨水，可以看到先出现淡蓝色的沉淀，继而沉淀溶解呈深蓝色溶液。这是由于溶液中发生了如下反应：

$$Cu^{2+} + 2NH_3 + 2H_2O \Longrightarrow Cu(OH)_2\downarrow + 2NH_4^+$$

（淡蓝色）

$$Cu(OH)_2 + 4NH_3 = [Cu(NH_3)_4]^{2+} + 2OH^-$$
（深蓝色）

记录反应过程中电动势的变化，并做出解释。

（3）继续在 $ZnSO_4$ 的一端重复（2）的操作，将看到白色沉淀先生成后溶解，因为溶液中发生了如下反应：

$$Zn^{2+} + 2NH_3 + 2H_2O = Zn(OH)_2\downarrow + 2NH_4^+$$

$$Zn(OH)_2 + 4NH_3 = [Zn(NH_3)_4]^{2+} + 2OH^-$$

记录反应过程中电动势的变化，并解释之。

3. 分解电压测定

按图 5.5 安装好测定水的分解电压的仪器。转动电阻调节器，使得加于两极的电压分别按 0.5 V、1.0 V、1.4 V、1.6 V、1.7 V、1.8 V、1.9 V、2.0 V、2.1 V、2.2 V、…… 依次增加，记录每次改变电压时电流表上的电流读数（初期电流变化极小，电压加到某一值时电流明显增大），并随时观察两个铂电极上有无气泡产生。当电流增至 6~8 mA 左右时，停止增加电压。

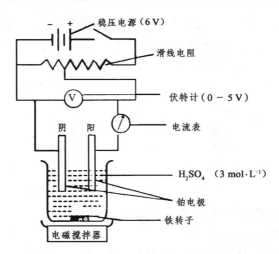

图 5.5 分解电压测定装置

根据记录的数据，正确选取坐标，用坐标纸做出电流-电压曲线，根据曲线求出该溶液的实际分解电压，如图 5.6 所示，并写出电解池中的阳极反应、阴极反应和电解反应。

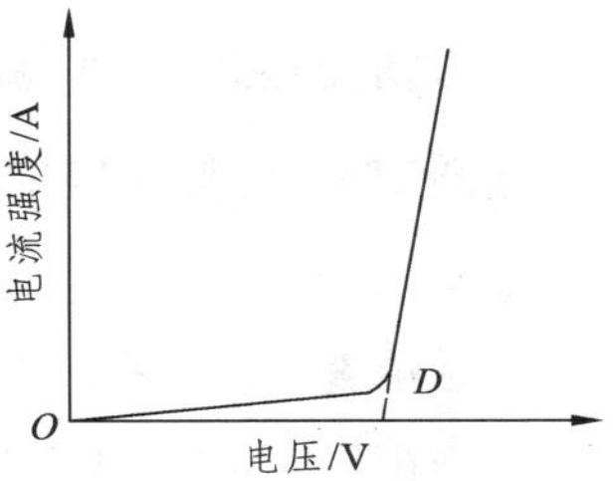

4. 金属腐蚀的防止

（1）缓蚀剂法。往 2 支试管中各放入 1 枚无锈的铁钉，并往其中的 1 支试管中加入数滴硫脲溶液，然后各加入 HCl 和几滴 $K_3[Fe(CN)_6]$ 溶液（2 支试管中各溶液的用量应相同）。

观察、比较 2 支试管中的现象。

图 5.6 分解电压

（2）阴极保护法。在小烧杯中加入 30 mL NaCl 溶液（事先加 HCl 酸化），再插入两枚用砂纸打光除去锈的铁钉,将欲保护的那枚铁钉接直流电源的负极,起辅助电极作用的那枚铁钉接直流电源的正极。调电压 1.5 V 左右,接通电源,并在阳极附近滴入数滴 $K_3[Fe(CN)_6]$ 溶液,观察现象。

五、注意事项

(1) 将原电池两极导线浸于 NaCl 溶液中时,应注意不能让导线移动,要尽量保持导线静置于某位置以利于出现较明显的现象。

(2) 在 $ZnSO_4$、$CuSO_4$ 溶液中加入氨水时要边加边轻轻搅拌,仔细观察这一过程中电动势的变化并做好记录。

(3) 在分解电压的测定过程中,若温度低于 25 °C 时,可用电磁搅拌器中速搅拌;当接近分解电压时,则停止搅拌,以便清楚地看到电极上的气泡。电压的增加宜缓慢进行,切不可过快增加电压,以防电流计指针被打弯。

六、思考题

(1) 原电池与电解池有何不同?用铜作导线电解 NaCl 溶液时,阴、阳两极各发生什么反应?

(2) 用能斯特方程式说明铜-锌原电池中加入 $NH_3·H_2O$ 时电动势将如何变化?

(3) 金属发生电化学腐蚀的原因是什么?如何防止?

实验三 电解质溶液

一、实验目的

(1) 学习用 pH 计法测定醋酸解离常数的原理和方法。
(2) 了解缓冲溶液的配制及其性质。
(3) 了解难溶电解质的多相离子平衡及溶度积规则。

二、实验原理及内容提要

1. 醋酸解离常数的测定

醋酸 HAc 是弱电解质,在水溶液中存在下列解离平衡:

$$HAc(aq) \rightleftharpoons H^+(aq) + Ac^-(aq)$$

起始浓度(mol·L^{-1}) c 0   0
平衡浓度(mol·L^{-1}) $c-c\alpha$ $c\alpha$ $c\alpha$

则

$$K_a^\ominus = \frac{\{c(H^+)/c^\ominus\} \cdot \{c(Ac^-)/c^\ominus\}}{c(HAc)/c^\ominus} = \frac{(c\alpha)^2}{c-c\alpha} = \frac{c\alpha^2}{1-\alpha} \tag{5.8}$$

式中　$K_a^\ominus$——醋酸的解离平衡常数；
　　　c——醋酸的起始浓度；
　　　α——醋酸的解离度。

在一定温度下用 pH 计（酸度计）测定一系列已知浓度溶液的 pH 值，按 $\text{pH} = -\lg c(\text{H}^+)$ 换算成氢离子浓度 $c(\text{H}^+)$，根据 $c(\text{H}^+) = c\alpha$，即可求得一系列对应的醋酸的解离度 α 和 $\dfrac{c\alpha^2}{1-\alpha}$ 的值。在一定温度下，$\dfrac{c\alpha^2}{1-\alpha}$ 值近似地为一常数，取所得的一系列 $\dfrac{c\alpha^2}{1-\alpha}$ 的平均值，即为该温度时 HAc 的解离常数 $K_a^\ominus$。

2. 缓冲溶液

弱酸及其盐（如 HAc-NaAc）或弱碱及其盐（如氨水与 NH_4Cl）的混合溶液，能在一定程度上对外来的酸碱起缓冲作用。即当外加少量酸、碱或稀释时，此混合溶液的 pH 值变化不大，这种溶液叫作缓冲溶液。

3. 难溶电解质的多相离子平衡与溶度积规则

在难溶电解质的饱和溶液中，未溶解的固体和溶解后形成的离子间存在多相离子平衡。如在含有过量 PbI_2 的饱和溶液中存在有下列平衡：

$$\text{PbI}_2(\text{s}) \Longrightarrow \text{Pb}^{2+}(\text{aq}) + 2\text{I}^-(\text{aq})$$

$$K_{sp}^\ominus = \{c(\text{Pb}^{2+})/c^\ominus\} \cdot \{c(\text{I}^-)/c^\ominus\}^2$$

式中　$K_{sp}^\ominus$——溶度积常数，简称溶度积。

如果溶液中含有两种或两种以上的离子都能与加入的某种试剂（沉淀剂）反应生成难溶电解质时，沉淀的先后顺序取决于所需沉淀剂离子浓度的大小。需要沉淀剂离子浓度较小的先沉淀，需要沉淀剂离子浓度较大的后沉淀。这种先后沉淀的现象叫作分步沉淀。例如，往含有 Cu^{2+} 和 Cd^{2+} 的混和溶液中（若 Cu^{2+}、Cd^{2+} 浓度相差不太大）加入少量沉淀剂 Na_2S，由于 $K_{sp}^\ominus(\text{CuS}) \ll K_{sp}^\ominus(\text{CdS})$，$\text{Cu}^{2+}$ 与 S^{2-} 浓度的乘积将先达到 CuS 的溶度积，黑色 CuS 先沉淀析出，继续加入 Na_2S，等到 Cd^{2+} 与 S^{2-} 浓度的乘积大于其溶度积时，黄色 CdS 才沉淀出来。

使一种难溶电解质转化为另一种难溶电解质，即把一种沉淀转化为另一种沉淀的过程，叫作沉淀的转化。一般来说，溶度积较大的难溶电解质转化为溶度积较小的难溶电解质。

三、仪器及试剂

（1）仪器：试管，试管架，离心试管，玻璃棒，烧杯，量筒，离心机，pH 计，酸式滴定管，碱式滴定管，移液管，锥形瓶，铁架，滴定管夹，吸气橡皮球，温度计。

（2）药品：HCl（0.1 mol·L^{-1}），NaOH（0.1 mol·L^{-1}），NaAc（0.1 mol·L^{-1}），Pb(NO$_3$)$_2$（0.1 mol·L^{-1}），NaCl（1 mol·L^{-1}，0.1 mol·L^{-1}），KI（0.1 mol·L^{-1}），K$_2$CrO$_4$（0.1 mol·L^{-1}），AgNO$_3$（0.01 mol·L^{-1}），HAc（0.1 mol·L^{-1}），酚酞（1%）。

四、实验内容

1. 醋酸解离常数的测定

（1）醋酸溶液浓度的标定。用移液管准确量取 2 份 25.00 mL 0.1 mol·L^{-1} HAc 溶液，分别注入 2 只 250 mL 锥形瓶中，各加入 2 滴酚酞指示剂。

分别用标准 NaOH 溶液滴定溶液呈浅红色，经摇荡后半分钟不消失为止。分别记下滴定前和滴定终点时滴定管中 NaOH 液面的读数，算出所用的 NaOH 溶液的体积，从而求得醋酸溶液的准确浓度。

注：若实验时间不够，可先由实验室预先标定好。

（2）不同浓度醋酸溶液的配制和 pH 值的测定。在 4 个干燥的 100 mL 烧杯中，用酸式滴定管分别加入已标定的醋酸溶液 48.00、24.00、12.00、6.00 mL，当接近所要刻度时再一滴一滴地加入。再以另一盛有去离子水的滴定管（酸式或碱式均可），往后面 3 个烧杯中分别加入 24.00、36.00、42.00 mL 去离子水（使各溶液的体积均为 48.00 mL）并混合均匀，即可求出各份 HAc 溶液的精确浓度。

用 pH 计分别测定上述各种浓度醋酸溶液（由稀到浓）的 pH 值，记录各份溶液的 pH 值及实验时的室温，计算各溶液中醋酸的解离度及解离常数。

2. 缓冲溶液的配制和性质

（1）往 2 支试管中各加入 3 mL 蒸馏水，用 pH 试纸测定其 pH 值；再分别加入 1 滴 0.1 mol·L^{-1} HCl 或 0.1 mol·L^{-1} NaOH 溶液，测定它们的 pH 值。

（2）往 1 支刻度试管中加入 0.1 mol·L^{-1} HAc 和 0.1 mol·L^{-1} NaAc 溶液各 5 mL，用玻璃棒搅匀，配制成 HAc-NaAc 缓冲溶液。用 pH 试纸测定该溶液的 pH 值。

取 3 支试管，各加入此缓冲溶液 3 mL，然后分别加入 1 滴 0.1 mol·L^{-1} HCl 或 0.1 mol·L^{-1} NaOH 或蒸馏水（各加 1 种），再用 pH 试纸分别测定它们的 pH 值。与原来缓冲溶液的 pH 值比较，pH 值是否变化？

比较（1）、（2）的实验情况，并总结缓冲溶液的特性。

3. 沉淀的生成、溶解转化与分步沉淀

（1）取 1 支离心试管，加入 0.1 mol·L^{-1} Pb(NO$_3$)$_2$ 和 1 mol·L^{-1} NaCl 溶液 10 滴。离心分离，弃去清液，向沉淀中滴加 0.1 mol·L^{-1} KI 溶液并剧烈搅拌。观察沉淀颜色的变化，说明原因并写出有关反应方程式，再用平衡移动的观点来说明。

（2）在离心试管中加入 3 滴 0.1 mol·L^{-1} NaCl 和 1 滴 0.1 mol·L^{-1} K$_2$CrO$_4$ 溶液，稀释至 2 mL，摇匀后逐滴加入 6～8 滴 0.1 mol·L^{-1} AgNO$_3$ 溶液（边加边摇），离心沉淀后观察生成沉淀的颜色。再向清液中滴加数滴 0.1 mol·L^{-1} AgNO$_3$ 溶液，会出现什么颜色的沉淀？试加以解释。

实验四 水质检验

一、实验目的

（1）了解检验水质的物理方法和化学方法及其原理。
（2）学习使用电导率仪。
（3）掌握配位滴定法测定自来水中 Ca^{2+}、Mg^{2+} 总量的方法。

二、实验原理及内容提要

1. 水质纯度的检验

水质纯度的检验可通过物理和化学的方法进行。

（1）物理方法。

因为纯水是极弱电解质，导电能力很差（电阻很大），当水中含有各种可溶性杂质时，其导电能力增大，所以水的导电能力的大小在一定程度上可代表水中可溶性杂质离子的多少。可以此来评价水的纯度。水的导电能力常用电导率的大小来衡量。例如，在一定条件下，经两次蒸馏制得的蒸馏水，在室温时其电导率为 $10^{-6} S \cdot cm^{-1}$（西/厘米）。根据测得水样电导率的数值，就可以估计水质的纯度，即可估计水中可溶性杂质的含量。

（2）化学方法（定性）。

水中 Cl^-、SO_4^{2-} 可以分别加入 $AgNO_3$、$BaCl_2$ 溶液检验。

$$Ag^+ + Cl^- = AgCl\downarrow （白色）$$
$$Ba^{2+} + SO_4^{2-} = BaSO_4\downarrow （白色）$$

水中的 Ca^{2+}、Mg^{2+} 是用钙指示剂和铬黑 T 来检验。在 pH 为 8~10 的溶液中，铬黑 T 与 Mg^{2+} 作用生成酒红色配合物；在 pH≥12 的溶液中，钙指示剂与 Ca^{2+} 作用生成酒红色配合物，在此条件下，Mg^{2+} 以 $Mg(OH)_2$ 沉淀析出，不影响 Ca^{2+} 的检验。

水中 HCO_3^-、CO_3^{2-} 和 OH^- 是天然水产生碱度的离子，OH^- 和 CO_3^{2-} 的碱性可使酚酞呈红色，3 种碱性离子均能使甲基橙指示剂呈黄色。因此，可用甲基橙和酚酞来检验水中是否存在这 3 种离子。其步骤为：

① 在水中加入酚酞指示剂，若溶液呈无色，说明水中无 CO_3^{2-} 和 OH^-（忽略水电离的 OH^-）。再加入甲基橙指示剂，若溶液呈橙红色，说明也无 HCO_3^- 存在；若溶液呈黄色，说明只有 HCO_3^- 存在。

② 在水中加入酚酞指示剂，若溶液呈红色，说明水中有 OH^- 和 CO_3^{2-} 存在。然后用 HCl 溶液中和至无色，消耗 HCl 的量为 P，再加入甲基橙指示剂，如果溶液呈黄色，说明有 HCO_3^- 存在。但 HCO_3^- 的量可能是原水中的，也可能是 CO_3^{2-} 与 HCl 作用转化而来的，也可能是两者之和，这时用稀 HCl 溶液中和溶液至橙红色，消耗 HCl 的量为 M。如果 $M>P$，则表示水中有 CO_3^{2-} 和 HCO_3^- 存在；$M<P$，表示水中有 CO_3^{2-} 和 OH^- 存在；$M=P$，则表示水中只有 CO_3^{2-} 存在。

③ 在水中加入酚酞指示剂若溶液为红色,加稀 HCl 溶液中和至无色后,再加入甲基橙指示剂,若溶液呈橙红色,则说明水中只有 OH^- 存在。

检验步骤可用图 5.7 表示。

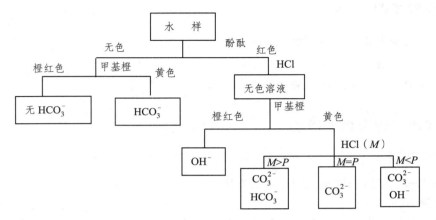

图 5.7　检验步骤

2. 水中 Ca^{2+}、Mg^{2+} 总量的测定(定量)

(1) 水中 Ca^{2+}、Mg^{2+} 总量。

水中钙、镁的碳酸盐,酸式碳酸盐和钙、镁的硫酸盐,氯化物含量的不同对工业用水影响很大。水中钙、镁的酸式碳酸盐经煮沸后发生下列反应,生成碳酸盐沉淀:

$$Ca(HCO_3)_2 \xrightarrow{\triangle} CaCO_3\downarrow + CO_2\uparrow + H_2O$$

$$Mg(HCO_3)_2 \xrightarrow{\triangle} MgCO_3\downarrow + CO_2\uparrow + H_2O$$

而以其他形式存在的钙、镁盐,其水经煮沸后不产生沉淀。因此,水分析中除了测量 Ca^{2+}、Mg^{2+} 总量之外,还常常测定以碳酸盐、酸式碳酸盐形式存在的 Ca^{2+}、Mg^{2+} 含量和以非碳酸盐形式存在的 Ca^{2+}、Mg^{2+} 含量。

水中除含有 Ca^{2+}、Mg^{2+} 外,还含有碱金属离子以及 Fe^{3+}、Al^{3+}、Cu^{2+}、Pb^{2+}、Zn^{2+} 等金属离子,滴定时可加入掩蔽剂来掩蔽这些离子。如 Fe^{3+}、Al^{3+} 等干扰离子可用三乙醇胺掩蔽,Cu^{2+}、Pb^{2+}、Zn^{2+} 等金属离子则可用 KCN、Na_2S 或巯基乙酸等掩蔽。由于天然水中 Ca^{2+}、Mg^{2+} 的含量远比其他离子高,所以常以 Ca^{2+}、Mg^{2+} 的总含量来表示。即使测得水中含铁、铝、锰、锶、锌等离子浓度总量大于 $0.05\ mmol\cdot L^{-1}$ 时,也应计算在 Ca^{2+}、Mg^{2+} 总量之内。因此,Ca^{2+}、Mg^{2+} 总量是指水中除碱金属离子外的 Ca^{2+}、Mg^{2+} 等其他金属离子的总含量。

水中 Ca^{2+}、Mg^{2+} 总量常用 $c(CaCO_3)$ 表示,单位为 $mmol\cdot L^{-1}$,也可根据需要用 $CaCO_3$ 的质量 $\rho(CaCO_3)$ 以 $mg\cdot L^{-1}$ 表示 Ca^{2+}、Mg^{2+} 的总含量。

(2) 钙、镁离子总量的测定。

水中的 Ca^{2+}、Mg^{2+} 能够与有机配位体 EDTA (乙二胺四乙酸二钠盐,以 H_2Y^{2-} 表示)以 1∶1 的比例形成易溶于水的螯合物:

$$M^{2+} + H_2Y^{2-} \rightleftharpoons MY^{2-} + 2H^+$$

其立体结构（以 Fe^{2+} 为例）为：

用 EDTA 滴定 Ca^{2+}、Mg^{2+} 总量时，一般是在 $pH \approx 10$ 的缓冲溶液（$NH_3 \cdot H_2O$-NH_4Cl）中进行，用铬黑 T（以 HIn^{2-} 表示）作指示剂。当加入铬黑 T 指示剂后，水中的 Mg^{2+} 先与铬黑 T 指示剂形成酒红色配合物，其反应如下：

$$Mg^{2+} + HIn^{2-} \rightleftharpoons [MgIn]^- + H^+$$
（酒红色）

然后指示剂与 Ca^{2+} 发生类似反应生成酒红色 $[CaIn]^-$ 配合物（因为 $[MgIn]^-$ 的稳定性大于 $[CaIn]^-$）。当滴入 EDTA 溶液时，EDTA 首先与 Ca^{2+} 形成配合物 $[CaY]^{2-}$（因为 $[CaY]^{2-}$ 的稳定性大于 $[MgY]^{2-}$ 的稳定性），然后再与 Mg^{2+} 形成配合物 $[MgY]^{2-}$。又由于 $[CaY]^{2-}$、$[MgY]^{2-}$ 的稳定性大于 $[CaIn]^-$、$[MgIn]^-$ 的稳定性，所以当溶液中的 Ca^{2+}、Mg^{2+} 与被滴入的 EDTA 全部（包括与指示剂形成配合物中的 Ca^{2+}、Mg^{2+} 在内）形成 $[CaY]^{2-}$、$[MgY]^{2-}$ 配合物时，则铬黑 T 指示剂便游离出来，在 $pH \approx 10$ 的条件下呈纯蓝色，即为滴定终点。由消耗 EDTA 的量可计算出水中 Ca^{2+}、Mg^{2+} 总量。

三、实验仪器及试剂

（1）仪器：烧杯（50 mL，3 个），酸式滴定管（25 mL，1 支），锥形瓶（250 mL，3 个），移液管（25、50 mL 各 1 支），量筒（10、25、50 mL 各 1 个），洗瓶 1 个，滤纸，电导率仪等。

（2）试剂：

① 0.010 00 $mol \cdot L^{-1}$ EDTA 标准溶液。

② $pH \approx 10$ 的 $NH_3 \cdot H_2O$-NH_4Cl 缓冲溶液：称取 70 g NH_4Cl 固体，加入 28% 浓度的氨水 600 mL，并用蒸馏水稀释至 1 L。

③ 铬黑 T 指示剂：铬黑 T 与固体 NaCl 以 1∶100 比例混合，研磨混匀，并置于干燥的棕色瓶中。铬黑 T 又称铬蓝黑 T，分子式为 $C_{20}H_{13}O_5N_2SNa$，其结构式为：

四、实验内容

1. 电导率的测定

取两个 50 mL 的小烧杯，洗涤后分别编上 1、2 号。然后 1 号装蒸馏水、2 号装自来水约 30 mL，并在电导率仪上分别测定两种水样的电导率。记录实验结果并比较两种水样的导电性大小和纯度。

2. 水中 Ca^{2+}、Mg^{2+} 总量的测定

用移液管吸取水样 50.00 mL 于 250 mL 锥形瓶中（一式 3 份），加入 5 mL $NH_3 \cdot H_2O$-NH_4Cl 缓冲溶液和一小点铬黑 T 指示剂，摇匀，用 EDTA 标准溶液滴定至溶液由酒红色变至纯蓝色即为终点，记录所用标准溶液的体积。重复滴定两次，取其平均值，计算水中 Ca^{2+}、Mg^{2+} 的总量。

3. 水中 Ca^{2+}、Mg^{2+} 总量的计算

水中 Ca^{2+}、Mg^{2+} 等离子与 EDTA 均以 1∶1 形成配合物，因此计算时均以消耗 EDTA 的量来计算。

$$c(Ca^{2+} + Mg^{2+}) = \frac{c(\text{EDTA}) \cdot V(\text{EDTA})}{V_{\text{水样}}} \times 1\,000 \quad (\text{mmol} \cdot L^{-1})$$

$$\rho(CaCO_3) = \frac{c(\text{EDTA}) \cdot V(\text{EDTA})}{V_{\text{水样}}} \times 1\,000 \times M_r(CaCO_3) \quad (\text{mg} \cdot L^{-1})$$

五、注意事项

（1）在测定水样的电导率时，一定要先测蒸馏水的电导率，然后是自来水，以免因清洗电极不干净而造成所测结果不准确。

（2）加铬黑 T 指示剂时一定只能加一小点，过多会使滴定终点的颜色变化不敏锐，增大滴定实验误差。

（3）本实验的水样一般取自来水，3 次滴定的水样一定取自同一烧杯中，以免因不同自来水中所含 Ca^{2+}、Mg^{2+} 量有时有较大差别而造成 3 次滴定误差太大。

六、思考题

（1）HCO_3^- 是天然水中的主要离子，它与 HCl 和 NaOH 各发生什么反应？

（2）在标定 EDTA 标准溶液浓度时，为什么用移液管吸取锌标准溶液，而加入蒸馏水和缓冲溶液的量则用量筒量取？

（3）用 EDTA 滴定测定水中 Ca^{2+}、Mg^{2+} 总量时，一般采用什么指示剂？试液的 pH 值应如何控制？为什么当试液变成纯蓝色时，水中的 Ca^{2+}、Mg^{2+} 都与 EDTA 配合了？

（4）如果只有铬黑 T 指示剂，能否测定 Ca^{2+} 的含量？如何测定？

（5）测定的水样中若含有少量 Fe^{3+}、Cu^{2+} 时，对终点会有什么影响？如何消除其影响？

实验五　配位化合物的制备和性质

一、实验目的

（1）了解配离子的形成和解离平衡。
（2）比较配离子的稳定性，了解多相离子平衡与配离子平衡间的相互关系。
（3）认识配离子和简单离子，配盐和复盐的区别。
（4）了解螯合物的形成和特性。
（5）利用配位反应和沉淀反应分离混合离子。

二、实验原理及内容提要

1. 配合物的形成和组成

由正离子和中性分子或负离子以配位键结合而成的复杂离子叫配离子，含配离子的化合物叫配合物。由配离子组成的盐叫配盐。它与复盐不同，在水溶液中解离出的配离子很稳定，只有部分解离成简单离子；而复盐则全部解离为简单离子。例如：

配盐　　　　　$[Cu(NH_3)_4]SO_4 \rightleftharpoons [Cu(NH_3)_4]^{2+} + SO_4^{2-}$

　　　　　　　$[Cu(NH_3)_4]^{2+} \rightleftharpoons Cu^{2+} + 4NH_3$

复盐　　　　　$NH_4Fe(SO_4)_2 \rightleftharpoons NH_4^+ + Fe^{3+} + 2SO_4^{2-}$

2. 配离子解离平衡

配离子在溶液中存在下列解离平衡：

$$[Cu(NH_3)_4]^{2+} \rightleftharpoons Cu^{2+} + 4NH_3$$

$$K_{\text{不稳}}^{\ominus} = \frac{\{c(Cu^{2+})/c^{\ominus}\}\{c(NH_3)/c^{\ominus}\}^4}{\{c[Cu(NH_3)_4]/c^{\ominus}\}} \tag{5.9}$$

式中　　$K_{\text{不稳}}^{\ominus}$——配离子的不稳定常数。其数值大表示配离子稳定性差，易解离；反之，则稳定性好，难解离。$K_{\text{不稳}}^{\ominus}$ 的倒数称为稳定常数，用 $K_{\text{稳}}^{\ominus}$ 表示，$K_{\text{稳}}^{\ominus} \cdot K_{\text{不稳}}^{\ominus} = 1$。

配离子的解离平衡与其他化学平衡一样，受外界条件的影响。若改变介质的酸度，加入氧化剂、还原剂、沉淀剂、其他金属离子或配位剂时，可使解离平衡移动。

3. 螯合物

螯合物是由中心离子与多齿配位体形成的环状结构的配合物。很多金属的螯合物具有特征颜色，难溶于水而易溶于有机溶剂，常以此来检验某些金属离子的存在。

例如，丁二肟与 Ni^{2+} 在碱性环境里生成鲜桃红色难溶于水的螯合物——二丁二肟合镍（Ⅱ）。这是检验 Ni^{2+} 的特征反应，反应式为：

$$Ni^{2+} + 2\begin{array}{c}CH_3-C=NOH\\ |\\ CH_3-C=NOH\end{array} + 2OH^- \longrightarrow \begin{array}{c}\text{二丁二肟合镍结构式}\end{array} + H_2O$$

（鲜桃红色沉淀）

又如 $CuSO_4$ 溶液中加入过量的 $K_4P_2O_7$（焦磷酸钾）溶液，生成深蓝色的 $[Cu(P_2O_7)_2]^{6-}$ 螯合离子，其结构式为：

$$\left[\begin{array}{c}\text{结构式}\end{array}\right]^{6-}$$

4. 利用配位反应分离和鉴定某些离子

如对含有 Cu^{2+}、Ba^{2+}、Fe^{3+} 3 种离子的混合液可按如下方法进行分离和鉴定：

$$\left.\begin{array}{c}Ba^{2+}\\Cu^{2+}\\Fe^{3+}\end{array}\right\} \xrightarrow[1\,mol\cdot L^{-1}]{H_2SO_4} \begin{array}{l}BaSO_4\downarrow\text{（白色沉淀）}\\ \left.\begin{array}{c}Cu^{2+}\\Fe^{3+}\end{array}\right\}\end{array} \xrightarrow[6\,mol\cdot L^{-1}]{NH_3\cdot H_2O} \begin{array}{l}[Cu(NH_3)_4]^{2+}\text{（深蓝色溶液）}\\Fe(OH)_3\downarrow\text{（棕褐色沉淀）}\end{array}$$

三、实验仪器及试剂

（1）仪器：试管，玻璃棒，离心试管，滴管，试管架，洗瓶，离心机（公用）等。

（2）试剂：

$NH_3\cdot H_2O$（$2.0\,mol\cdot L^{-1}$，$6.0\,mol\cdot L^{-1}$），NaOH（$0.1\,mol\cdot L^{-1}$，$6.0\,mol\cdot L^{-1}$），$AgNO_3$（$0.1\,mol\cdot L^{-1}$），$FeCl_3$（$0.1\,mol\cdot L^{-1}$），$CuSO_4$（$0.1\,mol\cdot L^{-1}$），KBr（$0.1\,mol\cdot L^{-1}$），$HgCl_2$（$0.1\,mol\cdot L^{-1}$），KSCN（$0.1\,mol\cdot L^{-1}$），KI（$0.1\,mol\cdot L^{-1}$），$K_4P_2O_7$（$0.2\,mol\cdot L^{-1}$），$K_3[Fe(CN)_6]$（$0.1\,mol\cdot L^{-1}$），Na_2CO_3（$0.1\,mol\cdot L^{-1}$），NaF（$0.1\,mol\cdot L^{-1}$），$NiCl_2$（$0.1\,mol\cdot L^{-1}$），$Fe(NO_3)_3$（$0.1\,mol\cdot L^{-1}$），NaCl（$0.1\,mol\cdot L^{-1}$），$NH_4Fe(SO_4)_2$（$0.1\,mol\cdot L^{-1}$），$Na_2S_2O_3$（$0.1\,mol\cdot L^{-1}$，饱和），$Cu(NO_3)_2$（$0.1\,mol\cdot L^{-1}$），Na_2S（$0.1\,mol\cdot L^{-1}$），草酸钠（饱和），丁二肟（1%）。

四、实验内容

1. 配合物的制备

（1）正配离子。取 2～3 mL 0.1 mol·L^{-1} CuSO$_4$ 溶液加入适量氨水（6 mol·L^{-1}）至有沉淀生成，继续滴加至沉淀完全溶解，生成深蓝色溶液，保留溶液供后面实验使用。

（2）负配离子。在试管中加入 1～2 滴 0.1 mol·L^{-1} HgCl$_2$ 溶液（剧毒），逐滴加入 0.1 mol·L^{-1} KI 溶液，直至溶液无色透明。观察中间沉淀的生成和消失，写出相应的反应式。

2. 配合物的组成及配离子的解离

（1）将上述制备的深蓝色[Cu(NH$_3$)$_4$]SO$_4$ 溶液，分别装入 3 支试管中，往第 1 支试管内滴 1～2 滴 0.1 mol·L^{-1} Na$_2$S 溶液，往第 2 支试管内滴 1～2 滴 0.1 mol·L^{-1} 的 NaOH 溶液，往第 3 支试管内滴 1～2 滴 0.1 mol·L^{-1} BaCl$_2$ 溶液，记录现象，并写出相应的反应式。

（2）在 2 支试管内各加入 0.5 mL 0.1 mol·L^{-1} CuSO$_4$ 溶液，并分别滴入 1～2 滴 0.1 mol·L^{-1} BaCl$_2$ 溶液、0.1 mol·L^{-1} NaOH 溶液，观察现象并与 2 中（1）比较，解释之。

3. 配离子与简单离子的区别

取 3 支试管，分别加入 1 mL 0.1 mol·L^{-1} FeCl$_3$、0.1 mol·L^{-1} NH$_4$Fe(SO$_4$)$_2$ 和 0.1 mol·L^{-1} K$_3$[Fe(CN)$_6$]，再分别滴入 2～4 滴 0.1 mol·L^{-1} KSCN 溶液，观察溶液颜色变化并简要解释。

4. 配离子的解离平衡及其移动

（1）取 2 支试管，分别加入 10 滴 0.1 mol·L^{-1} FeCl$_3$ 溶液。向其中 1 支加入 10 滴水，再加 5 滴 0.1 mol·L^{-1} KI 溶液；在另 1 支中逐滴加入 0.1 mol·L^{-1} NaF 溶液至溶液变成无色（生成（FeF$_6$）$^{3-}$ 配离子），再加入 5 滴 0.1 mol·L^{-1} KI 溶液。振荡，观察两支试管出现的颜色，再往 2 支试管中分别加 10 滴苯，振荡后观察 2 支试管中苯层（上层）颜色的差异，解释这种现象。

（2）取 2 支试管，在其中一支加入 4 滴 0.1 mol·L^{-1} FeCl$_3$ 溶液和 2 mL 水，再加 1 滴 0.1 mol·L^{-1} KSCN 溶液制成红色[Fe(SCN)$_{n=1～6}$]$^{3-n}$ 配离子；在另一支试管中加入 4 滴 0.1 mol·L^{-1} K$_3$[Fe(CN)$_6$]溶液和 2 mL 水。然后分别向 2 支试管中各加入 5 滴 6 mol·L^{-1} NaOH 溶液。记录现象，写出相应的反应式。

（3）取 2 支试管，分别加入 3 滴 0.1 mol·L^{-1} FeCl$_3$ 溶液和 10 滴水，向其中一支加入 1 滴 0.1 mol·L^{-1} KSCN 溶液，向另一支加入 5 滴饱和 Na$_2$C$_2$O$_4$ 溶液，分别观察并记录 2 支试管中出现的颜色。再在上述 2 支试管中分别加入 5 滴 0.1 mol·L^{-1} NaF 溶液，振荡其中[Fe(SCN)$_{n=1～6}$]$^{3-n}$ 的血红色褪去，生成无色的[FeF$_6$]$^{3-}$ 配离子；而[Fe(C$_2$O$_4$)$_3$]$^{3-}$ 仍为淡黄色。为什么？

（4）取 1 支离心试管，加入 1～2 滴 0.1 mol·L^{-1} AgNO$_3$ 溶液，然后依次进行下列实验（每步实验的试剂应逐滴加入且每加 1 滴后都要充分摇荡试管，然后再视需要决定是否继续加入试剂），记录每一步现象，写出每一步的反应式。

① 逐滴加入 0.1 mol·L^{-1} Na$_2$CO$_3$ 溶液至刚好生成沉淀。

② 逐滴加入 2 mol·L^{-1} NH$_3$·H$_2$O 至沉淀刚好溶解。
③ 逐滴加入 0.1 mol·L^{-1} NaCl 溶液至沉淀刚好生成。
④ 逐滴加入 6 mol·L^{-1} NH$_3$·H$_2$O 至沉淀溶解。
⑤ 逐滴加入 0.1 mol·L^{-1} KBr 溶液至沉淀刚好生成。
⑥ 逐滴加入 1 mol·L^{-1} Na$_2$S$_2$O$_3$ 沉淀刚好溶解。
⑦ 逐滴加入 0.1 mol·L^{-1} KI 溶液至沉淀刚好生成。
⑧ 逐滴加入饱和 Na$_2$S$_2$O$_3$ 溶液至沉淀刚好溶解。
⑨ 逐滴加入 0.1 mol·L^{-1} Na$_2$S 至沉淀刚好生成。

根据上述实验，分别比较 Ag 的各类配离子的稳定性和各类难溶电解质的溶解度的大小。

5. 螯合物的生成

（1）向 1 支试管中加入约 1 mL 0.1 mol·L^{-1} CuSO$_4$ 溶液，并逐滴加入 K$_4$P$_2$O$_7$，观察生成蓝色焦磷酸铜沉淀。继续加该 K$_4$P$_2$O$_7$ 溶液至沉淀溶解，生成深蓝色螯合物透明溶液。

（2）在试管中加入 2 滴 0.1 mol·L^{-1} NiCl$_2$ 溶液，再加入 1~2 滴 2 mol·L^{-1} NH$_3$·H$_2$O，然后逐滴加入丁二肟（1%）溶液，观察生成的鲜桃红色沉淀。

6. 混合离子的分离

取 0.1 mol·L^{-1} AgNO$_3$、0.1 mol·L^{-1} Cu(NO$_3$)$_2$、0.1 mol·L^{-1} Fe(NO$_3$)$_3$ 各 5 滴滴于同一试管中混合，利用配位反应和沉淀反应设法分离 Ag$^+$、Cu^{2+}、Fe^{3+}。画出分离过程示意图，并写出各步的反应方程式。

五、思考题

（1）配离子是怎样形成的？它与简单离子有何区别？试举例说明。
（2）用实验中的例子说明配离子平衡移动的原因。
（3）试述螯合物的形成和特点。

实验六　硫酸亚铁铵的制备

一、实验目的

（1）了解复盐的一般性质和制备方法。
（2）练习水浴加热，过滤、蒸发、结晶等基本操作。
（3）学习用目测比色检验产品质量。

二、实验原理及内容提要

硫酸亚铁铵 $(NH_4)_2Fe(SO_4)_2 \cdot 6H_2O$ 又称摩尔盐,为浅蓝绿色单斜晶体。它在空气中比一般亚铁盐稳定,不易被氧化,溶于水但不溶于乙醇,而且价格低,制造工艺简单,容易得到较纯净的晶体,因此,其应用广泛。在化学上作还原剂,工业上常用作废水处理的混凝剂,在农业上既是农药又是肥料,在定量分析中常用作氧化还原滴定的基准物质。

像所有的复盐一样,硫酸亚铁铵在水中的溶解度比组成它的任何一个组分 $FeSO_4$ 或 $(NH_4)_2SO_4$ 的溶解度都要小,因此从 $FeSO_4$ 和 $(NH_4)_2SO_4$ 溶于水所得的浓混合溶液中,很容易得到结晶的摩尔盐。

本实验采用过量铁与稀硫酸作用生成硫酸亚铁:

$$Fe + H_2SO_4 =\!\!=\!\!= FeSO_4 + H_2 \uparrow$$

往硫酸亚铁溶液中加入硫酸铵并使其全部溶解,加热浓缩制得的混合溶液,再冷却即可得到溶解度较小的硫酸亚铵盐晶体:

$$FeSO_4 + (NH_4)_2SO_4 + 6H_2O =\!\!=\!\!= (NH_4)_2SO_4 \cdot FeSO_4 \cdot 6H_2O$$

为防止 Fe^{2+} 的水解,在制备 $(NH_4)_2SO_4 \cdot FeSO_4 \cdot 6H_2O$ 过程中,溶液应保持足够的酸度。

用目测比色法可估计产品中所含杂质 Fe^{3+} 的量。由于 Fe^{3+} 能与 SCN^- 生成红色的物质$[Fe(SCN)]^{2+}$,当红色较深时,表明产品中含 Fe^{3+} 较多;当红色较浅时,表明产品中含 Fe^{3+} 较少。所以,只要将所制备的硫酸亚铵晶体与 KSCN 溶液在比色管中配制成待测溶液,将它所呈现的红色与含一定 Fe^{3+} 量所配制成的标准 $[Fe(SCN)]^{2+}$ 溶液的红色进行比较,根据红色深浅程度相仿的情况,即可知待测溶液中杂质 Fe^{3+} 的含量,从而可确定产品的等级。

三、实验仪器及试剂

(1)仪器:台式天平,锥形瓶(150 mL,1个),烧杯,量筒(10、50 mL,各1个),漏斗,漏斗架,蒸发皿,布氏漏斗,吸滤瓶,酒精灯,表面皿,水浴(可用大烧杯代替),比色管(25 mL,4支)。

(2)试剂:2 mol·L^{-1} HCl,3 mol·L^{-1} H_2SO_4,0.010 0 mg·mL^{-1} 标准 Fe^{3+} 溶液(称取 0.086 4 g 分析纯硫酸高铁铵 $Fe(NH_4)(SO_4)_2 \cdot 12H_2O$ 溶于 3 mL 2 mol·L^{-1} HCl 并全部转移到 1 000 mL 容量瓶中,用去离子水稀释到刻度,摇匀。),1 mol·L^{-1} KSCN,$(NH_4)_2SO_4$(s),10%Na_2CO_3,铁屑,95% 乙醇,pH 试纸。

四、实验内容

1. 铁屑的净化(除去油污)

用台式天平称取 2.0 g 铁屑,放入小烧杯中,加入 10 mL 质量分数 10%Na_2CO_3 溶液。缓缓加热约 10 min 后（不能煮干），倾倒去 Na_2CO_3 碱性溶液，用自来水冲洗后，再用去离子水把铁屑冲洗洁净（如果用纯净的铁屑，可省去这一步）。

2．硫酸亚铁的制备

往盛有 2.0 g 洁净铁屑的小烧杯中加入 15 mL 3 mol·L^{-1} H_2SO_4 溶液，盖上表面皿，放在低温电炉加热（在通风橱中进行）。在加热过程中应不时加入少量去离子水，以补充被蒸发的水分，保持原有体积，防止 $FeSO_4$ 结晶出来；同时要控制溶液的 pH 值不大于 1（为什么？如何测量和控制？），使铁屑与稀硫酸反应至不再冒出气泡为止。趁热用普通漏斗过滤，滤液承接于洁净的蒸发皿中。将留在小烧杯中及滤纸上的残渣取出，用滤纸片吸干后称量。根据已作用的铁屑质量，算出溶液中 $FeSO_4$ 的理论产量。

3．硫酸亚铁铵的制备

根据 $FeSO_4$ 的理论产量，计算并称取所需固体 $(NH_4)_2SO_4$ 的用量。在室温下将称出的 $(NH_4)_2SO_4$ 加入上面所制得的 $FeSO_4$ 溶液中在水浴上加热搅拌，使硫酸铵全部溶解，调节 pH 值为 1~2，继续蒸发浓缩至溶液表面刚出现晶膜时为止。自水浴锅上取下蒸发皿，放置，冷却后即有硫酸亚铁铵晶体析出。待冷至室温后用布氏漏斗减压过滤，用少量乙醇洗去晶体表面所附着的水分。将晶体取出，置于两张洁净的滤纸之间，并轻压以吸干母液；称量。计算理论产量和产率。产率计算公式如下：

$$产率 = \frac{实际产量 (g)}{理论产量 (g)} \times 100\%$$

4．产品检验（选做）

（1）选用实验方法证明产品中含有 NH_4^+、Fe^{2+} 和 SO_4^{2-}。

（2）Fe^{3+} 的分析。称取 1.0 g 产品置于 25 mL 比色管中，加入 15 mL 不含氧的去离子水溶解（怎么处理？），加入 2 mL 2 mol·L^{-1} HCl 和 1 mL 1 mol·L^{-1} KSCN 溶液，摇匀后继续加去离子水稀释至刻度，充分摇匀。将所呈现的红色与下列标准溶液进行目视比色，以确定 Fe^{3+} 含量及产品标准。

在 3 支 25 mL 比色管中分别加入 2 mL 2 mol·L^{-1} HCl 和 1 mL 1 mol·L^{-1} KSCN 溶液，再用移液管分别加入标准 Fe^{3+} 溶液（0.010 0 mg·mL^{-1}）5 mL、10 mL、20 mL，加不含氧的去离子水稀释溶液到刻度并摇匀。上述 3 支比色管中溶液 Fe^{3+} 含量所对应的硫酸亚铁铵试剂规格分别为：含 Fe^{3+} 0.05 mg 的符合一级品标准，含 Fe^{3+} 0.10 mg 的符合二级品标准，含 Fe^{3+} 0.20 mg 的符合三级品标准。

五、思考题

（1）为什么制备硫酸亚铁铵时要保持溶液有较强的酸性？
（2）减压过滤的操作步骤有哪些？

(3) 如何计算 FeSO$_4$ 理论产量和反应所需 (NH$_4$)$_2$SO$_4$ 的质量？

(4) 在检验产品中 Fe^{3+} 含量时，为什么要用不含氧的去离子水？如何制备不含氧的去离子水？

实验七　土壤中微量砷的测定

一、实验目的

掌握二乙基二硫代氨基甲酸银（AgDDC）光度法测定土壤样品中微量砷的基本原理及方法。

二、实验原理及内容提要

砷不是生物所必需的元素，砷是土壤中的重金属污染物，砷在自然界分布比较广泛，少量的砷可在体内积累造成慢性中毒，并有致癌作用。元素砷毒性极低，而砷的化合物均有剧毒，三价砷化合物比其他砷化物毒性更强，如 As$_2$O$_3$（砒霜）毒性最大。测砷的方法有砷斑法、银盐法和原子吸收分光光度法等。本实验采用 AgDDC 光度法测定土壤中砷的含量。

在碘化钾和酸性氯化亚锡存在下，+5 价砷被还原为 +3 价砷，并与新生态氢（由锌与酸作用产生）反应，生成气态的砷化氢（胂）被吸收于二乙氨基二硫代甲酸银(AgDDC)-三乙醇胺的三氯甲烷溶液中，生成红色的胶体银，可在 530 nm 波长处比色测定，以三氯甲烷为参比测其经空白校正后的吸光度，用标准曲线法定量。方法最低检测浓度为 0.007 mg · L^{-1}，测定上限为 0.50 mg · L^{-1}。大量硫化物对测定有干扰，可用醋酸铅脱脂棉除去。反应如下：

$$AsO_4^{3-} + 2I^- \xrightarrow{H^+} As^{3+} + I_2$$
$$As^{3+} + Zn \xrightarrow{H^+} AsH_3 \uparrow + Zn^{2+}$$
$$AsH_3 + 6AgDDC + 3R_3N \longrightarrow 6Ag \downarrow + As(DDC)_3 + 3(R_3NH)(DDC)$$

三、实验仪器及试剂

(1) 仪器：6 个砷化氢发生器（见图 5.8）、722 型分光光度计、烘干器、精密天平、100 mL 容量瓶、1 cm 比色皿、醋酸铅脱脂棉（将 10 g 脱脂棉浸于 100 mL 10% 醋酸铅溶液中，浸透后风干）。

(2) 试剂：砷标准溶液，20%（m/V）碘化钾溶液，40%（m/V）氯化亚锡溶液，二乙基二硫代氨基甲酸银-三乙醇胺-氯仿溶液，无砷锌粒（10～20 目），20% 氢氧化钠溶液，9 mol · L^{-1} 硫酸，1 mol · L^{-1} 硫酸，浓硫酸，

图 5.8　砷化氢发生器

浓盐酸，浓硝酸，30% 过氧化氢。

四、实验步骤

1. 标准曲线绘制

在砷化氢发生瓶中分别加入砷标准溶液 0.00、1.00、3.00、5.00、10.00、15.00 mL（浓度为 1 μg·mL^{-1}），各加水稀释至 100 mL，再加入 13 mL 9 mol·L^{-1} 硫酸，2 mL 20% 碘化钾，摇匀，加 5 mL 40% 氯化亚锡。摇匀，加入 4 g 的锌粒，发生的砷化氢通入装有 4 mL AgDDC-三乙醇胺-氯仿吸收液的吸收管中（入口处装有醋酸铅脱脂棉），反应时砷化氢发生装置必须密封。反应完毕后约 1 h，取出吸收液，用氯仿做参比液，用 1 cm 比色皿在 530 nm 处测吸光度后，绘制标准曲线。

2. 样品分析

准确称取 0.5 g 在 105 ℃ 烘干的土壤样品 3 份，分别置于砷化氢发生瓶中，加入 5 mL 浓硝酸和 1 mL 浓盐酸，加热至样品基本溶解，然后加入 7 mL 浓硫酸，加热 5 min，冷却后加 5 mL 过氧化氢，继续加热至冒浓白烟（通风橱内操作），并使样品呈灰白色为止，取下发生瓶，冷却后加入 100 mL 蒸馏水，2 mL 20% 碘化钾溶液，5 mL 40% 氯化亚锡溶液，摇匀，煮沸 5~10 min。其后操作步骤同标准曲线的制备，最后测定样品的吸光度。土壤中的砷含量计算如下：

$$土壤中的砷含量 = \frac{mg}{kg} (mg·kg^{-1})$$

五、注意事项

（1）在砷化氢发生前，每加一种试剂均需摇匀，吸收管用后要洗净烘干。
（2）+5 价砷的还原作用与溶液温度有关，加入氯化亚锡后，应煮沸溶液 5~10 min。
（3）硝酸干扰砷的测定，若试液中有硝酸，需在砷化氢发生前用硫酸去除干净。

六、思考题

（1）本实验中加入碘化钾和氯化亚锡的作用是什么？加入氯化亚锡后为什么要煮沸？为什么要待试液冷却至室温后加锌粒？
（2）氯仿的挥发损失对最后的比色测定有无影响？有何影响？

附 一些试剂的配制

（1）砷标准溶液。称取 0.132 0 g 在 105 ℃ 烘干的三氧化二砷，加入 5 mL 20% 氢氧化钠溶液，微微加热至三氧化二砷溶解，用 1 mol·L^{-1} 硫酸中和并过量 10 mL。移入 100 mL 容量瓶中，用蒸馏水稀释至刻度，即得含砷 100 μg·mL^{-1} 的溶液。使用时再稀释至 1 μg·mL^{-1}。

（2）20%（m/V）碘化钾溶液。称取 20 g 碘化钾溶于 100 mL 蒸馏水中，储存于棕色瓶中待用。若溶液变黄需重新配制。

（3）40%（m/V）氯化亚锡溶液。称取 40 g 氯化亚锡溶于 40 mL 浓盐酸中，必要时可微热使它溶解。冷却后加入 60 mL 水，储于棕色瓶中，加几粒锌粒保存。

（4）二乙基二硫代氨基甲酸银-三乙醇胺-氯仿溶液。称取 1.00 g AgDDC，用少量氯仿调成糊状，加入 8 mL 三乙醇胺，再用氯仿稀释至 400 mL，用力摇动，使其尽量溶解，静置 24 h 后，用定量滤纸过滤，将滤液转入棕色瓶内，储存于冰箱中。

实验八　五日生化需氧量（BOD_5）的测定

一、实验目的

（1）掌握 BOD_5 的测定原理及方法。
（2）进一步练习 DO 及 COD_{Cr} 的测定技术。

二、实验原理及内容提要

生化需氧量是指在好氧条件下，微生物在分解有机物的生化过程中所需要的溶解氧量。微生物分解有机物是一个缓慢的过程，要把可分解的有机物全部分解掉常需要 20 d 以上的时间。目前，国内外普遍采用 20 °C 培养 5 d 时所需要的氧作为指标，称为五日生化需氧量（BOD_5）。分别测定样品培养前后的溶解氧，二者之差即为 BOD_5 值，以氧的 $mg \cdot L^{-1}$ 表示。

在实测中，仅有部分天然水中溶解氧接近饱和，BOD_5 小于 4 $mg \cdot L^{-1}$，可以直接培养测定。大部分污水和受严重污染的天然水要稀释后培养测定。稀释的目的是降低水样中有机物的浓度，使整个分解过程在有足够溶解氧的条件下进行。稀释程度一般以经过 5 d 培养后，消耗的溶解氧至少为 2 $mg \cdot L^{-1}$，剩余的溶解氧至少为 1 $mg \cdot L^{-1}$ 为宜。

一般应使稀释水充氧至饱和或接近饱和，以保证培养的水样中有足够的溶解氧。为此，将蒸馏水放置较长时间或者用人工曝气和纯氧充氧的办法使溶解氧达到饱和。稀释水中还应加入一定量的无机营养物质（磷酸盐、钙、镁、铁盐等）以保证微生物生长的需要。

对于某些含有不易被一般微生物所分解的有机物的工业废水，需要进行微生物的驯化。这种驯化的微生物种群最好从该种废水的水体中取得。为此，可以在排水口以下 3~8 km 处取得水样，经培养接种到稀释水中；也可以用人工方法驯化，即采用一定量的生活污水，每天加入一定量的待测废水，连续曝气培养，直至培养成含有可分解废水中有机物的微生物种群为止，培养后的菌液接种到稀释水中。

BOD_5 测定是由生物化学和化学共同作用所产生的一种经验方法，应严格按操作规范进行。变更任何一种条件时，都将影响测定结果，这些条件包括 pH 值、温度、微生物种类和数量、无机盐、溶解氧含量和稀释度等。

三、实验仪器及试剂

（1）仪器：

① 大玻璃瓶（3 000 mL，1 个），量筒（10 mL，1 个），培养瓶（250 mL，1 个，）胖肚移液管（100、50、25、10、5 mL 各 1 支），刻度移液管（10、15、20 mL 各 1 支）。

② 培养箱。

③ 测定 DO 及 COD_{Cr} 所需用到的各种仪器。

（2）试剂：

① 氯化钙溶液。称取 27.5 g 化学纯无水 $CaCl_2$ 溶于蒸馏水中，稀释到 1 000 mL。

② 三氯化铁溶液。称取 0.25 g 化学纯 $FeCl_3 \cdot 6H_2O$ 溶于蒸馏水中，稀释到 1 000 mL。

③ 硫酸镁溶液。称取 22.5 g 化学纯 $MgSO_4 \cdot 7H_2O$ 溶于蒸馏水中，稀释到 1 000 mL。

④ 磷酸盐缓冲溶液。称取 8.5 g 化学纯 KH_2PO_4、21.75 g 化学纯 K_2HPO_4、33.4 g 化学纯 $Na_2HPO_4 \cdot 7H_2O$ 和 1.7 g 化学纯 NH_4Cl 溶于 500 mL 蒸馏水中，稀释到 1 000 mL，此缓冲溶液的 pH 等于 7.2。

⑤ 测定 DO 及 COD_{Cr} 所需的各种试剂。

四、实验内容

1. 稀释水的配制

使蒸馏水的溶解氧为 20 ℃ 时的饱和溶解氧。在这含有饱和溶解氧的蒸馏水中，每 1 000 mL 加入为本实验所配制的氯化钙溶液、三氯化铁溶液、硫酸镁溶液、磷酸盐缓冲溶液各 1 mL 以制成稀释水。一般要求稀释水的 BOD_5 小于 $0.2\ mg \cdot L^{-1}$，最好能控制在小于 $0.1\ mg \cdot L^{-1}$。

2. 测定待测水样的 COD_{Cr} 值

3. 水样培养液的配制

根据测得的 COD_{Cr} 值计算出稀释倍数，一般同时做 3～4 种稀释倍数。用虹吸管先把一些稀释水（约占所需体积的 1/3～1/2）引入 1 000 mL 的量筒中，再用移液管吸取所需水样的体积，加入该量筒中，最后用稀释水稀释到所需体积，仔细搅匀。将此配好的水样用虹吸法引入编号的 2 个培养瓶中至完全充满，盖好盖子，水封。如此操作，可配制不同稀释倍数的培养液。一般应使所配制的培养液经过温度为 20 ℃、时间为 5 d 的培养后，水中剩余的溶解氧不少于 $1\ mg \cdot L^{-1}$（最好在 3～4 $mg \cdot L^{-1}$），而培养期间溶解氧的损失至少是 $2\ mg \cdot L^{-1}$。通常，对污染很重的废水可稀释到 0.1%～1%，对正常和沉淀过的污水可稀释到 1%～5%，受污染的河水可稀释到 25%～100%。

4. 空白培养液的准备

用培养瓶装两瓶稀释水作为空白培养液。

5. 水样培养液及空白培养液的培养

仔细检查各瓶子的编号并做必要的记录，从每一种稀释倍数的培养液中取 1 瓶及 1 瓶空白液测当天的溶解氧，其余各瓶水封后送入 20 ℃ 培养箱中培养 5 d。

6. 5 d 后溶解氧的测定

从开始培养算起，经过 5 d 昼夜后，取出各稀释倍数的培养液及空白培养液，测定出它们各自的溶解氧。

7. 计　算

$$\mathrm{BOD}_5(\mathrm{O}_2) = \frac{(D_1 - D_2) - (B_1 - B_2) \times F_1}{F_2} \quad (\mathrm{mg} \cdot \mathrm{L}^{-1}) \tag{5.10}$$

式中　D_1——水样培养液在培养前的溶解氧，$\mathrm{mg} \cdot \mathrm{L}^{-1}$；

D_2——水样培养液在培养后的溶解氧，$\mathrm{mg} \cdot \mathrm{L}^{-1}$；

B_1——稀释水在培养前的溶解氧，$\mathrm{mg} \cdot \mathrm{L}^{-1}$；

B_2——稀释水在培养后的溶解氧，$\mathrm{mg} \cdot \mathrm{L}^{-1}$；

F_1——稀释水在水样培养液中所占的比例；

F_2——水样在水样培养液中所占的比例。

五、注意事项

（1）如果水样是碱性或酸性，可用 H_2SO_4 或 Na_2CO_3 溶液进行中和，调整 pH 值至 7 左右。在此情况下或者是在水样中含有有毒物质而缺乏微生物的情况下，稀释水内应加入适量的已经使悬浮物沉淀的生活污水或河水等（所有加入的污水、河水等的量应使此稀释水在 20 ℃ 下，经 5 d 后溶解氧的减少量不太大，一般不宜大于 0.5 $\mathrm{mg} \cdot \mathrm{L}^{-1}$）。试验表明，浓度为 30 $\mathrm{mg} \cdot \mathrm{L}^{-1}$ 的纯葡萄糖的 20 ℃ 5 d 生化需氧量应为（224 ± 11）$\mathrm{mg} \cdot \mathrm{L}^{-1}$（可据此来校对稀释水的性质，也可被用来检查生化需氧量测定的操作技术）。

（2）测定经氯化消毒的污水，应用约 0.05 $\mathrm{mg} \cdot \mathrm{L}^{-1}$ 的 $Na_2S_2O_3$ 脱除余氯，再调节 pH 值、稀释及培养。

（3）如需测定废水生化处理建筑物废水的生化需氧量，则可投加硫脲或采用酸处理等预处理来避免硝化细菌的干扰。

（4）在冬季或因水中有藻类生长，取来的水样可能含有过饱和的溶解氧，此时应将污水样装在瓶内，加热到 20 ℃，并用力振荡，把过饱和的溶解氧赶掉。

（5）对于培养箱内的样瓶，应每隔半天或一天检查其水封情况，如封口的水已蒸发掉，应再添加自来水。培养箱内的温度也应每天检查（温度误差不应超过 ±1 ℃）。

六、思考题

（1）生化需氧量的测定在环境工程中有什么重要意义？

（2）生化需氧量、溶解氧、化学需氧量间有什么关系？

实验九　大气中氮氧化物的测定

一、实验目的

（1）掌握盐酸萘乙二胺分光光度法测定空气中氮氧化物浓度的原理和方法。
（2）熟悉分光光度计的构造，练习 721B 型分光光度计的使用。

二、实验原理及内容提要

大气中的氮氧化物主要包括一氧化氮和二氧化氮等。测定氮氧化物时，应先用三氧化铬氧化管将一氧化氮等低价氧化物氧化成二氧化氮，二氧化氮被吸收液吸收后，生成亚硝酸和硝酸。其中亚硝酸与溶液中的对氨基苯磺酸起重氮化反应，再与盐酸萘乙二胺偶合生成玫瑰红色偶氮染料，在 540 nm 处进行吸光度测定。

三、实验仪器及试剂

（1）仪器：多孔玻璃板吸收管(10 mL)，双球玻璃管，空气采样器(流量范围 0～1 L·min^{-1})，721B 型分光光度计。

（2）试剂：所有试剂均用不含硝酸根的重蒸蒸馏水配制，即所配吸收液的吸光度不超过 0.005。

① 吸收原液。称取 5.0 g 对氨基苯磺酸，通过玻璃小漏斗直接加入 1 000 mL 容量瓶中，再加入 50 mL 冰乙酸和 900 mL 水的混合液，盖塞振荡使其溶解，待对氨基苯磺酸完全溶解后，加入 0.050 g 盐酸萘乙二胺 [N-(1 naphthy1)-ethlediamine dihydrochloride] 溶解后，用水稀释至标线。此为吸收原液，储于棕色瓶中。在冰箱中可保存 2 个月。保存时，可用聚四氟乙烯生胶带密封瓶口，以防止空气与吸收液接触。

② 采样用吸收液。按 4 份吸收原液和 1 份水的比例混合。

③ 三氧化铬-砂子氧化管。筛取 20～40 目海砂（或河砂），用盐酸（1：2）溶液浸泡一夜，用水洗至中性，烘干。把三氧化铬及砂子按质量比 1：20 混合，加少量水调匀，放在红外灯下或烘箱里于 105 ℃烘干，烘干过程中应搅拌几次。制备好的三氧化铬-砂子应是松散的，若是粘在一起，说明三氧化铬比例太大，可适当增加一些砂子，重新制备。

称取约 8 g 三氧化铬-砂子装入双球玻璃管，两端用少量脱脂棉塞好，用乳胶管或用塑料管制的小帽将氧化管两端密封。使用时氧化管与吸收管之间用一小段乳胶管连接，采集的气体应尽可能地少与乳胶管接触，以防氮氧化物被吸附。

④ 亚硝酸钠标准储备液。称取 0.150 0 g 粒状亚硝酸钠（NaNO$_2$ 预先在干燥器内放置 24 h 以上）溶解于水，移入 1 000 mL 容量瓶中，用水稀释至标线。此溶液每毫升含 100.0 μg 亚硝酸根（NO$_2^-$），储于棕色瓶并保存在冰箱中，可稳定 3 个月。

⑤ 亚硝酸钠标准溶液。临用前，吸取储备液 5.00 mL 于 100 mL 容量瓶中，用水稀释至标线。此溶液每毫升含 5.0 μg 亚硝酸根（NO$_2^-$）。

四、实验内容

1. 大气采样

在多孔玻璃板吸收管中注入 5.00 mL 采样用的吸收液,吸收管的进气口接三氧化铬-砂子氧化管。为避免潮湿空气将氧化剂三氧化铬弄湿而污染后面的吸收管,应使氧化管的进气口略向下倾斜。以 $0.2 \sim 0.3 \text{ L} \cdot \text{min}^{-1}$ 的流量避光采样至吸收液呈浅玫瑰红色为止,记下采样时间,密封好采样管,带回实验室,当日测定。所采气量应不少于 6 L。在采样的同时,测定采样现场的温度和大气压力并做好记录。

2. 标准曲线的绘制

取 7 支 10 mL 具塞比色管,按表 5.1 配制标准色列。

表 5.1 亚硝酸钠标准色列

试　剂	管　号						
	0	1	2	3	4	5	6
亚硝酸标准溶液/mL	0.00	0.10	0.20	0.30	0.40	0.50	0.60
吸收原液/mL	4.00	4.00	4.00	4.00	4.00	4.00	4.00
水/mL	1.00	0.90	0.80	0.70	0.60	0.5	0.40
亚硝酸根含量/μg	0.00	0.5	1.0	1.5	2.0	2.5	3.0

各管摇匀后,应避开阳光直射,放置 15 min,在波长 540 nm 处,用 1 cm 比色皿,以水为参比,测定吸光度。

用最小二乘法计算标准曲线的回归方程式为:

$$Y = aX + b \tag{5.11}$$

式中　Y——标准溶液吸光度 A 与试剂空白吸光度 A_0 之差;
　　　X——亚硝酸根含量,μg;
　　　a——回归方程式的斜率;
　　　b——回归方程式的截距。

3. 样品测定

采样后放置 15 min,然后将样品溶液移入 1 cm 比色皿中,用绘制标准曲线的方法测定试剂空白液和样品溶液的吸光度。若样品溶液的吸光度超过标准曲线的测定上限,可用吸收液稀释后再测定吸光度。计算结果时应乘以稀释倍数。

4. 计 算

$$\text{氮氧化物浓度 (NO}_2) = \frac{(A - A_0) - b}{a \times V_n \times 0.76} \; (\text{mg} \cdot \text{m}^{-3}) \tag{5.12}$$

式中　A——样品溶液吸光度;
　　　A_0——试剂空白溶液吸光度;
　　　a——回归方程式的斜率;

b——回归方程式的截距;
V_n——换算为标准状态下的采样体积,L;
0.76——$NO_2(g)$ 转化为 $NO_2^-(l)$ 的系数。

五、注意事项

(1)吸收液应避光,不能长时间暴露在空气中,以防光照使吸收液显色或吸收空气中的氮氧化物而使试剂空白值增高。

(2)在采样过程中,如吸收液体积显著缩小,要用水补充到原来的体积(应预先做好标记)。

(3)氧化管适于在相对湿度为 30%~70% 时使用。当空气中相对湿度大于 70% 时,应勤换氧化管;小于 30% 时,则在使用前,用经过水面的潮湿空气通过氧化管,平稳 1 h 再使用。在使用过程中,应经常注意氧化管是否吸湿引起板结或变成绿色。若板结,会使采样系统阻力增大,影响流量;若变成绿色,表示氧化管已失效。各支氧化管的阻力差别应不大于 1.33 kPa(即 10 mmHg 柱)。

(4)亚硝酸钠(固体)应妥善保存。可分装成小瓶使用,试剂瓶及小瓶的瓶口要密封,以防止空气及湿气侵入。部分氧化成硝酸钠或呈粉末状的试剂都不能用直接法配制标准溶液。若无颗粒状亚硝酸钠试剂,可用高锰酸钾容量法标定出亚硝酸钠储备溶液的准确浓度后,再稀释成每毫升含 5.0 μg 亚硝酸根的标准溶液。

(5)吸收液若受三氧化铬污染,溶液呈黄棕色,则该样品报废。

(6)绘制标准曲线。向各管中加亚硝酸钠标准溶液时,都应以均匀、缓慢的速度加入,则曲线的线性较好。

六、思考题

(1)采样时应注意哪些问题?
(2)如何使用 721B 型分光光度计?使用中应注意哪些问题?
(3)为什么要绘制标准曲线?绘制中应注意哪些问题?
(4)什么叫试剂空白液?本实验用什么溶液作试剂空白液?
(5)本实验的计算公式是如何得到的?

实验十 水中 I^- 和 Cl^- 的连续滴定(电位滴定法)

一、实验目的

(1)掌握电位滴定法连续滴定试液中 I^- 和 Cl^- 的原理和方法。
(2)了解沉淀滴定过程中工作电池电动势变化与被滴溶液中离子浓度变化的关系和规律。

（3）学会自动电位滴定计的操作。

二、实验原理及内容提要

由于 AgI 与 AgCl 的溶解度都很小，而且两者相差较大。在用 AgNO₃ 标准溶液滴定含有 I⁻ 和 Cl⁻ 的试液时，由于 AgI 的溶解度比 AgCl 小 [25 ℃，$K_{sp}^{\ominus}$ (AgI) = 1.5×10^{-16}，$K_{sp}^{\ominus}$ (AgCl) = 1.56×10^{-10}]。所以，首先生成 AgI 沉淀：

$$Ag^+ + I^- \Longrightarrow AgI \downarrow （黄色）$$

到达第 1 个等当点时，溶液中

$$c(Ag^+) = c(I^-) = \sqrt{K_{sp}^{\ominus}(AgI)}$$

继续滴入 AgNO₃ 溶液，$c(Ag^+)$ 不断升高，$c(I^-)$ 不断下降。当溶液中 $c(Ag^+) \cdot c(Cl^-) \geqslant K_{sp}^{\ominus}$(AgCl) 时，AgCl 开始出现：

$$Ag^+ + Cl^- \Longrightarrow AgCl \downarrow （白色）$$

只要原试液中 Cl⁻ 浓度不太高，则可以认为 I⁻ 已沉淀完全后，AgCl 沉淀才开始出现。这类沉淀滴定，可用电位滴定法进行。

本实验用银电极为指示电极，用饱和甘汞电极为参比电极组成工作电池（注意！由于滴定剂 Ag⁺ 与甘汞电极向外扩渗的 Cl⁻ 会发生反应，故不可将甘汞电极直接插入被滴液中，而要浸入另一盛有 KNO₃ 溶液的容器中，两溶液间用 KNO₃ 盐桥相连。若用市售的双桥式甘汞电极，它已考虑到以上影响，故可直接浸入被滴液中）。在滴定过程中，随着 Ag⁺ 的滴入，X⁻ 浓度不断减小，Ag⁺ 浓度不断增大即 pAg⁺ 值不断减小。由于指示电极电位与 pAg⁺ 呈线性关系（本实验的指示电极用的是银电极，此外，Ag⁺、Cl⁻、I⁻ 的离子选择性电极也可用作本实验的指示电极）：

$$\varphi(Ag^+/Ag) = \varphi^{\ominus}(Ag^+/Ag) - \frac{2.303RT}{F}pAg^+ \quad (pAg^+ = -\lg c(Ag^+))$$

25 ℃ 时：$\quad \varphi(Ag^+/Ag) = \varphi^{\ominus}(Ag^+/Ag) - 0.059 pAg^+$

$$E = \varphi（饱和甘汞电极）- \varphi(Ag^+/Ag)$$

所以，随着 AgNO₃ 溶液的滴入 $\varphi(Ag^+/Ag)$ 便逐渐增大，但甘汞电极电位为一定值，于是，工作电池的电动势（E）便随着 pAg⁺ 的减小而变动，到达等当点附近 pAg⁺ 发生突变，电池电动势 E 也发生突变而指示出滴定终点（电位滴定法就是利用电极电位的"突跃"指示滴定终点。）在本实验的滴定过程中 pAg⁺ 有两次突跃，相应地电动势 E 也出现两次突跃，可分别指示滴定 I⁻ 和 Cl⁻ 的两个滴定终点。

由于 AgX 沉淀易吸附溶液中的 Ag⁺ 与 X⁻ 而带来误差，因此，在滴定开始前需在试液中加入 KNO₃ 或 Ba(NO₃)₂ 使 AgX 沉淀吸附溶液中浓度较大的 K⁺、NO₃⁻ 而减少对 Ag⁺ 或 X⁻ 的吸附，以减小误差。

自动电位滴定是借助于电子技术使电位滴定自动化，这样可简化操作和数据处理手续。自动电位滴定方式不止一种，本实验用的 DZ-2 型自动电位滴定计是其中方式之一，它首先需要用手动操作，求出滴定被测液的终点的 E 值（对本实验而言，需先求出两个终点的 E_1、E_2 值）然后进行终点 E 值的预设，才能进行自动滴定。自动电位滴定法非常适合工厂车间对大批量同一试样的重复分析。

三、仪器及试剂

（1）仪器：ZD-2 型自动电位滴定计，216 型银电极；217 型甘汞电极。

（2）试剂：$0.1\ mol \cdot L^{-1}$ $AgNO_3$ 标准溶液（待标定），固体 $Ba(NO_3)_2$（AR），$6\ mol \cdot L^{-1}$ HNO_3，$0.1\ mol \cdot L^{-1}$ NaCl 标准溶液（由实验室配制），$0.1\ mol \cdot L^{-1}$ NaI 溶液（由实验室配制）。

四、实验内容

1. $0.1\ mol \cdot L^{-1}$ $AgNO_3$ 标准溶液的标定（用自动电位滴定计的手动操作）

（1）用 10 mL 移液管吸取 $0.1\ mol \cdot L^{-1}$ NaCl 溶液 10 mL 于 150 mL 烧杯中，加去离子水约 40 mL，3 滴 $6\ mol \cdot L^{-1}$ HNO_3，$0.5\ g\ Ba(NO_3)_2$，将磁力搅拌棒洗净放入溶液中。

（2）将 216 型银电极与 217 型甘汞电极用电极夹固定，并分别与仪器的"－"端及"＋"端相连，把滴液开关放在"－"位置上，将滴定毛细管下端插入溶液中，管下端与电极下端处于同一水平位置。

（3）按仪器使用步骤开动电磁搅拌器，搅拌数分钟后，读出电极与溶液组成的工作电池的起始电动势 $E_{始}$。

（4）采用手动操作方式滴定，滴定开始可加入较多的 $AgNO_3$ 溶液（每次约 1 mL）。并使每次的加入量大致相等，当电动势变化较大时，则应放慢滴定速度，尽量滴入很少量的 $AgNO_3$ 溶液，突跃过后，再多滴加 2~3 mL $AgNO_3$ 溶液。

记录数据列于表 5.2 中（表 5.2 仅是格式，正式记录表由学生自己画）：

表 5.2　电位滴定法连续滴定水中 I^- 和 Cl^- 含量实验数据记录

滴入的 $AgNO_3$ 体积 V/mL	电动势 E/mV	$\Delta E/\Delta V$	$\Delta E^2/\Delta V^2$

由以上测定的数据绘制：① E-V 曲线，② $\Delta E/\Delta V$-V 曲线；③ $\Delta E^2/\Delta V^2$-V 曲线。如图所示求得到达终点时消耗 $AgNO_3$ 溶液的毫升数 $V_{终}$，计算出 $AgNO_3$ 标准溶液的浓度；再根据 E-V 曲线，求出到达终点时工作电池的电动势 $E_{终}$(mV)，为以下自动电位滴定 Cl^- 提供预设终点电动势的数据（$E_{终} = E_2$）。

2. $AgNO_3$ 溶液滴定 NaI 溶液的 $E_{终}$(mV) 的测定

吸取 $0.1\ mol \cdot L^{-1}$ NaI 溶液 10 mL 于 150 mL 烧杯中，加入去离子水 40 mL，3 滴 $6\ mol \cdot L^{-1}$ HNO_3，$0.5\ g\ Ba(NO_3)_2$，其他操作均与以上 $AgNO_3$ 溶液滴定 NaCl 溶液相同，记录

数据列表（格式也与上同），求得 $E'_{终}$(mV)，为以下自动电位滴定 I^- 提供预设终点电动势的数据 ($E'_{终} = E_1$)。

3. 水中 I^- 和 Cl^- 的连续滴定

吸取水样 10 mL 于 150 mL 烧杯中加入约 40 mL 去离子水，3 滴 6 mol·L^{-1} HNO$_3$，0.5 g Ba(NO$_3$)$_2$，用 ZD-2 型自动电位滴定计进行自动电位滴定，预设终点的 E_1 和 E_2 分别采用以上手动操作测得的数据，按自动滴定操作步骤进行滴定，分别记录到达第 1 等当点和第 2 个等当点时消耗的 AgNO$_3$ 溶液的体积 V_1 和 V_2（mL）。由此分别计算水中 I^- 和 Cl^- 含量（mg·L^{-1}）。

六、思考题

（1）本实验中所用的指示电极除用银电极外，还可用哪些离子选择性电极为指示电极？它们的电极电位与被测离子活度有什么关系？

（2）为什么在 Ag$^+$ 与 X$^-$ 滴定中要用双盐桥甘汞电极为参比电极？如果用 KCl 单盐桥甘汞电极为参比电极，对测定结果有何影响？

（3）试液在滴定前为什么要加入 HNO$_3$？为什么还要加入 Ba(NO$_3$)$_2$ 或 KNO$_3$？

（4）根据电位滴定结果，能否计算 AgCl 和 AgI 的溶度积常数？如何计算？

实验十一　铁（Ⅲ）-磺基水杨酸配合物的组成及其稳定常数的测定

一、实验目的

（1）掌握摩尔比法和等摩尔连续变化法测定配合物组成及稳定常数的基本原理和实验方法。

（2）掌握 721B 型分光光度计的使用方法。

（3）测定铁（Ⅲ）-磺基水杨酸的组成及其稳定常数。

二、实验原理及内容提要

分光光度法是研究配合物组成和测定配合物稳定常数的一种十分有效的方法。如果金属离子 M 和配位体 L 形成配合物时，可用摩尔比法或等摩尔连续变化法测定配合物的配位数 n。

1. 摩尔比法

配制一系列溶液，维持各溶液的金属离子浓度、酸度、离子强度、温度不变，只改变配位体的浓度，在配合物的最大吸收波长处测定各溶液的吸光度 A，以吸光度 A 对摩尔比 $R(R = c_L / c_M$，c_L 为配位体浓度，c_M 为金属离子浓度）作图得到 5.9（a）所示的曲线。由图可见，当 $R < n$ 时，配位体 L 全部转变为 ML$_n$，吸光度 A 随 L 浓度增大而增高，并与 R 呈线性

关系。当 $R>n$ 时，金属离子 M 全部转变为 ML_n，继续加入 L，吸光度不再增高。将曲线的线性部分延长，相交于一点，该点所对应的 R 即为配合物的配位数 n。

摩尔比法要求在选定的波长下，除配合物外，配位体无明显的吸收，而且只能生成一种配合物。摩尔比法简单、快速，但仅适用于离解度小的配合物。如果曲线的转折点很不明显，就难以确定配合物的组成。

2. 等摩尔连续变化法

配制一系列溶液，在实验条件相同的情况下，保持溶液的总浓度不变，即 c_M 和 c_L 之和为常数，只改变溶液中 c_M 和 c_L 的比值。在选定的波长下，测定溶液的吸光度 A，将 A 对 $c_M/(c_M+c_L)$ 作图，如图 5.9（b）所示。当体系中只生成一种配合物时，曲线有一最高点，对应于该点的 c_L/c_M 即为该配合物的配位数 n。如果配合物的稳定性好，曲线的最高点很明显。如果配合物部分离解，曲线的最高点附近比较圆滑，可将曲线的线性部分延长，找出其交点。图中 B' 点相当于配合物完全不离解时应有的吸光度，用 A' 表示。由于配合物部分离解，其离解度 a 为：

$$a = \frac{A'-A}{A'}$$

由 a 可以计算配合物的稳定常数 K：

$$K = \frac{1-a}{[ML_n]a^2}$$

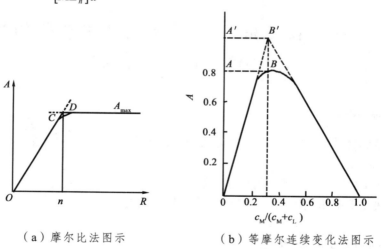

（a）摩尔比法图示　　（b）等摩尔连续变化法图示

图 5.9　测定配合物的配位数方法

三、实验仪器及试剂

（1）仪器：721B 型分光光度计，容量瓶（25 mL，9 个；100 mL，2 个），移液管（5 mL，2 支；10 mL，1 支）。

（2）试剂：

① Fe^{3+} 溶液 $(1.000\times 10^{-2}\ mol\cdot L^{-1})$。称取 0.482 2 g 分析纯 $NH_4Fe(SO_4)_2\cdot 12H_2O$ 用 $0.25\ mol\cdot L^{-1}\ HClO_4$ 溶解后，移至 100 mL 容量瓶，再用 $0.25\ mol\cdot L^{-1}\ HClO_4$ 稀释至刻度。

② 磺基水杨酸溶液 (1.000×10^{-2} mol·L^{-1})。称取 0.254 2 g 磺基水杨酸［分子式为 $C_6H_3(OH)(COOH)SO_3H\cdot2H_2O$］，用 0.025 mol·$L^{-1}$ $HClO_4$ 溶解后，移至 100 mL 容量瓶，再用 0.025 mol·L^{-1} $HClO_4$ 稀释至刻度。

③ $HClO_4$ 溶液（0.025 mol·L^{-1}）。移取 2.2 mL 70% 的 $HClO_4$ 溶液，稀释至 1 000 mL（统一配制）。

四、实验内容

本实验是测定铁（Ⅲ）-磺基水杨酸配合物的组成及其稳定常数。实验在 pH 为 2~2.5 的 $HClO_4$ 溶液中进行，Fe^{3+} 与磺基水杨酸生成紫红色配合物的最大吸收波长约为 500 nm。

1. 摩尔比法实验

取 9 个 25 mL 容量瓶，编号。按表 5.3 配制溶液，用去离子水稀释至刻度，摇匀。放置 0.5 h，等显色后，测定最大吸收波长下的吸光度。

表 5.3　摩尔比法中溶液的配制及吸光度的测定

瓶　号	$HClO_4$ 用量/mL	Fe^{3+} 用量/mL	磺基水杨酸用量 /mL	吸光度 A
1	7.50	2.00	0.50	
2	7.00	2.00	1.00	
3	6.50	2.00	1.50	
4	6.00	2.00	2.00	
5	5.50	2.00	2.50	
6	5.00	2.00	3.00	
7	4.50	2.00	3.50	
8	4.00	2.00	4.00	
9	3.50	2.00	4.50	

2. 等摩尔连续变化法实验

取 9 个 25 mL 容量瓶，编号。按表 5.4 配制溶液，用去离子水稀释至刻度，摇匀。放置 0.5 h 后，测定最大波长下的吸光度。

表 5.4　等摩尔连续变化法中溶液的配制及吸光度

瓶　号	$HClO_4$ 用量/mL	Fe^{3+} 用量/mL	磺基水杨酸用量 /mL	吸光度 A
1	5.00	5.00	0	
2	5.00	4.50	0.50	
3	5.00	3.70	1.30	
4	5.00	3.00	2.00	
5	5.00	2.50	2.50	
6	5.00	2.00	3.00	
7	5.00	1.30	3.70	
8	5.00	0.50	4.50	
9	5.00	0	5.00	

3. 数据处理

（1）用摩尔比法确定配合物组成：用表 5.3 中的数据，作吸光度 A 与 R 的关系图，将曲线的两直线部分延长相交于一点，确定配位数。

（2）用等摩尔连续变化法确定配合物组成：根据表 5.4 的数据，作吸光度 A 对 $c_M/(c_M+c_L)$ 的关系图。将两侧的直线部分延长，交于一点，由交点确定配位数 n。比较两种方法所得的 n 值。计算配合物的稳定常数 K。

五、注意事项

在测定系列溶液的吸光度时，应按编号的顺序进行。

六、思考题

（1）在何种情况下均可以使用摩尔比法、等摩尔连续变化法测定配合物的组成？

（2）酸度对测定配合物的组成有何影响？如何确定适宜的酸度条件？

（4）如果选用的总摩尔浓度增加 1 倍或稀释 1 倍，实验得到的曲线会有什么变化？对计算配合物的组成及稳定常数有何影响？

实验十二　水中 F⁻ 含量的测定
（离子选择性电极的直接电位法）

一、实验目的

（1）了解用氟离子选择性电极测定水中微量 F⁻ 的原理和方法。

（2）学会用标准曲线法测定水中 F⁻ 的方法。

（3）了解总离子强度调节缓冲（TISAB）的意义和作用。

二、实验原理及内容提要

以 LaF_3 单晶膜电极为指示电极，以饱和甘汞电极为参比电极。当水中 F⁻ 浓度在 $1 \sim 10^{-6}$ mol·L⁻¹ 范围内，F⁻ 电极的膜电位 $\varphi_{膜}$ 与 F⁻ 的活度的对数值（$\lg a_{F^-}$）呈线性关系。若控制被测液中的离子强度为一定，使离子活度系数为一定值，则有 $\varphi_{膜} = K - \dfrac{2.303RT}{F}\lg a_{F^-}$。当 F⁻ 电极为指示电极与参比电极（甘汞电极）插入被测液中组成一原电池时，电池电动势 E 在一定条件下与 a_{F^-} 的对数值也呈线性关系，即：

$$E = K' - \dfrac{2.303RT}{F}\lg a_{F^-}$$

为了使被测液中离子强度为一定,使离子活度系数不变,需在标准溶液与试液中分别加入相等的足够量的惰性电解质。又因 F^- 能与较多的金属离子络合而使测定结果偏低。所以,在测定前,需在试液中加入 EDTA、柠檬酸、磷酸盐等与金属离子络合而将 F^- 释放出来。又由于溶液的 pH 值对测定也有影响,在酸性溶液中,H^+ 与 F^- 形成 HF、HF_2^-,使测定结果偏低,在碱性溶液中,LaF_3 薄膜与 OH^- 发生交换作用使溶液中 F^- 浓度增大,导致测定结果偏高,所以,F^- 电极适宜于在 pH 在 5~7 的范围内测定,为此,需在标准溶液及被测液中加入一种溶液——"总离子强度调节缓冲剂",以起到控制一定的离子强度、一定的酸度和掩蔽干扰离子的作用。

三、实验仪器及试剂

(1)仪器:精密酸度计或离子活度计,电磁搅拌器,铁心搅拌棒,氟离子选择性电极,231 型饱和甘汞电极。

(2)试剂:

① F^- 标准溶液。称取分析纯 NaF(于 120 °C 干燥 1 h)0.1105 g 于塑料杯中,加去离子水溶解,转入 500 L 容量瓶中稀释至刻度。制得浓度为 $0.1\ mg \cdot mL^{-1}$ 的标准溶液,立即转入干燥的试剂瓶中保存。

吸取上述溶液 25 mL 于 250 mL 容量瓶中,用去离子水稀释至刻度,配制成 $0.01\ mg \cdot mL^{-1}$ 的标准溶液。

② 总离子强度调节缓冲液。在 1 000 mL 烧杯中加入 500 mL 去离子水、57 mL 冰醋酸、58 g NaCl、12 g 柠檬酸钠($Na_3C_6H_5O_7 \cdot 2H_2O$)。搅拌使之溶解,将烧杯放在冷水浴中,缓慢加入 $6\ mol \cdot L^{-1} NaOH$(约 120 mL),用精密 pH 试纸调 pH 在 5.0~5.5 之间。冷却至室温,转入 1 000 mL 容量瓶中,用去离子水稀释至刻度,摇匀。

四、实验内容

1. 仪器校准

2. 标准曲线的绘制

(1)吸取 F^- 标准溶液($0.01\ mg \cdot mL^{-1}$)1.00、2.00、3.00、4.00、5.00、8.00、10.00、15.00、20.00、25.00 mL 分别注入 50 mL 容量瓶中,分别加入总离子强度调节缓冲液 10 mL,用去离子水稀至刻度。得 F^- 浓度为 0.20、0.40、0.60、0.80、1.00、1.60、2.00、3.00、4.00、5.00 $mg \cdot L^{-1}$ 的系列标准溶液。

(2)将标准系列中各溶液由低浓度到高浓度依次转入塑料小杯中,在"-"极孔内插入指示电极(氟离子选择电极),将参比电极(饱和甘汞电极)与"+"极连接。将仪器调到"mV"挡。开动电磁搅拌器,搅拌 3 min,停止 1 min 后读毫伏数,(注意!电极未浸入溶液前,不要搅拌溶液,以免电极晶体膜周围进入空气,影响读数的准确性)。每次测量后,都要用去离子水冲洗电极,并用滤纸吸干,再浸入下一个被测溶液中。

(3)在半对数坐标纸上绘制 $E(mV)$-a_{F^-} 图,或在直角坐标纸上绘制 $E(mV)$-pF^- 图。

3. 水中 F^- 含量的测定

吸取 F^- 含量小于 $10\ mg \cdot L^{-1}$ 的水样 25 mL（必要时可稀释后再吸取）于 50 mL 容量瓶中，加入总离子强度调节缓冲液 10 mL，用去离子水稀释至刻度，摇匀。转入塑料小杯中进行测定。测得的毫伏值在 $E(mV)$-pF^- 曲线上查得 pF^- 值，计算水中 F^- 含量（$mg \cdot L^{-1}$）。

五、注意事项

氟离子选择性电极使用前的准备：F^- 电极在使用前宜在 $10^{-3}\ mol \cdot L^{-1}$ NaF 溶液中浸泡 1~2 h，再用去离子水洗到"空白电位值"约 300 mV 左右（即在去离子水中的工作电池的电动势）。晶片上若沾有油污，可用脱脂棉依次以丙酮、乙醇轻拭，再用去离子水洗净，电极在连续使用的间隙可浸泡在去离子水中。

六、思考题

（1）用氟离子选择性电极测定 F^- 活度（a_{F^-}）的原理是什么？F^- 电极电位与 $\lg a_{F^-}$ 是什么关系？现要测定 a_{F^-} 应该怎么办？

（2）F^- 电极在使用前应作怎样处理？达到什么要求？

（3）总离子强度调节缓冲液应包含哪些组分？各组分的作用是什么？

（4）本实验中 F^- 电极与饱和甘汞电极哪个是正极？哪个是负极？写出此工作电池的表达式，本实验中测定电池电动势时为什么要使用仪器中的"mV"挡？

实验十三　主族元素的化学性质（一）
（氯、溴、碘、硫）

一、实验目的

（1）了解主族元素中氯、溴、碘、硫等氢化物的化学性质。

（2）了解氯的含氧酸及其盐的性质。

（3）了解亚硫酸、硫代硫酸及其盐的性质。

（4）了解 Cl^-、S^{2-}、SO_3^{2-}、$S_2O_3^{2-}$ 的鉴定和分离方法。

二、实验原理及内容提要

（一）周期系中的各类主族元素

周期系中的各类主族元素的电子排布特点是最后填入的电子在最外层的 s 亚层或 p 亚层上，可表示为 $nsnp$。第 ⅠA、ⅡA 族元素原子的最外层分别有 1 个或 2 个 s 电子，这些元素常称为 s 区元素。第 ⅢA~ⅦA 族元素原子的最外电子层分别有 2 个 s 电子和 1~5 个 p 电子，这些元素均属于 p 区元素。各类主族元素的化学活泼性相差较大，它们与氢、氧、水以及酸、碱的反应都表现出不同程度的差别。

1. 与氢的反应

碱金属和碱土金属（除 Be 和 Mg 外）均在高温下与氢直接化合生成离子型氢化物，如氢化钠（NaH），氢化钙（CaH_2）等。

$$2Na + H_2 =\!=\!= 2NaH$$
$$Ca + H_2 =\!=\!= CaH_2$$

硼、碳、硅则难与氢直接化合。氮、磷在适当条件下化合生成 NH_3、PH_3：

$$N_2 + 3H_2 =\!=\!= 2NH_3$$
$$2P + 3H_2 =\!=\!= 2PH_3$$

氧、硫比较容易直接与氢化合生成 H_2O、H_2S：

$$O_2 + 2H_2 =\!=\!= 2H_2O$$
$$S + H_2 =\!=\!= H_2S$$

卤素能直接与氢生成卤化氢（HX），特别是氟，在低温下反应都非常激烈。

$$F_2 + H_2 =\!=\!= 2HF$$
$$Cl_2 + H_2 =\!=\!= 2HCl$$
$$Br_2 + H_2 =\!=\!= 2HBr$$
$$I_2 + H_2 =\!=\!= 2HI$$

总的来看，在同一周期中，两端的元素可以直接与氢化合，左边生成离子型氢化物，右边生成分子型氢化物。中间的Ⅲ、Ⅳ类主族的一些元素都难以直接与氢化合。

2. 与氧的反应

在主族元素中，除卤素外，都可以直接与氧化合，生成相应的氧化物。同一周期里的主族元素与氧化合时从左向右由易到难。碱金属随着金属活泼性的增加，除锂仅生成氧化物外，其他元素可生成过氧化物和超氧化物。

$$2Li + O_2 =\!=\!= 2LiO$$
$$2Na + O_2 =\!=\!= Na_2O_2$$
$$K + O_2 =\!=\!= KO_2$$

3. 与水的反应

同一周期主族元素与水的反应情况不同。活泼金属如钠、镁、铝都可以与水作用，放出 H_2，生成相应的氢氧化物。

$$2Na + 2H_2O =\!=\!= 2NaOH + H_2 \uparrow$$
$$Mg + 2H_2O =\!=\!= Mg(OH)_2 + H_2 \uparrow$$
$$2Al + 6H_2O =\!=\!= 2Al(OH)_3 + 3H_2 \uparrow$$

随着金属活泼性减弱,它们与水反应的激烈程度愈来愈差。

硼、碳、硅在通常情况下与水不反应,但在高温下能反应。例如:

$$C + H_2O \xrightarrow{1\,000\,°C} CO + H_2 \uparrow$$

氮、磷、氧、硫在高温下与水也不反应。卤素能与水反应,但不放出 H_2。因此,同一周期从左至右元素从水中置换氢的反应愈来愈难。

卤素与水反应的通式为:

$$2X_2 + 2H_2O \rightleftharpoons 4HX + O_2$$

反应按 $F_2 \rightarrow Cl_2 \rightarrow Br_2 \rightarrow I_2$ 顺序递减,I_2 的上述反应不明显,逆反应则容易。除 F_2 外,卤素还能与 H_2O 发生另一种反应,其通式为:

$$X_2 + H_2O \rightleftharpoons HX + HXO$$

如果反应在碱溶液中进行,则生成次卤酸盐。次氯酸和次氯酸盐都是强氧化剂。

4. 与酸、碱的反应

活泼金属都能置换出酸中的氢,金属愈活泼,与酸反应愈激烈。钠比镁、铝反应激烈。非金属元素硅、磷、硫、氯不能与稀酸发生反应。处于金属区和非金属区交界的元素如硼、硅、铝都能与强碱溶液反应,并置换出氢。

$$2B + 2KOH(浓) + 2H_2O == 2KBO_2 + 3H_2 \uparrow$$
$$2Al + 2NaOH + 6H_2O == 2Na[Al(OH)_4] + 3H_2 \uparrow$$
$$Si + 2KOH + H_2O == K_2SiO_3 + 2H_2 \uparrow$$

通常条件下磷、硫不与碱反应。氯、溴、碘与碱反应生成相应的卤化物和次卤酸盐,不放出 H_2。例如:

$$Cl_2 + 2NaOH == NaCl + NaClO + H_2O$$

(二)氯、溴、碘和硫的化合物的性质

1. 卤素及其化合物的性质

氯、溴、碘元素的电势图如下,其中 $\varphi_A^\ominus$ 用 ( ) 标记,$\varphi_B^\ominus$ 用 [ ] 标记(下同)。

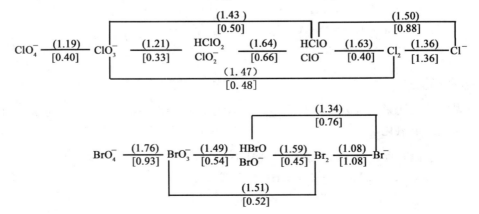

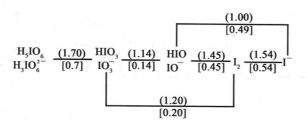

从卤素的电势图可以看出：

（1）氧化性 $Cl_2 > Br_2 > I_2$。

（2）还原性 $I^- > Br^- > Cl^-$。其中 I^- 还原性最强，所以 HI、HBr 不能用浓 H_2SO_4 与相应的卤化物作用来制备。HI 可将浓 H_2SO_4 还原到 H_2S，HBr 可将浓硫酸还原为 SO_2，而 HCl 则不能还原浓 H_2SO_4。

（3）X_2 在碱中发生歧化，即可生成 X^- 和 XO^-，也可生成 X^- 和 XO_3^-。

$$X_2 + 2OH^- == X^- + XO^- + H_2O$$
$$3X_2 + 6OH^- == 5X^- + XO_3^- + 3H_2O$$

（4）在酸性介质中卤酸是相当强的氧化剂，能将 Fe^{2+}、H_2S 和卤化物等氧化，并且在碱性介质中也有上述规律，但相应化合物的氧化性比在酸性介质中小，稳定性增加，也就是说卤素含氧酸盐比相应的含氧酸稳定。

```
氧  稳      HClO          HClO₃
化  定      HBrO          HBrO₃
性  性      HIO           HIO₃
递  递
减  增          ─────────→ 氧化性递减
  ↓                        稳定性递增
```

Cl^-、Br^-、I^- 均能与 Ag^+ 生成难溶于水的 AgCl（白），AgBr（淡黄色），AgI（黄色）沉淀，它们都不溶于稀 HNO_3。AgCl 能与氨水和 $(NH_4)_2CO_3$ 溶液作用，生成配离子 $[Ag(NH_3)_2]^+$ 而溶解，而 AgBr 和 AgI 则不能，其反应如下：

$$AgCl + 2NH_3 == [Ag(NH_3)_2]^+ + Cl^-$$

利用这一性质，可将 AgCl 和 AgBr、AgI 分离。在分离 AgBr 和 AgI 后的溶液中，再加入 HNO_3 酸化，AgCl 又重新沉淀出来。其反应式为：

$$[Ag(NH_3)_2]^+ + Cl^- + 2H^+ == AgCl\downarrow + 2NH_4^+$$

Br^- 和 I^- 可以用 Cl_2 氧化为 Br_2 和 I_2 后再进行鉴定。

2. 硫的化合物的性质

硫的价电子层构型为 ns^2np^4，能形成 -2、$+4$、$+6$ 等多种氧化数的不同化合物。其元素电势图如下：

$$\text{SO}_6^{2-} \xrightarrow{(-0.22)} \text{S}_2\text{O}_6^{2-} \xrightarrow{(0.57)} \begin{matrix} \text{H}_2\text{SO}_3 \\ \text{SO}_3^{2-} \end{matrix} \xrightarrow[\text{[-1.11]}]{(-0.08)} \begin{matrix} \text{HS}_2\text{O}_4^- \\ \text{S}_2\text{O}_4^{2-} \end{matrix} \xrightarrow[\text{[0.53]}]{(0.88)} \text{S}_2\text{O}_3^{2-} \xrightarrow[\text{[-0.74]}]{(0.50)} \text{S} \xrightarrow[\text{[-0.51]}]{(0.14)} \begin{matrix} \text{H}_2\text{S} \\ \text{S}^{2-} \end{matrix}$$

(上方连接: $\text{S}_4\text{O}_6^{2-}$, (0.51)和(0.09); 下方: (0.40), [-0.58], [-0.93])

其中氧化值在 +6 与 -2 之间的化合物,既有氧化性,也有还原性,但一般以还原性为主,且在碱性介质中还原性更强。SO_3^{2-}、$S_2O_4^{2-}$、$S_2O_3^{2-}$、S^{2-}酸根离子的盐是常用还原剂。如:

$$2MnO_4^- + 5SO_3^{2-} + 6H^+ = 2Mn^{2+} + 5SO_4^{2-} + 3H_2O$$
$$S_2O_3^{2-} + 4Cl_2 + 5H_2O = 2HSO_4^- + 8H^+ + 8Cl^-$$
$$S_2O_3^{2-} + Cl_2 + H_2O = SO_4^{2-} + S + 2H^+ + 2Cl^-$$
$$I_2 + 2S_2O_3^{2-} = S_4O_6^{2-} + 2I^-$$

H_2S 中 S^{2-} 是强还原剂,H_2S 能与许多金属离子生成不同颜色的金属硫化物沉淀,其溶解度也不同,如表 5.5 所示。

表 5.5 不同颜色的金属硫化物沉淀

溶于水的硫化物		不溶于水,溶于稀酸的硫化物		不溶于水和稀酸的硫化物	
分子式	颜色	分子式	颜色	分子式	颜色
Na_2S	白	MnS	肉红	CdS	黄
K_2S	白	FeS	黑	PbS	黑
BaS	白	ZnS	白	CuS	黑
				Ag_2S	黑
				HgS	黑

根据金属硫化物的溶解度和颜色的不同,可以用来鉴定金属离子。

S^{2-}能与稀酸反应产生 H_2S 气体,可根据 H_2S 特有的臭鸡蛋味加以鉴别。还可用 $Pb(Ac)_2$ 试纸变黑(由于生成黑色 PbS)的现象检出 S^{2-}。此外,在弱碱性条件下,S^{2-} 能与亚硝酰铁氰化钠 $Na_2[Fe(CN)_5NO]$ 生成紫红色的配位化合物的特征反应可以鉴定 S^{2-}:

$$S^{2-} + [Fe(CN)_5NO]^{2-} = [Fe(CN)_5NOS]^{4-}$$
(紫红色)

可溶性硫化物和硫作用可以形成多硫化物。例如:

$$Na_2S + (x-1)S = Na_2S_x$$

多硫化物在酸性介质中生成多硫化氢。多硫化氢不稳定,极易分解成 H_2S 和 S。

SO_2 溶于水生成 H_2SO_3，H_2SO_3 及其盐常用作还原剂，但遇到比它还强的还原剂时，也起氧化剂的作用。SO_2 和某些有色的有机物生成无色加成物，因而具有漂白性，但这种加成物受热后易分解。

SO_3^{2-} 能与 $Na_2[Fe(CN)_5NO]$ 反应生成红色化合物，加入 $ZnSO_4$ 饱和溶液和 $K_2[Fe(CN)_6]$ 溶液，可使红色显著加深。利用该反应可以鉴定 SO_3^{2-} 的存在。

硫代硫酸不稳定，易分解为 S 和 SO_2 其反应如下：

$$H_2S_2O_3 = H_2O + S\downarrow + SO_2\uparrow$$

$Na_2S_2O_3$ 是硫代硫酸的钠盐，是常用的还原剂，能将 I_2 还原为 I^- 而本身被氧化成连四硫酸钠，反应如下：

$$2Na_2S_2O_3 + I_2 = Na_2S_4O_6 + 2NaI$$

分析中常用 $Na_2S_2O_3$ 标准溶液来滴定碘。此外，$S_2O_3^{2-}$ 能与 Ag^+ 反应生成白色硫代硫酸银沉淀，沉淀迅速变为黄色、棕色，最后变为黑色的 Ag_2S 沉淀。这是 $S_2O_3^{2-}$ 特殊的反应之一，可用来鉴定 $S_2O_3^{2-}$ 的存在。

当 S^{2-}、SO_3^{2-}、$S_2O_3^{2-}$ 同时存在于溶液中，需要逐个加以鉴定时，必须先将 S^{2-} 除去（因 S^{2-} 对 SO_3^{2-} 和 $S_2O_3^{2-}$ 的鉴定有干扰），然后再分别按上述介绍的方法鉴定 SO_3^{2-} 和 $S_2O_3^{2-}$。S^{2-} 除去的方法是在混合溶液中加入 $PbCO_3$ 固体，使 $PbCO_3$ 转化为溶度积更小的 PbS 沉淀。

三、实验仪器和试剂

（1）仪器：试管，离心试管，点滴板，量筒（10 mL），酒精灯，玻璃棒。

（2）试剂及材料：

① 酸：H_2SO_4（1 mol·L^{-1}，6 mol·L^{-1}，浓），HCl（2 mol·L^{-1}，浓），HNO_3（2 mol·L^{-1}，6 mol·L^{-1}，浓）。

② 碱：NaOH（2 mol·L^{-1}），氨水（2 mol·L^{-1}，6 mol·L^{-1}）。

③ 盐：NaCl（0.1 mol·L^{-1}），KBr（0.1 mol·L^{-1}），KI（0.1 mol·L^{-1}），$KClO_3$（饱和），$AgNO_3$（0.1 mol·L^{-1}），$NaNO_2$（0.1 mol·L^{-1}），$(NH_4)_2CO_3$（12%），$BaCl_2$（1 mol·L^{-1}），$FeCl_3$（0.1 mol·L^{-1}），$KMnO_4$（0.01 mol·L^{-1}），$Na_2S_2O_3$（0.1 mol·L^{-1}），Na_2S（0.1 mol·L^{-1}），$Pb(Ac)_2$（0.01 mol·L^{-1}），$ZnSO_4$（0.1 mol·L^{-1}，饱和），$CdSO_4$（0.1 mol·L^{-1}），$CuSO_4$（0.1 mol·L^{-1}），$Hg(NO_3)_2$（0.1 mol·L^{-1}），$K_4[Fe(CN)_6]$（0.1 mol·L^{-1}）。

④ 固体药品：KCl，KBr，KI，$KClO_3$，硫粉，锌粉，$PbCO_3$。

⑤ 其他药品：氯水，溴，碘水，淀粉溶液，品红溶液（0.1%），CCl_4，SO_2 水溶液，H_2S 水溶液，$Na_2[Fe(CN)_5NO]$（1%）。

⑥ 材料：pH 试纸，$Pb(Ac)_2$ 试纸，KI-淀粉试纸，蓝色石蕊试纸。

⑦ 工具：铁锤，铁块。

四、实验内容

1. 氯、溴、碘化合物的性质

（1）卤化氢还原性的比较。

① 在试管中加入少量（1小勺）NaCl 晶体和数滴浓硫酸，微热。观察试管中颜色有无变化，并用 pH 试纸、KI-淀粉试纸和 $Pb(Ac)_2$ 试纸分别检验试管中产生的气体是什么？

② 在2支试管中分别加入与 NaCl 晶体等量的 KBr 晶体和 KI 晶体并进行上述相同的试验。根据上述实验结果，比较 HCl、HBr、HI 的还原性大小，写出各步反应的化学方程式。

（2）氯的含氧酸及其盐的氧化性。

① 次氯酸盐的氧化性。取 2 mL 氯水于试管中，滴加 $2\ mol \cdot L^{-1}$ NaOH 溶液使溶液呈碱性为止（用 pH 试纸检验）。然后将溶液分装在 3 支试管中。在第 1 支试管中加入数滴 $2\ mol \cdot L^{-1}$ HCl 溶液，用 KI-淀粉试纸检验放出的 Cl_2，写出反应方程式；在第 2 支试管中加入 KI 溶液和数滴淀粉溶液，观察有何现象，写出反应的离子方程式；在第 3 支试管中加入数滴品红溶液，观察品红颜色是否褪去。

根据上述试验，说明 NaClO 具有什么性质，如果在 Br_2 水中滴加 NaOH 溶液至碱性，再按上面的方法试验，是否也有相似的现象出现？

② 氯酸盐的氧化性。在 1 支试管中加入 10 滴饱和 $KClO_3$ 溶液，再加入 2～3 滴浓 HCl，试证明有 Cl_2 产生。写出反应方程式。

取 2～3 滴 $0.1\ mol \cdot L^{-1}$ KI 溶液于另一支试管中，加入少量饱和 $KClO_3$ 溶液，再滴加 $6\ mol \cdot L^{-1}$ 的 H_2SO_4 溶液，不断振荡试管，观察溶液先呈黄色，后变为黑色（I_2 析出），最后变成无色（IO_3^-），写出每一步反应的离子方程式。根据现象比较 HIO_3 和 $HClO_3$ 的氧化性强弱。如果在 $NaBrO_3$ 溶液中加入 NaBr 溶液，是否会有 Br_2 产生？用 H_2SO_4 酸化，结果将怎样？写出有关的离子方程式。取绿豆大小的干燥 $KClO_3$ 晶体与硫粉在纸上均匀混合（$KClO_3$ 和 S 的质量比约为 2∶3），用纸包好，用铁锤在铁块上锤打时即发生爆炸。

（3）卤素离子的鉴定。

① Cl^- 的鉴定。取 2 滴 $0.1\ mol \cdot L^{-1}$ NaCl 溶液于试管中，加入 1 滴 $2\ mol \cdot L^{-1}$ HNO_3 酸化后再加 2 滴 $0.1\ mol \cdot L^{-1}$ $AgNO_3$ 溶液，观察沉淀的颜色。离心沉降后，弃去清液，在沉淀中加入数滴 $6\ mol \cdot L^{-1}$ 氨水，振荡后，观察沉淀溶解，然后再加入 $6\ mol \cdot L^{-1}$ HNO_3 酸化，又有白色沉淀析出。此法可以鉴定 Cl^- 的存在。

② Br^- 的鉴定。取 2 滴 $0.1\ mol \cdot L^{-1}$ KBr 溶液于试管中，加入 1 滴 $2\ mol \cdot L^{-1}$ H_2SO_4 和 5～6 滴 CCl_4 然后逐滴加入新配制的氯水，若 CCl_4 层出现棕色或黄色，表示有 Br^- 存在。

③ I^- 的鉴定。取 2 滴 $0.1\ mol \cdot L^{-1}$ KI 溶液和 5～6 滴 CCl_4 于试管中，然后逐滴加入氯水，边加边振荡，若 CCl_4 层出现紫色表示有 I^- 存在（若加入过量氯水，紫色又褪去，因生成 IO_3^-）；在另一支试管中加入 2 滴 $0.1\ mol \cdot L^{-1}$ KI 溶液，1 滴 $2\ mol \cdot L^{-1}$ H_2SO_4 溶液和 1 滴淀粉溶液。然后加入 1 滴 $0.1\ mol \cdot L^{-1}$ $NaNO_2$ 溶液，若出现蓝色表示有 I^- 存在。

④ Cl^-、Br^-、I^- 的分离和鉴定。在试管中加入 $0.1\ mol \cdot L^{-1}$ NaCl、$0.1\ mol \cdot L^{-1}$ KBr 和 $0.1\ mol \cdot L^{-1}$ KI 溶液各 2 滴，混合后加入 2 滴 $2\ mol \cdot L^{-1}$ HNO_3，再加入 $0.1\ mol \cdot L^{-1}$ $AgNO_3$ 溶

液至沉淀完全，离心沉降，弃去清液，沉淀用水洗两次。

Cl^- 的鉴定。将所得沉淀加入 10~15 滴 12% $(NH_4)_2CO_3$ 溶液，充分搅动，并温热 1 min，AgCl 沉淀溶解为 $[Ag(NH_3)_2]Cl$，AgBr 和 AgI 则仍为沉淀，离心沉降将沉淀与清液分开。先在清液中加入数滴 $0.1 mol \cdot L^{-1}$ KI 溶液，若有黄色沉淀（AgI）生成，则表示有 Cl^- 存在（或在清液中加入 $2 mol \cdot L^{-1}$ HNO_3 酸化，若有白色沉淀产生，表示有 Cl^- 存在）。

Br^- 和 I^- 的鉴定。将上述沉淀用水洗 2 次。弃去洗液，然后在沉淀中加入 5 滴水和少量锌粉。再加入 3~4 滴 $1 mol \cdot L^{-1}$ H_2SO_4 溶液。加热，搅动，离心沉降，清液中含有 Br^- 和 I^-（因为 Zn 与 AgBr、AgI 作用，Ag 被置换出来，而 Br^- 和 I^- 进入溶液）。吸取清液于另一支试管中，加入 10 滴 CCl_4，再加入 2 滴氯水，摇动后，若 CCl_4 层呈红紫色，则表示有 I^- 存在。继续滴加 Cl_2 水至红紫色褪去，而 CCl_4 层呈橙黄色则表示有 Br^- 存在。

⑤ 取 1 份未知溶液（其中可能含有 SO_4^{2-}、Cl^-、Br^-、I^- 等离子），试设法分离和鉴定之。

2. 硫的化合物的性质

（1）硫化氢和硫化物。

① 硫化氢的还原性。取 10 滴 $0.01 mol \cdot L^{-1}$ $KMnO_4$ 溶液于 1 支试管中，加入数滴 $1 mol \cdot L^{-1}$ H_2SO_4 酸化后，再加入 1 mL H_2S 水溶液，观察现象并写出反应方程式，说明 H_2S 具有什么性质。

② 硫化物的溶解性。在 5 支试管中，分别加入 $0.1 mol \cdot L^{-1}$ NaCl 溶液，$0.1 mol \cdot L^{-1}$ $ZnSO_4$ 溶液，$0.1 mol \cdot L^{-1}$ $CdSO_4$ 溶液，$0.1 mol \cdot L^{-1}$ $CuSO_4$ 溶液，$0.1 mol \cdot L^{-1}$ $Hg(NO_3)_2$ 溶液各 5 滴，然后加入 1 mL H_2S 水溶液，观察是否有沉淀生成，并记录沉淀的颜色。离心沉降，吸去上层清液，在沉淀中加入数滴 $2 mol \cdot L^{-1}$ HCl，观察沉淀是否溶解。

将不溶解的沉淀离心分离，用数滴 $6 mol \cdot L^{-1}$ HCl 处理沉淀，观察沉淀是否溶解。

将还不溶解的沉淀再离心分离，用少量蒸馏水洗涤沉淀，用数滴浓 HNO_3 处理沉淀，微热，观察沉淀是否溶解。

在仍不溶解的沉淀中，再加入王水（浓 HNO_3 和浓 HCl 的体积比是 1∶3），微热，观察沉淀是否溶解。

试对上述一系列实验结果进行分析，试对金属硫化物的溶解性作出比较。

③ S^{2-} 的鉴定。在点滴板上滴 1 滴 $0.1 mol \cdot L^{-1}$ Na_2S 溶液，再滴加 1 滴 1% $Na_2[Fe(CN)_5NO]$ 溶液，出现紫红色，表示有 S^{2-} 存在。

在试管中加入 5 滴 $0.1 mol \cdot L^{-1}$ Na_2S 溶液，再加 5 滴 $6 mol \cdot L^{-1}$ HCl 溶液，在试管口上盖以 $Pb(Ac)_2$ 试纸（滤纸条上滴 1 滴 $Pb(Ac)_2$ 溶液），微热，试纸变黑（为什么？）表示有 S^{2-} 存在。

④ 多硫化物。在试管中加入少量硫粉，再加入 2 mL $0.1 mol \cdot L^{-1}$ Na_2S 溶液，将溶液煮沸，注意溶液颜色的变化，将未发生变化的硫离心沉降，吸取上层清液于另一支试管中，加入 $6 mol \cdot L^{-1}$ HCl 溶液，用 $Pb(Ac)_2$ 试纸检验逸出的气体，并观察溶液的变化？写出有关的化学反应方程式。

（2）H_2SO_3 的性质和 SO_3^{2-} 的鉴定。

① H_2SO_3 的性质。用蓝色石蕊试纸检验 SO_2 饱和溶液。取 10 滴 $0.01 mol \cdot L^{-1}$ I_2 水溶液

于试管中，加入 1 滴淀粉溶液，然后滴加 SO_2 饱和溶液。在另一支试管中加入 10 滴 H_2S 饱和溶液，并在其中滴加 SO_2 饱和溶液。在第 3 支试管中加入 10 滴品红溶液，然后滴加 10 滴 SO_2 饱和溶液，加热。记录以上观察到的现象，并归纳 H_2SO_3 的性质。

② SO_3^{2-} 的鉴定。在点滴板上滴加 2 滴饱和 $ZnSO_4$ 溶液，加 1 滴新配制的 $0.1\ mol\cdot L^{-1}\ K_4[Fe(CN)_6]$ 溶液和 1 滴新配制的 1% $Na_2[Fe(CN)_5NO]$ 溶液，再滴入 1 滴含 SO_3^{2-} 离子的溶液搅动，出现红色沉淀，表示有 SO_3^{2-} 存在（酸能使红色沉淀消失，因此检验 SO_3^{2-} 的酸性溶液时需滴加 $2\ mol\cdot L^{-1}$ 氨水使溶液呈中性）。

（3）硫代硫酸及其盐的性质和 $S_2O_3^{2-}$ 离子的鉴定。

① $H_2S_2O_3$ 的性质。在试管中加入 10 滴 $0.1\ mol\cdot L^{-1}\ Na_2S_2O_3$ 溶液和 10 滴 $2\ mol\cdot L^{-1}$ HCl 溶液，片刻后观察溶液是否变为混浊，有无 SO_2 的气味？写出反应方程式，并说明 $H_2S_2O_3$ 有何性质。

② $Na_2S_2O_3$ 的性质。在试管中加入 10 滴 I_2 水，并逐滴加入 $0.1\ mol\cdot L^{-1}\ Na_2S_2O_3$ 溶液，观察 I_2 水颜色是否褪去。写出反应方程式，并说明 $Na_2S_2O_3$ 有何性质。

③ $S_2O_3^{2-}$ 的鉴定。在点滴板上滴 2 滴 $0.1\ mol\cdot L^{-1}\ Na_2S_2O_3$ 溶液，加入 $0.1\ mol\cdot L^{-1}\ AgNO_3$ 溶液，直至产生白色沉淀，观察沉淀颜色的变化（由白→黄→棕→黑）。利用 $Ag_2S_2O_3$ 分解时颜色的变化可以鉴定 $S_2O_3^{2-}$ 的存在。

（4）S^{2-}、$S_2O_3^{2-}$、SO_3^{2-} 混合离子的分离和鉴定。

取上述离子的混合液鉴定 S^{2-} 的存在。另取一份混合液在其中加少量 $PbCO_3$ 固体，充分搅动后，离心分离，弃去沉淀，取 1 滴溶液用 $Na_2[Fe(CN)_5NO]$ 试验，检验 S^{2-} 是否沉淀完全。如不完全，离心液重复用 $PbCO_3$ 处理，直至 S^{2-} 完全除去为止，离心分离，将离心液分成两份，分别鉴定 SO_3^{2-} 和 $S_2O_3^{2-}$。

（5）取一份未知液（其中可能含有 S^{2-}，$S_2O_3^{2-}$，SO_3^{2-}），试设法分离和鉴定。

五、注意事项

（1）在进行卤化氢还原性的比较实验时，一定要在通风橱中进行。
（2）用 $KClO_3$ 晶体与硫粉进行爆炸试验时，其用量一定要小，以免发生意外伤亡事故。

六、思考题

（1）卤化氢的还原性有何递变规律？次氯酸盐有哪些主要性质？溶液中的氯酸盐的氧化性与介质有何关系？
（2）硫化氢和亚硫酸的化学性质有何不同？
（3）金属硫化物的溶解情况可以分为几类？
（4）硫代硫酸及其盐的主要性质是什么？
（5）怎样分离和鉴定 Cl^-、Br^-、I^-？
（6）如何鉴定 S^{2-}、SO_3^{2-} 和 $S_2O_3^{2-}$？
（7）如何使难溶物质转化为溶液？

实验十四　主族元素的化学性质（二）
（氮、磷、锡、铅、锑、铋）

一、实验目的

（1）熟悉ⅤA族元素一些重要化合物的性质。

（2）了解锡、铅、锑、铋氢氧化物的酸碱性，低价化合物的还原性，高价化合物的氧化性，硫化物和硫代酸盐的性质。

（3）了解NH_4^+、NO_3^-、NO_2^-、PO_4^{3-}及锡、铅、锑、铋离子的鉴定方法。

二、实验原理及内容提要

1. 氮和磷化合物的性质

氮和磷是周期表第ⅤA族的非金属元素，它们的价电子层构型为ns^2np^3，所以它们的氧化数最高为+5，最低为-3。

（1）硝酸是强酸，也是强氧化剂。硝酸与非金属反应时，常被还原为NO，与金属反应时，被还原的产物取决于硝酸的浓度和金属的活泼性。浓硝酸一般被还原为NO_2，稀硝酸通常被还原为NO，当与活泼金属（如Fe、Zn、Mg等）反应时，主要被还原为N_2O。若酸很稀，则主要还原为NH_3，NH_3与未反应的酸反应生成铵盐。

硝酸盐的热稳定性较差，加热时，易放出氧气，和可燃物质混合，极易燃烧而发生爆炸。亚硝酸可以用稀酸和亚硝酸盐相互作用而得到，但亚硝酸非常不稳定，易分解：

$$2HNO_2 \underset{冷}{\overset{热}{\rightleftharpoons}} H_2O+N_2O_3 \underset{冷}{\overset{热}{\rightleftharpoons}} H_2O+NO+NO_2$$

亚硝酸具有氧化性，但遇到强氧化剂时，则呈还原性。

NO_3^-可用棕色环法鉴定，其反应如下：

$$NO_3^- + 3Fe^{2+} + 4H^+ =\!=\!= NO + 3Fe^{3+} + 2H_2O$$
$$Fe^{2+} + NO =\!=\!= [Fe(NO)]^{2+} \text{ (棕色)}$$

但是NO_2^-也能产生同样的反应，因此当有NO_2^-存在时，必须先除去NO_2^-，即加入NH_4Cl一起共热，反应如下：

$$NH_4^+ + NO_2^- =\!=\!= N_2\uparrow + 2H_2O$$

NO_2^-和$FeSO_4$在HAc溶液中能生成棕色$[Fe(NO)]SO_4$，利用这个反应可以鉴定NO_2^-的存在。反应如下：

$$NO_2^- + Fe^{2+} + 2HAc =\!=\!= NO + Fe^{3+} + 2Ac^- + H_2O$$
$$Fe^{2+} + NO =\!=\!= [Fe(NO)]^{2+} \text{ (棕色)}$$

也可用对-氨基苯磺酸和α-萘胺在HAc溶液酸化下鉴定NO_2^-，其反应如下：

$$H_2N\text{-}C_6H_4\text{-}SO_3H + \text{(1-naphthylamine)} + NO_2^- + 2H^+ \Longrightarrow H_2N\text{-(naphthyl)}\text{-}N=N\text{-}C_6H_4\text{-}SO_3H + 2H_2O$$

也有人认为本实验是应用亚硝酸将氨基苯磺酸重氮化，然后与 α-萘胺反应形成红色偶氮染料。其反应方程式如下：

$$\text{H}_2\text{N}\cdot\text{HAc-C}_6\text{H}_4\text{-SO}_3\text{H} + HNO_2 \Longrightarrow \text{N}_2\cdot\text{Ac-C}_6\text{H}_4\text{-SO}_3\text{H} + 2H_2O$$

$$\text{N}_2\cdot\text{Ac-C}_6\text{H}_4\text{-SO}_3\text{H} + \text{(1-naphthylamine)} \Longrightarrow \text{SO}_3\text{H-C}_6\text{H}_4\text{-N}=\text{N-(naphthyl)-NH}_2 + HAc$$

NH_4^+ 的鉴定可用两种方法，一是利用 NaOH 和 NH_4^+ 反应生成 NH_3，使红色石蕊试纸变蓝。

$$NH_4^+ + OH^- \Longrightarrow NH_3 \uparrow + H_2O$$

二是利用萘斯特试剂（K_2HgI_4 的碱性溶液）与 NH_4^+ 反应生成红棕色沉淀，其反应为：

$$HgI_2 + 2I^- \Longrightarrow [HgI_4]^{2-}$$

$$NH_4^+ + 2[HgI_4]^{2-} + 4OH^- \Longrightarrow \left[\begin{array}{c}Hg\\O\quad\quad NH_2\\Hg\end{array}\right]I \downarrow + 3H_2O + 7I^-$$

碘化氧二汞胺

（2）磷酸的各种钙盐在水中的溶解度是不同的，其中 $Ca_3(PO_4)_2$ 和 $CaHPO_4$ 难溶于水，而 $Ca(H_2PO_4)_2$ 则易溶于水。

PO_4^{3-} 能通过下列方法鉴定：

① 磷酸银沉淀法。

② 磷酸铵镁沉淀法。

③ 磷钼酸铵法。

这是最常用的方法，PO_4^{3-} 与钼酸铵反应，生成黄色难溶的晶体，由此来鉴定 PO_4^{3-}，反应如下：

$$PO_4^{3-} + 12MoO_4^{2-} + 3NH_4^+ + 24H^+ \Longrightarrow (NH_4)_3PO_4 \cdot 12MoO_3 \cdot 6H_2O \downarrow + 6H_2O$$

2. 锡、铅化合物的性质

锡、铅是周期系第四主族金属元素，其价电子构型为 ns^2np^2。它们能形成 +2 价和 +4 价的化合物。+2 价锡是强还原剂，而 +4 价铅却是强氧化剂。锡、铅的氢氧化物均呈两性。

它们生成的硫化物均有颜色，如 SnS 棕色，SnS_2 黄色，PbS 黑色。它们都不溶于水和稀酸，在 $(NH_4)_2S$ 或 Na_2S 中，SnS_2 能溶解生成硫代酸盐，SnS 和 PbS 则不溶解。铅还能生成许多难溶的化合物。铅离子能生成难溶的黄色 $PbCrO_4$ 沉淀，在分析上常利用这个反应来鉴定 Pb^{2+}：

$$Pb^{2+} + CrO_4^{2-} = PbCrO_4 \downarrow \text{（黄色）}$$

3. 锑、铋化合物的性质

锑和铋是周期系第五主族的金属元素，其价电子构型为 ns^2np^3。它们都能形成 +3 价和 +5 价的化合物。+3 价锑的氧化物和氢氧化物呈两性，而 +3 价铋的氧化物和氢氧化物只呈碱性。和 +3 价锑比较，+3 价的铋是弱还原剂，需要用强氧化剂在碱性介质中才能氧化成 +5 价。如：

$$Bi_2O_3 + 2Na_2O_2 = 2NaBiO_3 + Na_2O$$

相反，+5 价铋却显强氧化性，能将 Mn^{2+} 氧化成 MnO_4^-：

$$5NaBiO_3 + 2Mn^{2+} + 14H^+ = 2MnO_4^- + 5Bi^{3+} + 5Na^+ + 7H_2O$$

锑和铋都能生成不溶于稀酸的有色硫化物，Sb_2S_3 和 Sb_2S_5 为橙色，Bi_2S_3 为黑色。锑的硫化物能溶于$(NH_4)_2S$ 或 Na_2S 中生成硫代酸盐，而铋的硫化物则不溶。

Sb^{3+} 和 SbO_4^{3-} 在锡片上可以还原为锑，使锡片显黑色。利用这个反应可以鉴定 Sb^{3+} 和 SbO_4^{3-}。

$$2Sb^{3+} + 3Sn = 2Sb \downarrow + 3Sn^{2+}$$

Bi^{3+} 在碱性溶液中可被亚锡酸钠还原为黑色的金属铋：

$$2Bi(OH)_3 + 3SnO_2^{2-} = 2Bi \downarrow + 3SnO_3^{2-} + 3H_2O$$

利用这个反应可以鉴定 Bi^{3+}。

三、实验仪器及试剂

（1）仪器：试管，离心试管，量筒（10 mL），酒精灯，玻璃棒。

（2）试剂：

① 酸：HCl（$2\ mol \cdot L^{-1}$，$6\ mol \cdot L^{-1}$），H_2SO_4（$1\ mol \cdot L^{-1}$，$3\ mol \cdot L^{-1}$，浓），HNO_3（$2\ mol \cdot L^{-1}$，$6\ mol \cdot L^{-1}$，浓），HAc（$2\ mol \cdot L^{-1}$）。

② 碱：NaOH（$2\ mol \cdot L^{-1}$，$6\ mol \cdot L^{-1}$），氨水（$2\ mol \cdot L^{-1}$，$6\ mol \cdot L^{-1}$）。

③ 盐：NH_4Cl（$0.1\ mol \cdot L^{-1}$），$NaNO_3$（$1\ mol \cdot L^{-1}$），KI（$0.1\ mol \cdot L^{-1}$），$KMnO_4$（$0.1\ mol \cdot L^{-1}$），KNO_3（$0.1\ mol \cdot L^{-1}$），Na_3PO_4（$0.1\ mol \cdot L^{-1}$），Na_2HPO_4（$0.1\ mol \cdot L^{-1}$），NaH_2PO_4（$0.1\ mol \cdot L^{-1}$），$CaCl_2$（$0.1\ mol \cdot L^{-1}$），Na_2SO_4（$0.1\ mol \cdot L^{-1}$），$SnCl_2$（$0.1\ mol \cdot L^{-1}$），$Pb(NO_3)_2$（$0.1\ mol \cdot L^{-1}$），$SbCl_3$（$0.1\ mol \cdot L^{-1}$），$BiCl_3$（$0.1\ mol \cdot L^{-1}$），$HgCl_2$（$0.1\ mol \cdot L^{-1}$），$MgSO_4$（$0.1\ mol \cdot L^{-1}$），KI（$0.1\ mol \cdot L^{-1}$），K_2CrO_4（$0.1\ mol \cdot L^{-1}$），Na_2S（$0.5\ mol \cdot L^{-1}$）。

④ 固体药品：锌粉，硫粉，KNO_3，$FeSO_4 \cdot 7H_2O$，Bi_2O_3（粉末），Na_2O_2（粉末），PbO_2（粉末），锡片，铜屑。

⑤ 其他：$(NH_4)_2MoO_4$ 溶液。

（3）材料：红色石蕊试纸，滤纸条。

四、实验内容

1. 氮、磷化合物的性质和鉴定

（1）硝酸和硝酸盐的性质。

① 在 2 支试管中，各加入少量硫粉，再分别加入 1 mL 2 mol·L^{-1} HNO_3 和 1 mL 浓 HNO_3，将 2 支试管加热煮沸后，检验是否都有 SO_4^{2-} 生成。

② 在 2 支试管中，分别装入少量锌粉和铜屑，各加入 1 mL 2 mol·L^{-1} HNO_3（如反应不明显，可微热）。试证明哪一支试管中有 NH_4^+ 存在（加入过量 NaOH，加热并用润湿的红色石蕊试纸检验）。

在 2 支试管中分别装入少量锌粉和铜屑，各加入约 1 mL 浓 HNO_3，观察现象并写出反应方程式。

在 1 支干燥试管中加入少量 KNO_3 晶体，加热熔化，将带余烬的火柴投入试管中，火柴又燃起来，解释这种现象。

③ NO_3^- 的鉴定。取 1 mL 0.1 mol·L^{-1} KNO_3 溶液于试管中，加入 1～2 小粒 $FeSO_4$ 晶体，振荡、溶解后，将试管斜持，沿试管壁慢慢滴加 5～10 滴浓 H_2SO_4。观察浓 H_2SO_4 和溶液两个液层交界处有无棕色环的出现。

（2）亚硝酸和亚硝酸盐的性质。

① 亚硝酸的生成和性质。在试管中加入 10 滴 1 mol·L^{-1} $NaNO_2$ 溶液（如果室温较高，可置于冰水中冷却），然后滴入 1:1 H_2SO_4，观察溶液的颜色和液面上气体的颜色。解释这种现象并写出反应方程式。

② 亚硝酸盐的氧化性和还原性。在装有 0.1 mol·L^{-1} $NaNO_2$ 溶液的试管中加入 0.1 mol·L^{-1} KI 溶液，观察现象。然后用 1 mol·L^{-1} H_2SO_4 酸化，观察现象，并证明是否有 I_2 产生？写出反应方程式。

在另一装有 0.1 mol·L^{-1} $NaNO_2$ 溶液的试管中，加入 0.01 mol·L^{-1} $KMnO_4$ 溶液，观察紫色是否褪去。然后用 1 mol·L^{-1} H_2SO_4 酸化，观察现象。写出反应方程式。

③ NO_2^- 的鉴定。取 10 滴 0.1 mol·L^{-1} $NaNO_2$ 溶液倒入试管中，加入数滴 2 mol·L^{-1} HAc 酸化，再加入 1～2 小粒 $FeSO_4$ 晶体，如有棕色出现，证明有 NO_2^- 存在。

（3）磷酸的各种钙盐的溶解性。

在 3 支试管中各加入 10 滴 0.1 mol·L^{-1} $CaCl_2$ 溶液，然后分别加入等量的 0.1 mol·L^{-1} Na_3PO_4 溶液，0.1 mol·L^{-1} Na_2HPO_4 溶液和 0.1 mol·L^{-1} NaH_2PO_4 溶液，观察各试管中是否有沉淀生成。说明磷酸的 3 种钙盐的溶解性。

（4）NH_4^+、PO_4^{3-} 的鉴定。

① NH_4^+ 的鉴定。在试管中加入 10 滴 0.1 mol·L^{-1} NH_4Cl 溶液，再加入 10 滴 2 mol·L^{-1} NaOH 溶液，加热至沸，用湿的红色石蕊试纸检验产生的气体，记录观察到的现象。重复上面实验，在滤纸条上滴 1 滴奈斯特试剂代替红色石蕊试纸，观察现象并记录。

② PO_4^{3-} 的鉴定。在 5 滴 0.1 mol·L⁻¹ Na_3PO_4 溶液中，加入 10 滴浓 HNO_3，再加入 20 滴钼酸铵试剂，微热至 40~50 ℃，观察黄色沉淀的产生。

（5）未知物的鉴定。

现有 3 种白色晶体，第 1 种可能是 $NaNO_2$ 或 $NaNO_3$，第 2 种可能是 $NaNO_3$ 或 NH_4NO_3，第 3 种可能是 $NaNO_3$ 或 Na_3PO_4。试设计一个实验，将它们加以鉴别。

2. 锡、铅、锑、铋化合物的性质

（1）锡、铅化合物的性质。

① +2 价锡和铅的氢氧化物酸碱性。在 10 滴 0.1 mol·L⁻¹ $SnCl_2$ 溶液中，逐滴加入 2 mol·L⁻¹ NaOH 溶液直至生成白色沉淀经振荡后不再溶解为止，然后将沉淀分盛在 2 支试管中，分别加入 2 mol·L⁻¹ NaOH 和 6 mol·L⁻¹ HCl 溶液并振荡试管，观察沉淀是否溶解，写出反应方程式。

从 $Pb(NO_3)_2$ 溶液制取 $Pb(OH)_2$ 沉淀，试用实验证明 $Pb(OH)_2$ 是否两性（注意！试验其碱性应该用什么酸？），写出反应方程式。

② +2 价锡的还原性和 +4 价铅的氧化性。在 10 滴 $HgCl_2$（0.1 mol·L⁻¹）溶液中，逐滴加入 0.1 mol·L⁻¹ $SnCl_2$ 溶液，观察沉淀颜色的变化（$HgCl_2$ 为白色，Hg 为黑色）。写出反应方程式。该反应常用来鉴定 Hg^{2+}，反之也可鉴定 Sn^{2+}。

在亚锡酸钠（自己配制）中，加入 2 滴 0.1 mol·L⁻¹ $BiCl_3$ 溶液，观察现象并解释之。写出反应方程式。

该反应可用来鉴定 Bi^{3+}，反之也可鉴定 Sn^{2+}。

在 1 支放入少量 PbO_2 的试管中，加入 1 mL 6 mol·L⁻¹ HNO_3 和 3 滴 0.1 mol·L⁻¹ $MnSO_4$ 溶液。加热，静置片刻，使溶液逐渐澄清，观察溶液的颜色，试解释之。写出反应方程式。

③ 铅的难溶盐的制备。在 4 支试管中各加入 10 滴 0.1 mol·L⁻¹ $Pb(NO_3)_2$ 溶液，然后分别加入数滴 2 mol·L⁻¹ H_2SO_4，0.1 mol·L⁻¹ KI，0.1 mol·L⁻¹ K_2CrO_4，0.5 mol·L⁻¹ Na_2S 溶液。观察沉淀的生成，并记录各沉淀的颜色。

④ Sn^{2+}、Pb^{2+} 的鉴别。从指导教师处取含有 Sn^{2+} 或 Pb^{2+} 的未知液，自己根据它们的性质设计一个实验，加以鉴别。

（2）锑、铋化合物的性质。

① +3 价锑和 +3 价铋的氢氧化物的酸碱性。用 0.1 mol·L⁻¹ $SbCl_3$ 和 0.1 mol·L⁻¹ $BiCl_3$ 溶液试验 +3 价锑和 +3 价铋的氢氧化物的酸碱性。做出结论并写出反应方程式。

② +5 价铋化合物的制备及其氧化性。在 1 支干燥的试管中加入少量 Bi_2O_3 粉末和等量 Na_2O_2 粉末混合后均匀加热，观察混合物变为棕色（为什么？），冷却后加水洗涤，用玻棒搅动，使未反应的 Na_2O_2 溶解，静置片刻，待沉淀下沉后，吸去上层清液，再用水洗涤 2~3 次，保留沉淀（为什么？）供下面实验用。写出反应方程式。

在另一支试管中加入 2 滴 0.1 mol·L⁻¹ $MnSO_4$ 溶液和 1 mL 6 mol·L⁻¹ HNO_3 溶液，再加入上面保留的铋酸钠沉淀少许，振荡并微热，观察溶液颜色。解释现象，写出反应方程式。

③ +3 价锑和 +3 价铋的硫化物。在试管中加入 10 滴 0.1 mol·L⁻¹ $SbCl_3$ 溶液，加入 5~

6 滴 0.5 mol·L^{-1} Na$_2$S 溶液，观察沉淀的颜色。静置片刻或离心沉降，吸去上层清液，用少量蒸馏水洗涤沉淀，离心分离，将沉淀分为 2 份，分别逐滴加入 2 mol·L^{-1} HCl 和 0.5 mol·L^{-1} Na$_2$S 溶液，振荡，观察沉淀是否溶解？在加入 Na$_2$S 溶液的试管中，再逐滴加入 2 mol·L^{-1} HCl，观察是否又有沉淀产生。解释观察到的现象并写出反应方程式。

在另一支试管中加入 10 滴 0.1 mol·L^{-1} BiCl$_3$ 溶液，用上面同样的方法，试验 Bi$_2$S$_3$ 在 2 mol·L^{-1} HCl 和 0.5 mol·L^{-1} Na$_2$S 溶液中的溶解情况，并和 Sb$_2$S$_3$ 比较有什么区别？

④ Sb^{3+}、Bi^{3+} 的鉴定。在一小片光亮的锡片或锡箔上滴加 1 滴 0.1 mol·L^{-1} SbCl$_3$ 溶液，锡片上出现黑色，此法可鉴定 Sb^{3+} 的存在。

鉴定 Bi^{3+} 通常采用亚锡酸钠作还原剂，将 Bi^{3+} 还原为金属铋来证实。

⑤ Sb^{3+}、Bi^{3+} 的分离和鉴定。自己取 0.1 mol·L^{-1} SbCl$_3$ 和 0.1 mol·L^{-1} BiCl$_3$ 溶液各 5 滴，混合后设法加以分离和鉴定。

五、注意事项

（1）在进行硝酸和硝酸盐性质试验时，由于会产生 NO、NO$_2$ 等有害气体，试验一定要在通风橱中进行。

（2）在进行亚硝酸的生成和性质试验时，若温度较高，亚硝酸分解迅速并产生 NO、NO$_2$ 等有害气体，因此如果实验时室温较高，可将试剂置于冰水中冷却后试验。

六、思考题

（1）硝酸及其盐、亚硝酸及其盐有什么主要的化学性质？为什么亚硝酸盐具有氧化性和还原性？

（2）磷酸的钙盐有几种形式，其溶解性有何不同？

（3）怎样鉴定 NH$_4^+$、NO$_3^-$、NO$_2^-$ 和 PO$_4^{3-}$？

（4）锡、铅、锑、铋的氢氧化物的酸碱性如何？如何通过试验判断？

（5）如何证明 +2 价锡的还原性、+4 价铅和 +5 价铋的氧化性？

（6）+3 价锡和 +3 价铋的硫化物是否能溶于稀盐酸和硫化钠中？如果溶于 Na$_2$S 中生成什么化合物？这种化合物加酸后会发生什么变化？

（7）怎样鉴定 Sn^{2+}、Pb^{2+} 和 Bi^{3+}？

实验十五　副族元素的化学性质（一）
（铬、锰、铁、钴、镍）

一、实验目的

（1）了解铬、锰、铁、钴、镍的重要化合物的制备和性质。

（2）了解铬、锰、铁等元素不同价态之间的转化。
（3）了解 +2 价铁的还原性和 +3 价铁的氧化性，并掌握 Fe^{2+} 和 Fe^{3+} 的鉴定方法。
（4）了解铬和锰的氧化还原性及介质对其氧化还原性的影响。
（5）了解铁、钴、镍硫化物及配合物的生成和性质。
（6）了解铬、Mn^{2+}、Co^{2+}、Ni^{2+} 的鉴定反应。

二、实验原理及内容提要

副族元素包括 d 区和 ds 区的元素，它们位于长式周期表的中部，从 ⅢB 族开始到 ⅡB 族为止。它们原子结构的特点是，除 ⅡB 族外，最后一个电子均填充到次外层的 d 轨道中，最外层有 1~2 个 s 电子（Pd 除外）。它们的电子构型为 $(n-1)d^{1\sim10}ns^{1\sim2}$。这种原子构型，使许多元素的原子和离子具有未填满的 d 轨道，这就造成了同一元素易形成不同氧化值的化合物，水合离子多有颜色，易形成配位化合物等副族化合物的特性。同周期副族元素具有较多的相似性，通常除 ⅠB、ⅡB 之外，将它们依四、五、六周期分成 3 个过渡系列。在进行实验时，为便于实验时进行性质之间的比较，将分成铬、锰、铁、钴、镍和铜、锌、银、镉、汞两组。

1. 铬和锰

铬和锰属于周期表第四周期的元素，分别位于 ⅥB 和 ⅦB 族中。它们的共同特点是：具有不同的氧化值且水合离子多有颜色。CrO_4^{2-}（黄色），$Cr_2O_7^{2-}$（橙色），过氧化铬（CrO_5）呈蓝色，+3 价铬的化合物呈蓝绿色或蓝色。锰有 +2、+3、+4、+5、+6、+7 等氧化值的化合物，其颜色也各不相同，Mn^{2+}（浅桃红色），Mn^{3+}（红色），MnO_2（棕色），MnO_3^-（蓝色），MnO_4^{2-}（绿色），MnO_4^-（紫色）。

铬酸盐与重铬酸盐在水溶液中存在着如下平衡：

$$Cr_2O_7^{2-} + H_2O \rightleftharpoons 2H^+ + 2CrO_4^{2-}$$
（橙色）　　　　　　　　（黄色）

从上式可以看出，在酸性溶液中，以 $Cr_2O_7^{2-}$ 为主，而在碱性溶液则以 CrO_4^{2-} 为主。
重铬酸盐与铬酸盐都是强氧化剂，它们的还原产物是 Cr^{3+} 或 CrO_2^-：

$$Cr_2O_7^{2-} + 14H^+ + 6e \rightleftharpoons 2Cr^{3+} + 7H_2O \quad \varphi^{\ominus} = +1.3 \text{ V}$$
$$CrO_4^{2-} + 2H_2O + 3e \rightleftharpoons CrO_2^- + 4OH^- \quad \varphi^{\ominus} = -0.12 \text{ V}$$

显然在酸性介质中较碱性介质中氧化能力强。例如：在酸性溶液中，$Cr_2O_7^{2-}$ 可以将 H_2O_2 氧化，生成氧气，本身被还原为 Cr^{3+}。

$$Cr_2O_7^{2-} + 8H^+ + 3H_2O_2 = 2Cr^{3+} + 7H_2O + 3O_2 \uparrow$$

但在反应过程中先生成中间产物 CrO_5，其反应式为：

$$Cr_2O_7^{2-} + 2H^+ + 4H_2O_2 = 2CrO_5 + 5H_2O$$

CrO_5（其中氧化值仍为 +6）不稳定，易分解放出 O_2，同时形成 +3 价铬盐。而 CrO_5 在乙醚或戊醇溶液中较稳定，因此，这一反应宜在低温下进行，常用来鉴定 $Cr_2O_7^{2-}$（或 CrO_4^{2-}）。+3 价铬盐在碱性溶液中与强氧化剂如 Na_2O_2 或 H_2O_2 反应时，则被氧化成黄色的铬酸盐。反应式为：

$$2CrO_2^- + 3H_2O_2 + 2OH^- = 2CrO_4^{2-} + 4H_2O$$

+3 价铬的氢氧化物呈两性，所以 +3 价铬盐容易水解。

用还原剂（如 Zn）可将 +6 价铬或 +3 价铬还原而得到 +2 价的铬。

MnO_4^- 是很强的氧化剂，依介质酸、碱性的强弱，它的还原产物可为 Mn^{2+}、Mn^{3+}、MnO_2、MnO_3^-、MnO_4^{2-} 等离子：

① 在浓硫酸中，MnO_4^- 与 Mn^{2+} 可以反应生成深红色的 Mn^{3+}：

$$MnO_4^- + 4Mn^{2+} + 8H^+ = 5Mn^{3+} + 4H_2O$$

② 将①反应体系中的酸浓度降低，则 Mn^{3+} 发生歧化反应，生成 Mn^{2+} 和 MnO_2：

$$2Mn^{3+} + 2H_2O \rightleftharpoons Mn^{2+} + MnO_2\downarrow + 4H^+$$

③ 在中性溶液中，MnO_4^- 与 Mn^{2+} 反应生成棕色的 MnO_2 沉淀：

$$2MnO_4^- + 3Mn^{2+} + 2H_2O = 5MnO_2\downarrow + 4H^+$$

④ 在强碱性溶液中，MnO_4^- 可以生成不稳定的特征浅蓝色的 +5 价锰的 MnO_3^-：

$$2MnO_4^- + 2H_2O + 4e = 2MnO_3^- + 4OH^-$$
$$4OH^- - 4e = 2H_2O + O_2\uparrow$$
$$2MnO_4^- = 2MnO_3^- + O_2\uparrow$$

⑤ 在强碱性溶液中，MnO_4^- 与 MnO_2 反应可以生成绿色的 +6 价锰的 MnO_4^{2-}：

$$2MnO_4^- + MnO_2 + 4OH^- = 3MnO_4^{2-} + 2H_2O$$

MnO_4^{2-} 在中性或微碱性溶液中即发生歧化反应，生成紫色的 MnO_4^- 和棕色的 MnO_2 沉淀：

$$3MnO_4^{2-} + 2H_2O \rightleftharpoons 2MnO_4^- + MnO_2\downarrow + 4OH^-$$

MnO_4^{2-} 可被强氧化剂（如氯）氧化成 MnO_4^-。

MnO_4^- 是最常用的强氧化剂，通常在酸性介质中被还原成 Mn^{2+}，在中性介质中被还原为 MnO_2，在强碱性介质中和有少量还原剂存在时被还原成 MnO_4^{2-}。

在硝酸溶液中，Mn^{2+} 可被 $NaBiO_3$（或 PbO_2）氧化生成紫红色的 MnO_4^-，利用这一反应可以鉴定 Mn^{2+}。但应当注意，溶液中若有 Cl^- 存在，则生成的 MnO_4^- 又被 Cl^- 还原，结果出现的红色又消失，故不能用盐酸酸化。检验时，Mn^{2+} 的浓度不宜过浓，以免生成的 MnO_4^- 与 Mn^{2+} 反应生成棕色的 MnO_2 沉淀。$NaBiO_3$ 的量要足够。反应式为：

$$5NaBiO_3 + 2Mn^{2+} + 14H^+ = 2MnO_4^- + 5Bi^{3+} + 5Na^+ + 7H_2O$$

2. 铁、钴、镍

铁、钴、镍称为铁系元素，它们的电子构型为 $3d^{6-8}4s^2$。但是与其他 d 区元素不同，均未得到氧化态为 +8 价的化合物。除铁、镍形成 +6 氧化态，钴形成 +4 氧化态外，一般常见的氧化态铁、钴为 +2、+3，镍为 +2、+4。$Fe(OH)_2$、$Co(OH)_2$、$Ni(OH)_2$ 均显碱性，它们呈不同的颜色：$Fe(OH)_2$ 呈白色，$Co(OH)_2$ 呈粉红色，$Ni(OH)_2$ 呈苹果绿色。它们遇到空气中的氧时，作用各不相同：$Fe(OH)_2$ 很快被氧化成红棕色的 $Fe(OH)_3$，在氧化过程中生成土绿色到几乎黑色的各种中间产物；$Co(OH)_2$ 缓慢地氧化成褐色的 $Co(OH)_3$。$Ni(OH)_2$ 则不与氧作用。这可从它的元素电势图得到解释。

铁、钴、镍的 +2 价和 +3 价氧化物都不溶于水和强碱，能溶于强酸。Co_2O_3 和 Ni_2O_3 都是强氧化剂，与盐酸反应可将 Cl^- 氧化成 Cl_2 而逸出：

$$M_2O_3 + 6HCl = 2MCl_2 + Cl_2\uparrow + 3H_2O \quad (M = Co,\ Ni)$$

Fe^{2+} 和 Fe^{3+} 在溶液中易水解，前者是还原剂，后者是弱的氧化剂。+2 价的铁、钴、镍盐大多有颜色。在溶液中，Fe^{2+} 呈浅绿色，Co^{2+} 呈粉红色，Ni^{2+} 呈亮绿色。

铁、钴、镍都能生成不溶于水而溶于稀酸的硫化物。但是 CoS 和 NiS 一旦自溶液中析出，由于结构改变而成为难溶物质，不再溶于稀酸。

铁系元素易形成配合物，尤以 NH_3、CN^- 为配体的常见。常用的有亚铁氰化钾 $K_4[Fe(CN)_6]$ 和铁氰化钾 $K_3[Fe(CN)_6]$。钴和镍也能生成配位化合物，如 $[Co(NH_3)_6]Cl_3$，$K_3[Co(NO_2)_6]$，$[Ni(NH_3)_6]SO_4$ 等。+2 价 Co 的配合物不稳定，易被氧化为 +3 价 Co 的配合物，而镍的配合物则以 +2 价的为稳定。

三、实验仪器及试剂

（1）仪器：试管，离心试管，量筒，酒精灯，玻璃棒。

（2）试剂：

① 酸：HCl（2 mol·L^{-1}，6 mol·L^{-1}，浓），H_2SO_4（1 mol·L^{-1}，3 mol·L^{-1}，浓），HNO_3（6 mol·L^{-1}）。

② 碱：NaOH（2 mol·L^{-1}，6 mol·L^{-1}，40%），氨水（2 mol·L^{-1}）。

③ 盐：$CrCl_3$（0.1 mol·L^{-1}），$K_2Cr_2O_7$（0.1 mol·L^{-1}），Na_2SO_3（0.1 mol·L^{-1}），$MnSO_4$（0.1 mol·L^{-1}，0.5 mol·L^{-1}），$Pb(Ac)_2$（0.1 mol·L^{-1}），$KMnO_4$（0.01 mol·L^{-1}），$FeCl_3$（0.1 mol·L^{-1}），KI（0.1 mol·L^{-1}），NH_4Cl（1 mol·L^{-1}），KSCN（S），$NiSO_4$（0.1 mol·L^{-1}，0.5 mol·L^{-1}），$CoCl_2$（0.1 mol·L^{-1}，0.5 mol·L^{-1}），$K_4[Fe(CN)_6]$（0.1 mol·L^{-1}），$K_3[Fe(CN)_6]$（0.1 mol·L^{-1}）。

（4）固体药品：Zn 粉（或 Zn 粒），MnO_2，$NaBiO_3$。

（5）其他：溴水，淀粉溶液，二乙酰二肟（1% 乙醇溶液），丙酮，乙醚，H_2O_2（3%），饱和 H_2S 溶液，石蕊试纸。

四、实验内容

1. 铬

（1）+2价铬离子的制备。

在试管中加入1 mL HCl（6 mol·L^{-1}）和1 mL CrCl$_3$（0.1 mol·L^{-1}），并加入少量锌粉，在酒精灯上微微加热，至大量的气体逸出时，观察溶液颜色的变化（Cr^{3+}为绿色，Cr^{2+}为天蓝色）。将上部清液吸出，在其中加数滴HNO$_3$（6 mol·L^{-1}），观察溶液又有什么变化？用化学方程式说明之。

（2）Cr(OH)$_3$的制备和性质。

在试管中加入CrCl$_3$（0.1 mol·L^{-1}）溶液1 mL，再加入适量的NaOH（2 mol·L^{-1}），观察Cr(OH)$_3$沉淀的生成及Cr(OH)$_3$的颜色。将沉淀摇动后分装在2支试管中，1支中继续加入NaOH（2 mol·L^{-1}），观察沉淀是否溶解；另一支试管中加入HCl（2 mol·L^{-1}），观察沉淀是否溶解。

用化学方程式表示上述试验发生的反应，并说明Cr(OH)$_3$是否具有两性。

（3）Cr^{3+}的还原性。

在10滴CrCl$_3$（0.1 mol·L^{-1}）溶液中加入过量的NaOH（2 mol·L^{-1}）溶液，即加入NaOH使沉淀出现后又复溶解，再加H$_2$O$_2$（3%）溶液1 mL，在酒精灯上加热，观察溶液颜色的变化，写出化学反应方程式，并解释溶液中出现的现象。

（4）Cr$_2$O$_7^{2-}$与CrO$_4^{2-}$的互换。

在试管中加入1 mL K$_2$Cr$_2$O$_7$（0.1 mol·L^{-1}），滴加NaOH（2 mol·L^{-1}）溶液，观察溶液中颜色的变化，用化学方程式解释之。

（5）Cr$_2$O$_7^{2-}$的氧化性。

在试管中加入1 mL K$_2$Cr$_2$O$_7$（0.1 mol·L^{-1}）溶液和10滴H$_2$SO$_4$（3 mol·L^{-1}），逐滴加入Na$_2$SO$_3$（0.1 mol·L^{-1}）溶液，至溶液的颜色发生改变为止。用化学反应方程式解释发生的变化。

（6）+3价铬的鉴定。

取试液1~2滴，加入过量的NaOH（2 mol·L^{-1}），使试液中的Cr^{3+}离子转变为CrO$_2^-$，然后加入H$_2$O$_2$（3%）约3~4滴，微热，溶液若呈黄色，待试液冷却后加入10滴乙醚，然后慢慢加入HNO$_3$（6 mol·L^{-1}）酸化，用力摇动试管，在乙醚层出现蓝色，表示试液中有Cr^{3+}存在。

（7）如何鉴定+6价铬的存在，由学生自行设计实验检验。

2. 锰

（1）Mn(OH)$_2$的生成与性质。

在3支试管中各加入MnSO$_4$（0.1 mol·L^{-1}）10滴，再各滴入5滴NaOH（2 mol·L^{-1}），观察沉淀的生成与颜色。

在上述3支含有Mn(OH)$_2$沉淀的试管中，第1支加入NaOH（6 mol·L^{-1}），观察沉淀溶解与否；第 2 支加入 HCl（2 mol·L^{-1}），观察沉淀是否溶解；第 3 支在空气中振荡，观察沉淀颜色的变化，以化学反应方程式解释之。

（2）Mn^{3+} 的生成与性质。

在试管中加入 2 滴 $MnSO_4$（0.5 mol·L^{-1}）溶液和 10 滴浓 H_2SO_4，用冷水冷却试管后，再加入 $KMnO_4$（0.01 mol·L^{-1}）5~6 滴，观察深红色 Mn^{3+} 的生成，写出化学方程式。若酸度不够则生成 MnO_2 沉淀。

在上述制得的溶液中加入 NaOH（2 mol·L^{-1}），观察沉淀的生成和颜色，写出化学反应方程式，并解释之。

（3）MnO_2 的生成。

在 10 滴 $KMnO_4$（0.01 mol·L^{-1}）溶液中，滴加 $MnSO_4$（0.1 mol·L^{-1}）溶液，观察红棕色 MnO_2 沉淀的生成。试写出化学反应方程式并解释之。

（4）MnO_4^{2-} 的生成。

在盛有 2 mL $KMnO_4$（0.01 mol·L^{-1}）溶液的试管中，加入 1 mL 40% NaOH 溶液，然后加入少量的 MnO_2 固体，微热，搅动，再静止片刻，离心沉降，上层清液呈现 MnO_4^{2-} 的特征绿色。写出化学反应方程式。用滴管将上层清液吸出置于另一支试管中，再用 H_2SO_4（3 mol·L^{-1}）酸化，则又有沉淀析出，观察溶液颜色的变化，并写出化学反应方程式。

（5）MnO_4^- 在不同介质中的还原产物。

取 2 支试管，在第 1 支中加 10 滴 H_2SO_4（3 mol·L^{-1}），在第 2 支中加入 1 mL NaOH（40%），然后在 2 支试管中分别加入 1 mL $KMnO_4$（0.01 mol·L^{-1}）溶液，并分别滴加 Na_2SO_3（0.1 mol·L^{-1}）溶液。观察 2 支试管中出现的现象，写出化学反应方程式。

（6）MnO_2 的氧化性。

在试管中放入少量 MnO_2 固体，再加入 10 滴浓 HCl，微热，观察溶液中绿色的出现，检查有无 Cl_2 产生，写出化学反应方程式。

（7）Mn^{2+} 的鉴定。

在试管中加入 5 滴 $MnSO_4$（0.1 mol·L^{-1}）和 5 滴 HNO_3（2 mol·L^{-1}），再加入少量固体 $NaBiO_3$，离心沉降后上层清液呈紫红色，表示有 Mn^{2+} 存在。

3. 铁

（1）$Fe(OH)_2$ 的生成与性质。

在试管中加入 2 mL 蒸馏水和 2 滴 H_2SO_4（1 mol·L^{-1}），煮沸片刻以驱走水中溶解的 O_2。再在试管中放入几粒 $FeSO_4·7H_2O$ 晶体，同时在另一支试管中加入 1 mL NaOH（2 mol·L^{-1}），煮沸后，将 2 支试管中的溶液相混合，观察白色沉淀的生成。再振动之，静置，观察沉淀颜色的改变，写出化学反应方程式，并解释之。

（2）$Fe(OH)_3$ 的制备。

在试管中加入 1 mL $FeCl_3$（0.1 mol·L^{-1}），并逐滴加入 NaOH（2 mol·L^{-1}）溶液，观察生成的沉淀的颜色和出现的情况。写出化学反应方程式。

（3）铁盐的水解。

将少量 $FeSO_4·7H_2O$ 晶体溶于试管内的蒸馏水中，用石蕊试纸检验溶液的酸碱性。写出水解方程式并解释之。

（4）Fe^{2+}的还原性。

在（3）所配制的$FeSO_4$溶液中加入一定量的H_2SO_4，再滴加$KMnO_4$（$0.01\ mol\cdot L^{-1}$）溶液，观察$KMnO_4$紫色的消失。写出化学反应方程式，并解释之。

（5）Fe^{3+}的氧化性。

在试管中加入$1\ mL\ FeCl_3$（$0.1\ mol\cdot L^{-1}$）溶液，往其中滴加KI（$0.1\ mol\cdot L^{-1}$）溶液，观察出现的现象并写出化学反应方程式。

（6）FeS的生成。

在自己配制的$FeSO_4$溶液中滴加饱和H_2S溶液，观察有无FeS沉淀的生成。若无沉淀，往其中滴加稀氨水（$2\ mol\cdot L^{-1}$），直至有大量沉淀析出。写出化学方程式。

将上述出现的FeS沉淀加入稀HCl，看FeS能否溶解。写出化学反应方程式，并解释实验现象。

（7）Fe^{3+}的鉴定。

在试管中加入$1\ mL$蒸馏水，往其中加$1\sim 2$滴$FeCl_3$（$0.1\ mol\cdot L^{-1}$）溶液，摇匀，再滴入$1\sim 2$滴$K_4[Fe(CN)_6]$（$0.1\ mol\cdot L^{-1}$）溶液，观察深蓝色沉淀的生成。写出化学反应方程式。

（8）Fe^{2+}的鉴定。

在试管中装入$1\ mL$蒸馏水，放入1粒$FeSO_4\cdot 7H_2O$晶体，待溶解后加入$1\sim 2$滴$K_3[Fe(CN)_6]$（$0.1\ mol\cdot L^{-1}$），观察深蓝色沉淀的生成。写出化学反应方程式。这是鉴定Fe^{2+}的方法。

4. 钴

（1）$Co(OH)_2$的制备与性质。

在试管中加入$3\sim 4\ mL\ CoCl_2$（$0.1\ mol\cdot L^{-1}$）溶液，逐滴加入$NaOH$（$2\ mol\cdot L^{-1}$），观察沉淀的生成和颜色。将试管不断振荡，观察沉淀颜色的变化。将沉淀摇起并分装在3支试管中。

在第1支试管中加入H_2SO_4（$1\ mol\cdot L^{-1}$），观察沉淀是否溶解；

在第2支试管中加入$NaOH$（$2\ mol\cdot L^{-1}$），观察沉淀能否溶解；

待第3支试管静置片刻，继续观察沉淀的颜色变化（从粉红色的$Co(OH)_2$向褐色的$Co(OH)_3$的转变过程）。写出化学反应方程式并解释之。

总结$Co(OH)_2$是否为两性氢氧化物。

（2）$Co(OH)_3$的制备和性质。

在$CoCl_2$溶液中滴加几滴溴水，然后加入$NaOH$（$2\ mol\cdot L^{-1}$）溶液，观察沉淀的生成和颜色，将沉淀加热至溶液沸腾，静止片刻，吸去上层清液。再用蒸馏水洗沉淀1次，吸去清水后，往试管中加入浓HCl，加热，用润湿的淀粉KI试纸检验逸出的气体中有无Cl_2。观察实验过程中的现象，并用化学反应方程式表明各步所发生的化学反应。

（3）CoS的生成。

在试管中加入$1\ mL\ CoCl_2$（$0.1\ mol\cdot L^{-1}$）溶液，再往其中滴加H_2S饱和溶液，观察沉淀的生成，若无沉淀，则往其中滴加几滴溴水。观察现象，写出化学反应方程式。

往含沉淀的试管中加几滴稀 HCl（2 mol·L^{-1}），观察沉淀是否溶解，并解释之。

（4）[Co(NH$_3$)$_6$]Cl$_2$ 的制备。

在试管中加入 1 mL CoCl$_2$（0.5 mol·L^{-1}）溶液和几滴 NH$_4$Cl（1 mol·L^{-1}）溶液并加入氨水（6 mol·L^{-1}），先出现沉淀（何物？），再加入氨水使沉淀溶解，观察溶液颜色的变化。静置，溶液颜色继续改变。写出化学反应方程式并加以解释。

（5）Co^{2+} 的鉴定。

在试管中加入 5 滴 CoCl$_2$（0.1 mol·L^{-1}）溶液，再加入少量固体 KSCN 和几滴丙酮，溶液中出现蓝色，这是由于生成了 [Co(SCN)$_4$]$^{2-}$，溶于丙酮，说明溶液中存在 Co^{2+}。

5. 镍

（1）Ni(OH)$_2$ 的制备和性质。

取 2 mL NiSO$_4$（0.1 mol·L^{-1}）溶液于试管中，滴加 NaOH（2 mol·L^{-1}），观察沉淀的生成和颜色，写出化学反应方程式。

将试管中的沉淀摇起，将其分装在 3 支试管中：在第 1 支试管中加入 H$_2$SO$_4$ 溶液，观察沉淀是否溶解；在第 2 支试管中加入 NaOH 溶液，观察沉淀溶解与否；第 3 支试管静置，观察沉淀的颜色是否发生改变。

总结 Ni(OH)$_2$ 是否为两性氢氧化物，在空气中放置是否稳定。

（2）Ni(OH)$_3$ 的制备和性质。

用 4（2）的方法制备 Ni(OH)$_3$，观察沉淀的生成和颜色（于离心试管中）。写出化学反应方程式。

将沉淀离心分离出来，在 Ni(OH)$_3$ 上滴加浓 HCl，观察有无 Cl$_2$ 产生。写出化学反应方程式。

（3）[Ni(NH$_3$)$_6$]SO$_4$ 的生成。

在试管中加入 10 滴 NiSO$_4$（0.5 mol·L^{-1}）溶液，滴加氨水（2 mol·L^{-1}），微热，观察碱式硫酸镍沉淀的生成和颜色，再滴加 5 滴 NH$_4$Cl（1 mol·L^{-1}）溶液。继续滴加氨水，即应观察到沉淀的溶解，并注意观察溶液的颜色，写出化学反应方程式。

（4）Ni^{2+} 的鉴定。

在试管中加入 5 滴 NiSO$_4$（0.1 mol·L^{-1}）溶液和 5 滴氨水（2 mol·L^{-1}），再加入 1 滴二乙酰二肟（1% 乙醇溶液），由于螯合物的生成而产生红色沉淀，说明溶液中存在 Ni^{2+}。

通过以上实验，总结 Fe(OH)$_2$、Co(OH)$_2$、Ni(OH)$_2$ 的稳定性规律及 Fe(OH)$_3$、Co(OH)$_3$、Ni(OH)$_3$ 的稳定性规律。

五、注意事项

（1）本实验的药品较多，取用时一定不要把试剂拿下试剂台，用后立即将滴管或小勺放回试剂瓶。

（2）本实验所用试剂，有的一种就有几种浓度，取用时一定要看清标签，否则有可能观察不到实验现象或得不到正确的实验结果。

（3）取用浓酸、浓碱时，一定要十分小心，以免被灼伤。

六、思考题

（1）如何检验氢氧化物是否为两性氢氧化物？

（2）$Cr(OH)_2$，$Mn(OH)_2$，$Fe(OH)_2$，$Co(OH)_2$，$Ni(OH)_2$ 的酸碱性及稳定性如何？它们的 +3 价氢氧化物的稳定性和酸碱性又如何呢？

（3）MnO_4^- 的还原产物与介质的酸碱性关系如何？

（4）如何鉴定 Cr^{3+}、CrO_4^{2-}、$Cr_2O_7^{2-}$ 的存在？

（5）如何鉴定 Mn^{2+} 的存在？

（6）Cr^{3+} 和 Mn^{2+} 的混合物如何进行分离？

（7）如何鉴定 Fe^{2+}、Fe^{3+}、Co^{2+}、Ni^{2+} 的存在？

（8）将 KNCS 溶液滴加到 Fe^{3+} 和 Co^{2+} 的溶液中，各发生什么反应？

（9）自行设计一个将 Fe^{3+} 和 Co^{2+} 进行分离和鉴定的实验。

实验十六　副族元素的化学性质（二）
（铜、银、锌、镉、汞）

一、实验目的

（1）了解铜、银、锌、镉、汞氢氧化物的生成和性质。

（2）了解铜、银、锌、镉、汞配位化合物的形成和性质。

（3）了解铜和银的氧化性。

（4）了解锌、镉、汞混合物的分离和个别离子的鉴定。

二、实验原理及内容提要

1. 铜、银

铜、银是周期系 IB 族元素，最外层仅有一个 s 电子，但由于次外层具有 18 电子结构，而最外层的 s 电子远没有 IA 族的元素易失，所以铜、银的活泼性远较 IA 族差。铜在化合物中的氧化值通常为 +2 价，但也有 +1，银在化合物中通常为 +1 价。

（1）铜、银氢氧化物的性质。

$Cu(OH)_2$ 呈蓝色，具有微弱的两性，以碱性为主，加热时易脱水而分解为黑色的 CuO：

$$Cu(OH)_2 \stackrel{\Delta}{=\!=\!=} CuO + H_2O$$

AgOH 很不稳定，极易脱水，在常温下即自行分解，生成 Ag_2O（灰棕色）和 H_2O：

$$2AgOH = Ag_2O + H_2O$$

（2）铜、银配合物的形成和性质。

各种氧化值的铜、银离子均易形成配位化合物。如在 $Cu(OH)_2$ 和 $AgCl$ 沉淀中加入过量氨水，沉淀均溶解而生成配离子：

$$Cu(OH)_2 + 4NH_3 = [Cu(NH_3)_4]^{2+} + 2OH^-$$

$$AgCl + 2NH_3 = [Ag(NH_3)_2]^+ + Cl^-$$

AgBr 虽然难溶于一般浓度的氨水，但它可溶于 $Na_2S_2O_3$ 溶液中：

$$AgBr + 2S_2O_3^{2-} = [Ag(S_2O_3)_2]^{3-} + Br^-$$

（3）Cu^{2+} 的氧化性及鉴定。

Cu^{2+} 具有一定的氧化性，当 I^- 与 Cu^{2+} 反应时，不是生成 CuI_2，而是生成白色的 CuI 沉淀：

$$2Cu^{2+} + 4I^- = 2CuI\downarrow + I_2$$
$$\text{(白色)}$$

CuI 溶于过量的 I^- 中，生成配离子 $[CuI_2]^-$。CuI 也能溶于 KSCN 溶液生成配离子 $[Cu(SCN)_2]^-$。由于这两种配位离子稳定性均较小，所以当溶液稀释时又会重新出现沉淀 CuI 和 CuSCN。

将 $CuCl_2$ 溶液中加入单质铜屑，当加入浓 HCl 时可产生泥黄色配离子 $[CuCl_2]^-$ 的溶液，将溶液稀释时则产生白色沉淀。反应式为：

$$Cu^{2+} + Cu + 4Cl^- = 2[CuCl_2]^-$$

$$[CuCl_2]^- = CuCl\downarrow + Cl^-$$
$$\text{(白色)}$$

利用 Cu^{2+} 与 $K_4[Fe(CN)_6]$ 反应生成红棕色沉淀 $Cu_2[Fe(CN)_6]$ 来鉴定 Cu^{2+} 的存在：

$$2Cu^{2+} + K_4[Fe(CN)_6] = Cu_2[Fe(CN)_6]\downarrow + 4K^+$$
$$\text{(红棕色)}$$

Fe^{3+} 对该鉴定反应有干扰（生成蓝色的 $K[Fe(CN)_6Fe]$），故试验时加入 $NH_3 \cdot H_2O$ 和 NH_4Cl，除去 $Fe(OH)_3$ 沉淀，而 Cu^{2+} 由于生成了 $[Cu(NH_3)_4]^{2+}$ 配离子而留在溶液中。

（4）Ag^+ 的氧化性及鉴定。

Ag^+ 有一定的氧化性。在 $[Ag(NH_3)_2]^+$ 溶液中加入醛类，如甲醛、葡萄糖等还原剂，则 Ag^+ 被还原为单质 Ag，利用这个反应来制备银镜。反应如下：

$$2Ag^+ + 2NH_3 + 2H_2O = Ag_2O\downarrow + 2NH_4^+$$

$$Ag_2O + 4NH_3 + H_2O = 2[Ag(NH_3)_2]^+ + 2OH^-$$

$$2[Ag(NH_3)_2]^+ + CH_2O + 2OH^- = 2Ag + HCOONH_4 + 3NH_3 + H_2O$$

利用 AgCl 难溶于酸将其分离，再用氨水溶解生成 $[Ag(NH_3)_2]^+$，加入 I^- 时产生黄色沉淀这一现象可鉴定 Ag^+ 的存在。

2. 锌、镉、汞

锌、镉、汞 3 种元素属周期系中 ⅡB，最外层有两个 s 电子。它们的氧化值为 +2 价，但汞也有 +1 价。

（1）锌、镉、汞氢氧化物的性质。

它们的氢氧化物彼此间有明显的差异：$Zn(OH)_2$ 属于两性，$Cd(OH)_2$ 属碱性，而 Hg^{2+} 的氢氧化物极易转变为相应的黄色 HgO：

$$Hg^{2+} + 2OH^- =\!=\!= HgO\downarrow + H_2O$$

Hg_2^{2+} 的氢氧化物则发生歧化，生成 HgO 和 Hg，反应式为：

$$Hg_2^{2+} + 2OH^- =\!=\!= HgO\downarrow + Hg\downarrow + H_2O$$
$$\text{（黄）}\quad\text{（黑）}$$

（2）锌、镉、汞配合物的形成。

锌、镉、汞都易形成配合物。例如：$ZnCl_2$ 溶液中滴加氨水，首先生成白色沉淀，然后沉淀消失。反应式为：

$$Zn^{2+} + 2NH_3\cdot H_2O =\!=\!= Zn(OH)_2\downarrow + 2NH_4^+$$
$$Zn(OH)_2 + 4NH_3 =\!=\!= [Zn(NH_3)_4]^{2+} + 2OH^-$$

Cd^{2+} 同样也会生成 $[Cd(NH_3)_4]^{2+}$ 配离子。

汞与 $NH_3\cdot H_2O$ 相遇时，无论是 +2 价或 +1 价的汞，都发生非配位反应。如 $HgCl_2$ 和 Hg_2Cl_2 与 $NH_3\cdot H_2O$ 相混合，在无大量的 NH_4^+ 存在的情况下，发生以下反应：

$$HgCl_2 + 2NH_3 =\!=\!= Hg(NH_2)Cl\downarrow + NH_4Cl$$
$$\text{（白色）}$$

$$Hg_2Cl_2 + 2NH_3 =\!=\!= Hg(NH_2)Cl\downarrow + Hg\downarrow + NH_4Cl$$
$$\text{（白色）}\quad\text{（黑色）}$$

而 $Hg(NO_3)_2$ 和 $Hg_2(NO_3)_2$ 也与 $NH_3\cdot H_2O$ 发生以下反应：

$$2Hg(NO_3)_2 + 4NH_3 + H_2O =\!=\!= HgO\cdot HgNH_2NO_3\downarrow + 3NH_4NO_3$$
$$\text{（白色）}$$

$$2Hg_2(NO_3)_2 + 4NH_3 + H_2O =\!=\!= HgO\cdot HgNH_2NO_3\downarrow + 2Hg\downarrow + 3NH_4NO_3$$
$$\text{（白色）}\quad\quad\text{（黑色）}$$

当 $HgCl_2$ 与 KI 反应时，即先生成橘红色的沉淀 HgI_2，当 KI 过量时，由于配离子 $[HgI_4]^{2-}$ 的生成而红色沉淀溶解，变为无色溶液。反应如下：

$$HgCl_2 + 2KI =\!=\!= HgI_2\downarrow + 2KCl$$
$$\text{（桔红色）}$$

$$HgI_2 + 2KI =\!=\!= K_2[HgI_4]$$
$$\text{（无色）}$$

而 $Hg_2(NO_3)_2$ 与 KI 反应为：

$$Hg_2(NO_3)_2 + 2KI =\!=\!= Hg_2I_2\downarrow + 2KNO_3$$
$$\text{（黄绿色）}$$

$$Hg_2I_2 + 2KI =\!=\!= K_2[HgI_4] + Hg\downarrow$$
$$\text{（无色）}\quad\text{（黑色）}$$

由上式可见 Hg_2^{2+} 在反应时容易发生歧化反应，生成 Hg^{2+} 和 Hg 两种不同氧化值的物质。

（3） Zn^{2+}、Cd^{2+}、Hg^{2+}、Hg_2^{2+} 的鉴定。

Zn^{2+} 与二苯硫腙反应生成红色螯合物，是鉴定 Zn^{2+} 的反应。Cd^{2+} 是通过与饱和 H_2S 溶液反应生成特征的黄色 CdS 沉淀来鉴定的，其反应式如下：

$$Cd^{2+} + H_2S = CdS\downarrow + 2H^+$$

Hg^{2+} 与 $SnCl_2$ 反应生成白色的 Hg_2Cl_2 沉淀，当 $SnCl_2$ 过量时，则 Hg 被还原出来而成为黑色。由于白色和黑色相间，常呈灰色。反应式为：

$$SnCl_2(适量) + 2HgCl_2 = \underset{(白色)}{Hg_2Cl_2\downarrow} + SnCl_4$$

$$SnCl_2(过量) + Hg_2Cl_2 = \underset{(黑色)}{2Hg\downarrow} + SnCl_4$$

Hg^{2+} 就是利用这个反应鉴定。

Hg_2^{2+} 的鉴定可用上述与 KI 的反应。

三、实验仪器及试剂

（1）仪器：试管，离心试管，量筒，酒精灯，玻璃棒。

（2）试剂：

① 酸：HCl（$2\,mol\cdot L^{-1}$，浓），HNO_3（$2\,mol\cdot L^{-1}$，$6\,mol\cdot L^{-1}$）。

② 碱：$NaOH$（$2\,mol\cdot L^{-1}$，$6\,mol\cdot L^{-1}$），氨水（$2\,mol\cdot L^{-1}$，$6\,mol\cdot L^{-1}$）。

③ 盐：$CuSO_4$（$0.1\,mol\cdot L^{-1}$），$CuCl_2$（$1\,mol\cdot L^{-1}$），$AgNO_3$（$0.1\,mol\cdot L^{-1}$），KBr（$0.1\,mol\cdot L^{-1}$），KI（$1\,mol\cdot L^{-1}$，饱和），$K_4[Fe(CN)_6]$（$0.1\,mol\cdot L^{-1}$），$Na_2S_2O_3$（$0.1\,mol\cdot L^{-1}$），$Zn(NO_3)_2$（$0.1\,mol\cdot L^{-1}$），$Cd(NO_3)_2$（$0.1\,mol\cdot L^{-1}$），$Hg(NO_3)_2$（$0.1\,mol\cdot L^{-1}$），$HgCl_2$（$0.1\,mol\cdot L^{-1}$），$Hg_2(NO_3)_2$（$0.1\,mol\cdot L^{-1}$），$SnCl_2$（$0.1\,mol\cdot L^{-1}$），H_2S（饱和）。

④ 固体试剂：铜屑。

⑤ 甲醛。

⑥ 二苯硫腙溶液。

四、实验内容

1. 铜、银

（1）氢氧化物的生成和性质。

① 取 3 支试管，各加入 5 滴 $CuSO_4$（$0.1\,mol\cdot L^{-1}$）溶液和 3 滴 $NaOH$（$2\,mol\cdot L^{-1}$），观察生成的沉淀颜色，然后，在第 1 支试管中加入 5 滴 HCl（$2\,mol\cdot L^{-1}$），观察沉淀是否溶解，若未溶解，再滴加 HCl；在第 2 支试管中滴加浓 $NaOH$（$6\,mol\cdot L^{-1}$），观察沉淀溶解与否；第 3 支试管在酒精灯上加热，观察沉淀颜色的变化。待冷却后往其中加浓 HCl，观察溶解与否。

依上述实验结果对 $Cu(OH)_2$ 的性质做出结论，并写出有关化学反应方程式。

② 在试管中加入 10 滴 AgNO$_3$ 溶液（0.1 mol·L^{-1}），加入 2 滴 NaOH（2 mol·L^{-1}），观察沉淀的生成和颜色的变化。写出化学反应方程式。

（2）铜、银配合物的生成与性质。

① 在试管中加入约 1 mL CuSO$_4$（0.1 mol·L^{-1}）溶液，逐滴加入氨水（2 mol·L^{-1}），观察先生成 Cu(OH)$_2$ 沉淀，后又溶解成深蓝色的 [Cu(NH$_3$)$_4$]SO$_4$ 溶液。观察现象写出化学反应方程式。

② 以 AgNO$_3$（0.1 mol·L^{-1}）溶液代替 CuSO$_4$ 进行上述①的试验，观察沉淀的生成和溶解以及溶液颜色的变化。解释所观察到的现象并写出化学反应方程式。

③ 在离心试管中加入 5 滴 AgNO$_3$（0.1 mol·L^{-1}）和 5 滴 HCl（2 mol·L^{-1}）溶液，观察沉淀的生成，再滴加氨水至沉淀恰好溶解为止。写出化学反应方程式。

在上述溶液中加入 5 滴 KBr（0.1 mol·L^{-1}）溶液，观察生成的沉淀的颜色，离心沉降，弃去清液，在沉淀中加入 Na$_2$S$_2$O$_3$（0.1 mol·L^{-1}）溶液，观察沉淀的溶解。写出化学反应方程式。

④ 在试管中加入 1 mL 浓 HCl 和一块铜屑，再加入 10 滴 CuCl$_2$（1 mol·L^{-1}），在酒精灯上加热至泥黄色出现时为止。在小烧杯中装入半杯自来水，将 0.5 mL 泥黄色的溶液转移至小烧杯中，观察白色沉淀 CuCl 的出现，回收铜屑。解释现象，并写出化学反应方程式。

⑤ 在离心试管中加入 1 mL KI（0.1 mol·L^{-1}）和 10 滴 CuSO$_4$（0.1 mol·L^{-1}），摇动后离心沉淀。观察清液中由于 I$_2$ 的析出而呈红色，或者用淀粉滴入检查 I$_2$ 的存在。在沉淀中加入 1 mL 蒸馏水，用玻璃棒搅起，再离心分离，倾出清液，则可看到白色的沉淀（CuI）。往其中加饱和的 KI 溶液，则可看到沉淀的溶解。往其中加入数滴蒸馏水，观察沉淀的重新析出。写出有关的化学反应方程式，并解释观察到的现象。

⑥ 利用银氨配离子进行银镜反应。取 1 支试管，用去污粉等洗至不挂水珠，装入约 1 mL AgNO$_3$（0.1 mol·L^{-1}）溶液，再逐滴加入稀氨水使出现的 AgOH 又溶解为 [Ag(NH$_3$)$_2$]$^+$ 配离子，再多加 3 滴至 5 滴 NH$_3$·H$_2$O，然后加入 2% 甲醛溶液 1 滴。将试管放入烧杯中的水浴上加热，待数分钟，可以看到试管壁上镀上一层光亮的银单质。将试管中的银用稀硝酸洗掉倒入回收瓶中。写出发生银镜反应的化学方程式。

（3）Cu^{2+} 的鉴定。

在试管中加入 1 滴 CuSO$_4$（0.1 mol·L^{-1}），再滴入 K$_4$[Fe(CN)$_6$]（0.1 mol·L^{-1}）溶液，观察红棕色沉淀的形成。写出化学反应方程式。

（4）Ag$^+$ 的鉴定。

在离心试管中加入数滴 AgNO$_3$（0.1 mol·L^{-1}）溶液，再滴加 HCl（2 mol·L^{-1}）使沉淀完全，离心分离，倾出清液，往沉淀中滴加氨水，使沉淀溶解，再滴加 KI（0.1 mol·L^{-1}）溶液，出现黄色沉淀 AgI，表示 Ag$^+$ 的存在。写出化学反应方程式，并解释出现的现象。

2. 锌、铝、汞

（1）氢氧化物的生成与性质。

① 取 2 支试管，各加入 1 mL Zn(NO$_3$)$_2$（0.1 mol·L^{-1}）溶液，并分别滴加 NaOH（2 mol·L^{-1}）至产生白色沉淀。

在第 1 支试管中继续滴加 NaOH（2 mol·L^{-1}）溶液，观察白色沉淀的消失。写出化学反应方程式。

在第 2 支试管中滴加 HCl（2 mol·L^{-1}），同样会使沉淀消失。写出化学反应方程式。

总结 $Zn(OH)_2$ 是否属于两性氢氧化物。

用 $Cd(NO_3)_2$（0.1 mol·L^{-1}）代替①中的 $Zn(NO_3)_2$ 重复上述试验，总结 $Cd(OH)_2$ 的化学性质。并写出化学反应方程式。

在 2 支试管中各加入 10 滴 $Hg(NO_3)_2$（0.1 mol·L^{-1}）溶液并滴入 NaOH（2 mol·L^{-1}），观察 HgO 沉淀的生成和颜色。写出化学反应方程式。

在第 1 支试管中加入过量的 NaOH，观察沉淀能否溶解；

在第 2 支试管中加入 HNO_3（2 mol·L^{-1}），观察沉淀能否溶解。

写出化学反应方程式，并总结 HgO 的化学性质。

从以上反应对锌、镉、汞的氢氧化物性质的规律作出小结。

在 1 支试管中加入 10 滴 $Hg_2(NO_3)_2$（0.1 mol·L^{-1}）溶液，再滴加 NaOH（2 mol·L^{-1}）溶液，观察沉淀的生成和颜色、写出化学反应方程式。

（2）与氨水的反应：

① 在试管中加入 1 mL $Zn(NO_3)_2$（0.1 mol·L^{-1}）溶液，滴加氨水（2 mol·L^{-1}），观察沉淀的生成和溶解。写出化学反应方程式，并解释观察到的现象。

② 取 10 滴 $Cd(NO_3)_2$（0.1 mol·L^{-1}）溶液于试管中，往其中滴加氨水（2 mol·L^{-1}），观察生成的沉淀，继续滴加氨水，观察沉淀能否溶解。写出化学反应方程式并说明之。

③ 取 10 滴 $HgCl_2$（0.1 mol·L^{-1}）溶液于试管中，往其中加入氨水（2 mol·L^{-1}），观察沉淀的生成和颜色。继续滴加氨水，观察沉淀能否溶解。写出化学反应方程式。

④ 在试管中滴加入 10 滴 $Hg_2(NO_3)_2$（0.1 mol·L^{-1}）溶液，滴加氨水（6 mol·L^{-1}），观察沉淀的生成。写出化学反应方程式。

（3）汞与 I^- 的反应。

① 在试管中加入 5 滴 $Hg(NO_3)_2$（0.1 mol·L^{-1}）溶液，滴加 KI（0.1 mol·L^{-1}）溶液，观察红色沉淀的生成。继续加入 KI，观察沉淀能否溶解。写出化学反应方程或说明之。

② 用 $Hg_2(NO_3)_2$（0.1 mol·L^{-1}）代替①中的 $Hg(NO_3)_2$ 溶液进行同样试验，观察现象，写出化学反应方程式并解释之。

（4）Zn^{2+}、Cd^{2+}、Hg^{2+} 的鉴定。

① Zn^{2+} 的鉴定。在试管中加入 2 滴 $Zn(NO_3)_2$（0.1 mol·L^{-1}）溶液和 5 滴 NaOH（6 mol·L^{-1}）溶液，再加 10 滴二苯硫腙，摇动后在水浴上加热，溶液呈粉红色，表示有 Zn^{2+} 存在。

② Cd^{2+} 的鉴定。在试管中加入 5 滴 $Cd(NO_3)_2$（0.1 mol·L^{-1}）溶液，加入饱和的 H_2S 溶液，若有黄色的 CdS 沉淀产生，表示有 Cd^{2+} 的存在。

③ Hg^{2+} 的鉴定。在试管中加入 5 滴 $HgCl_2$（0.1 mol·L^{-1}）溶液和 5 滴 $SnCl_2$（1 mol·L^{-1}）溶液，若有白色沉淀（Hg_2Cl_2）产生，继而转变为黑色的 Hg 沉淀，在转变过程中可以看到灰黑色（白+黑），沉淀说明溶液中有 Hg^{2+} 存在。写出化学反应方程式。

五、注意事项

$HgCl_2$ 及许多汞盐剧毒，在使用时应特别小心，切忌溅入口中或手上，若不小心滴在手上，应立即用水冲洗。

六、思考题

（1）如何制备铜、银、锌、镉的氢氧化物？

（2）将 NaOH 分别加入到 $AgNO_3$、$Hg(NO_3)_2$、$Hg_2(NO_3)_2$ 的溶液中，各得到什么产物？

（3）将氨水分别加到 $CuSO_4$、$ZnSO_4$、$AgNO_3$、$Cd(NO_3)_2$、$Hg(NO_3)_2$、$Hg_2(NO_3)_2$ 溶液中，会发生什么现象？会得到什么产物？比较这些反应的异同。

（4）将 KI 加入到 $CuSO_4$ 溶液中，会产生什么现象？生成的产物是什么？进行讨论。

（5）将 KI 分别滴加到 $AgNO_3$、$Hg(NO_3)_2$ 溶液中，有何现象产生？产物各是什么？有何不同？

（6）在溶液中 Hg^{2+}、Hg_2^{2+} 与 KI 的反应有何不同？写出化学反应方程式。

（7）你自己设计一套实验步骤，分离和鉴定下列各对离子：

① Zn^{2+} 和 Cd^{2+} ② Zn^{2+} 和 Ag^+ ③ Mn^{2+} 和 Fe^{3+}

④ Cu^{2+} 和 Ag^+ ⑤ Cu^{2+} 和 Cr^{3+} ⑥ Hg^{2+} 和 Zn^{2+}

第6章 研究创新型实验

实验一 大气中总烃及非甲烷烃的测定

一、实验目的

（1）掌握气相色谱法测定大气中总烃及非甲烷烃的基本原理及操作技能。
（2）了解用气相色谱仪进行定性和定量测定的方法。

二、实验原理及内容提要

用气相色谱仪以氢焰离子化检测器，分别测定空气中总烃及甲烷烃的含量，两者之差即为非甲烷烃的含量。

以氮气为载气测定总烃时，总烃峰中包含着氧峰，气样中的氧产生正干扰。在固定色谱条件下，一定量氧的响应值是固定的。因此可以用净化空气求出空白值，并从总烃峰中扣除，以消除氧的干扰。

方法检出限为 0.14 μg（以甲烷计，进样量 1 mL）。

三、实验仪器及试剂

（1）仪器：
① 玻璃注射器（容量为 100 mL）。
② 气相色谱仪，附火焰离子化检测器。气相色谱仪并联两根色谱柱，两根色谱柱的尾端连接一个三通与火焰离子化检测器相连。柱 1 为长 2 m，内径为 4 mm 的不锈钢螺旋空柱，用于测定总烃；柱 2 为长 2 m，内径为 4 mm 的不锈钢螺旋柱，柱内填充 60~80 目 GDX-502 担体，用于测定甲烷。色谱流程图如图 6.1 所示。
③ 除烃净化空气装置如图 6.2 所示。U 形管为内径 4 mm 的不锈钢管，内装数克钯-6201 催化剂，床层高约 7~8 cm，在 U 形管前接 1 m 长、内径为 4 nm 的不锈钢预热管，炉温为 450~500 ℃。

（2）试剂：
① 甲烷标准气体（以氮气为底气），氮气，氢气，压缩空气。后三种气体均需经硅胶、5 A 分子筛及活性炭净化处理。

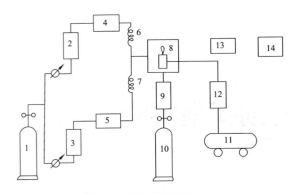
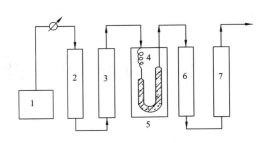

图 6.1 色谱流程图

1—氮气瓶；2、3、9、12—净化器；4、5—六通阀带 1 mL 定量管；6—2 m GDX-502 柱；7—2 m 空柱；8—火焰离子化检测器；10—氢气瓶；11—空压机；13—放大器；14—记录仪

图 6.2 除烃净化空气装置

1—无油压缩机；2—硅胶及 5A 分子筛；3—活性炭；4—1 m 预热管；5—高温管式炉（450～500 ℃）；6—硅胶及 5A 分子筛；7—烧碱石棉

② 钯-6201 催化剂。取一定量氯化钯（$PdCl_2$），在酸性条件下用去离子水将其溶解，溶液量要能浸没 10 g 60～80 目 6201 担体为宜。放置 2 h，在轻轻搅拌下将其蒸干，然后装入 U 形管内，置于加热炉中，在 100 ℃ 通入空气烘干 30 min。再升温至 500 ℃ 灼烧 4 h，然后将温度降至 400 ℃，用氮气置换 10 min 后，再通入氢气还原 9 h。再用氮气置换 10 min，即得到黑褐色钯-6201 催化剂。

四、实验内容

1. 采样

用 100 mL 注射器抽取现场空气，冲洗注射器 3～4 次，采气样 100 mL，用橡皮头密封注射器口，样品应在 12 h 之内测定。

2. 色谱条件

柱温：80 ℃；检测室温度：120 ℃；汽化室温度：120 ℃；载气（氮气）流量：70 mL·min^{-1}；燃气（氢气）流量：70～75 mL·min^{-1}；助燃气（空气）流量：900～1 000 mL·min^{-1}。

3. 定性分析

样品经 1 mL 定量管，通过六通阀进入色谱仪空柱，总烃只出一个峰，不能将样品中的各种烷烃、烯烃、芳香烃以及醛、酮等有机物分开。

样品经 1 mL 定量管，通过大通阀进入色谱仪 GDX-502 柱时，空气峰及其他烃类与甲烷均分开，如图 6.3 所示。

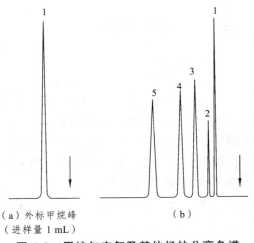

(a) 外标甲烷峰（进样量 1 mL）

(b)

图 6.3 甲烷与空气及其他烃的分离色谱

1—空气峰；2—甲烷峰；3—乙烷、乙烯峰；4—丙烷峰；5—丁烷峰（气样进样量 1 mL）

配制已知气样,根据保留时间,可对气样中各种成分进行定性分析。

4. 定量分析

将气样、甲烷标准气体及除烃净化空气,依次分别经 1 mL 定量管,通过六通阀进入色谱仪空柱。分析测量总烃峰高 h_t(包括氧峰),甲烷标准气体峰高 h_s 以及除烃净化空气峰高 h_a,如图 6.4 所示。

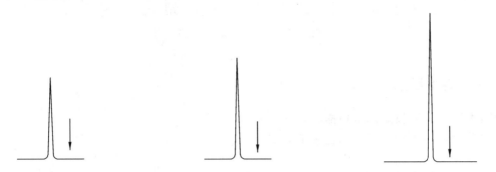

(a)总烃峰及氧峰(进样量 1 mL)　(b)净化空气峰(进样量 1 mL)　(c)甲烷峰(进样量 1 mL)

图 6.4　总烃色谱图

将气样及甲烷标准气体,经 1 mL 定量管,通过六通阀进入 GDX-502 柱,测量气样中甲烷的峰高 h_m 及甲烷标准气体的峰高 h_s。

5. 计　算

$$总烃(以甲烷计) = \frac{h_t - h_a}{h_s} \times c_s \ (\text{mg} \cdot \text{m}^{-3}) \tag{6.1}$$

$$甲烷 = \frac{h_m}{h_s'} \times c_s \ (\text{mg} \cdot \text{m}^{-3}) \tag{6.2}$$

式中　h_t——气样中总烃峰高(包括氧峰),mm;

h_a——除烃净化空气峰高,mm;

h_s——甲烷标准气体经空柱后测得的峰高,mm;

h_m——气样中甲烷的峰高,mm;

h_s'——甲烷标准气体经过 GDX-502 柱测得的峰高,mm;

c_s——甲烷标准气体的浓度,mg·m^{-3}。

以上两浓度之差即为非甲烷烃浓度。

五、注意事项

(1)气相色谱所用气体流量比为氮气∶氢气∶空气 = 1∶1∶(13~14),助燃气体用量比通常用量稍大一些。

(2)净化空气处理量以 500~600 mL·min^{-1} 为宜,在 GDX-502 柱上检验不出烃类峰为合格。

(3)GDX-502 柱使用前,应在 100 ℃ 左右通氮气老化 24 h。

六、思考题

（1）用气相色谱进行定性分析和定量分析各有何特点？
（2）解释本实验中的计算公式。

实验二　同步荧光法同时测定色氨酸、酪氨酸和苯丙氨酸

一、实验目的

（1）了解等波长差同步扫描的原理和方法。
（2）学习用不同荧光法测定多组分混合物。

二、实验原理及内容提要

色氨酸（Try）、酪氨酸（Tyr）和苯丙氨酸（Phe）是天然氨基酸中仅有的能发射荧光的组分，可以用荧光法测定。但由于三者的激发光谱和发射光谱互相重叠，常规荧光法不能实现混合物中这三种组分的分别测定。但等波长差（$\Delta\lambda = \lambda_{em} - \lambda_{ex}$）同步扫描技术可以通过 $\Delta\lambda$ 的选择，实现多组分混合物组分的选择性测定。当仅有酪氨酸和色氨酸共存时，可分别利用酪氨酸（$\Delta\lambda$ <15 nm）和色氨酸（$\Delta\lambda$ >60 nm）特征的同步扫描光谱实现这两组分的分别测定。当同时含有这 3 种氨基酸时，可以在 pH = 7.4 的缓冲介质中，以 $\Delta\lambda$ = 55 nm 进行同步扫描，利用苯丙氨酸 217 nm，酪氨酸 232 nm 和色氨酸 284 nm 的同步荧光峰进行分别测定。测定范围是苯丙氨酸：$0.07 \sim 5\,\mu g \cdot mL^{-1}$；酪氨酸：$0.02 \sim 5\,\mu g \cdot mL^{-1}$；色氨酸：$0.001 \sim 0.5\,\mu g \cdot mL^{-1}$。酪氨酸在 268 nm 处的同步荧光峰对色氨酸的测定有一定干扰，但可以校正。

三、实验仪器与试剂

（1）仪器：960MC 荧光分光光度计，25 mL 带玻塞的比色管，分度吸量管。
（2）试剂：
① 苯丙氨酸、酪氨酸、色氨酸标准溶液。先配制 $0.5\,mg \cdot mL^{-1}$ 标准溶液，再逐次稀释制备含苯丙氨酸 $1\,\mu g \cdot mL^{-1}$、$10\,\mu g \cdot mL^{-1}$；含酪氨酸 $2\,\mu g \cdot mL^{-1}$ 和含色氨酸 $0.1\,\mu g \cdot mL^{-1}$、$1\,\mu g \cdot mL^{-1}$ 的工作溶液。
② pH 为 7.4 的 KH_2PO_4 - NaOH 缓冲液。$0.5\,mol \cdot L^{-1}$ NaOH 溶液与 $0.5\,mol \cdot L^{-1}$ KH_2PO_4 按 4：5 体积混合而成。

四、实验内容

1. 荧光激发、发射和同步光谱测定

分别移取苯丙氨酸（$10\,\mu g \cdot mL^{-1}$，4.0 mL）酪氨酸（$2\,\mu g \cdot mL^{-1}$，8.0 mL）和色氨酸

(1 μg · mL^{-1}, 4.0 mL)标准溶液于 25 mL 比色管中，各加入 pH 为 7.4 的缓冲溶液 2 mL，用去离子水稀释至刻度，摇匀后测定其荧光激发、发射和同步($\Delta\lambda = 55$ nm)光谱。确定其峰值波长和峰强度。

2. 工作曲线

按前述 3 种氨基酸各自的测定范围，分别移取不同量（每种氨基酸不少于 5 种浓度）的苯丙氨酸、酪氨酸和色氨酸标准溶液于 25 mL 比色管中，各加入 2 mL pH 为 7.4 的 KH_2PO_4 - NaOH 缓冲液，用水稀释至刻度，摇匀。用 $\Delta\lambda = 55$ nm 进行同步扫描，分别读取 217 nm、232 nm、284 nm 处对应苯丙氨酸、酪氨酸和色氨酸的同步荧光信号强度，然后分别绘制各种氨基酸的同步荧光信号强度与浓度的工作曲线。

3. 未知液测定

移取两份各 5 mL 含上述 3 种氨基酸的混合未知液于 25 mL 比色管中，加入 2 mL pH 为 7.4 的缓冲溶液，按上述工作曲线相同条件进行同步扫描，记录 217 nm、232 nm、284 nm 处的同步扫描荧光信号强度。计算两份未知液在上述波长同步荧光信号强度的平均值。

4. 数据处理

（1）绘制 3 种氨基酸各自的同步荧光强度与浓度关系的工作曲线，拟合出线性回归方程。

（2）由混合未知液同步扫描在 217 nm 和 232 nm 处的同步荧光信号值，分别从苯丙氨酸和酪氨酸各自的工作曲线确定未知液中这两种氨基酸的含量。

（3）若混合未知液中不含酪氨酸，则未知液中色氨酸的含量，可根据其同步扫描在 284 nm 处的同步信号强度，由色氨酸的工作曲线确定；但若样品中含有酪氨酸，由于色氨酸在 284 nm 处的同步荧光信号受到酪氨酸 268 nm 处的同步荧光峰的影响，测定结果将偏高，偏高程度随酪氨酸量增加而增加，可按照下式校正：

$$F = F_{284} - KF_{232} - F_0 \tag{6.3}$$

式中　K——酪氨酸在 284 nm 与 232 nm 同步荧光信号的比值，可由单组分酪氨酸求得；

F_{232}——混合未知液中酪氨酸在 232 nm 处的同步荧光信号；

F_{284}——在波长 284 nm 处对混合未知液测得的同步荧光信号；

F_0——空白溶液在 284 nm 处产生的同步荧光信号；

F——混合未知液中真正由色氨酸在 284 nm 处产生的同步荧光信号。由 F 值从色氨酸工作曲线可确定混合未知液中色氨酸的含量。

（4）列出未知液测定结果。

五、注意事项

（1）根据前述 3 种氨基酸各自测定的工作曲线线性范围，认真拟定在工作曲线制作实验中各种氨基酸标准溶液的浓度和取样量。

（2）Δλ 的选择直接影响到同步荧光峰的峰形、峰位和强度，实验中应保持一致。

六、思考题

（1）同步扫描荧光技术有哪些优点？
（2）在校正酪氨酸对色氨酸测定的影响时，公式中 KF_{232} 项的物理意义是什么？

实验三　废水中微量苯酚的测定

一、实验目的

（1）掌握差值吸收光谱法测定废水中微量苯酚的原理和方法。
（2）学会使用 UV-1800 紫外-可见分光光度计。

二、实验原理及内容提要

酚类为原生质毒，属高毒物质。人体摄入一定量时，可出现急性中毒症状，长期饮用被酚污染的水，可引起头昏、出疹、瘙痒、贫血及各种神经系统症状。水中含低浓度（0.1～0.2 mg·L^{-1}）酚类时，鱼肉有异味；高浓度（大于 5 mg·L^{-1}）时，鱼类会中毒死亡。用含酚浓度高的废水灌溉农田，会造成农作物减产或枯死。

纯净的天然水中不存在酚，水中酚主要来源于工业废水，如洗煤厂、合成氨厂、钢铁工业的焦化厂、造纸厂和石油化工厂所排出的废水。

酚类化合物在酸、碱溶液中的吸收光谱不同。例如，苯酚在紫外区有两个吸收峰，在酸性或中性溶液中，λ_{max} 为 210 nm 和 272 nm，在碱性溶液中，λ_{max} 为 235 nm 和 288 nm。

$$\underset{\substack{\lambda_{max}\ 210\ nm \\ 272\ nm}}{\text{C}_6\text{H}_5\text{OH}} \xrightleftharpoons[\text{H}^+]{\text{OH}^-} \underset{\substack{\lambda_{max}\ 235\ nm \\ 288\ nm}}{\text{C}_6\text{H}_5\text{O}^-}$$

利用苯酚在不同酸碱条件下光谱变化的规律，可测定溶液中苯酚的含量。

废水中含有的多种有机杂质，会干扰苯酚在紫外区的直接测定。如图 6.5 所示，如果将苯酚的中性溶液作为参比溶液，测定苯酚碱性溶液的吸收光谱，利用两种光谱的差值光谱，有可能消除杂质的干扰，实现废水中苯酚含量的直接测定。我们把这种利用两种溶液中吸收光谱的差异进行测定的方法，称为差值吸收光谱法。

曲线 A：在 0.1 mol·L^{-1} KOH 溶液中苯酚的吸收光谱；
曲线 B：在中性溶液中苯酚的吸收光谱
曲线 A-B：苯酚的差值光谱

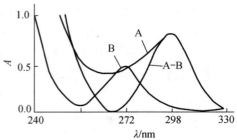

图 6.5　苯酚的紫外吸收光谱

三、实验仪器与试剂

（1）仪器：岛津 UV-1800 紫外-可见分光光度计，容量瓶（25 mL，10 个）。
（2）试剂：
① 苯酚标准溶液：准确称取苯酚 0.300 0 g，定容于 1 L 容量瓶中。
② 0.1 mol·L^{-1} KOH 溶液。

四、实验内容

1. 配制苯酚的标准系列溶液

将 10 个 25 mL 容量瓶分成两组，各自编号。按表 6.1 所示加入各种溶液，再用水稀释至刻度，摇匀，作为苯酚的标准系列溶液。

表 6.1　苯酚的标准系列溶液

瓶号	第 1 组用量/mL	第 2 组用量/mL		吸光度
	苯酚	苯酚	KOH	
1	1.0	1.0	2.5	
2	1.5	1.5	2.5	
3	2.0	2.0	2.5	
4	2.5	2.5	2.5	
5	3.0	3.0	2.5	

2. 绘制苯酚的吸收光谱

取上述一对溶液，用 1 cm 吸收池，以水作参比溶液，分别绘制苯酚在中性溶液和碱性溶液中的吸收光谱。然后用苯酚的中性溶液作参比溶液，绘制苯酚在碱性溶液中的差值光谱。

3. 测定苯酚两种溶液的光谱差值

从上述绘制的差值光谱中，选择 288 nm 附近最大吸收波长作为测定波长 λ_{max}。在 UV-1800 上固定 λ_{max}，然后成对地测定苯酚溶液两种光谱的吸光度差值。

4. 未知试样中苯酚含量的测定

将 6 个 25 mL 容量瓶分成两组，每组 3 个，分别加入未知样。将其中 3 个用去离子水稀释，其余 3 个加入 2.5 mL KOH 溶液，再用去离子水稀释至刻度，分别摇匀。分成 3 对，用 1 cm 吸收池测定光度差值。

5. 数据处理

（1）将表 6.1 中测得的光谱差值，绘制成吸光度-浓度曲线，计算回归方程。
（2）利用所得曲线或回归方程，计算未知样品中苯酚的含量（用 mol·L^{-1} 表示）的置信范围（置信度 95%）。

（3）计算苯酚在中性溶液（272 nm 附近）或碱性溶液（288 nm 附近）中的表观摩尔吸收系数。

五、注意事项

（1）关于仪器使用及注意事项参见仪器使用说明书。
（2）利用差值光谱进行定量测定，两种溶液中被测物的浓度必须相等。

六、思考题

（1）绘制苯酚在中性溶液、碱性溶液中的光谱和差值光谱时，应如何选择参比溶液？
（2）在苯酚的差值光谱上有两个吸收峰，本实验采用 288 nm 测定波长，是否可以用 235 nm 测定波长？为什么？
（3）试说明差值吸收光谱法与示差分光光度法有何不同。

实验四　傅立叶红外分光光度计测试实验

一、实验目的

（1）了解红外光谱仪的基本结构、原理。
（2）掌握现代精密仪器——红外光谱仪的基本操作。
（3）学会红外光谱测试制样方法和测试方法，能进行红外光谱图的解析。

二、实验原理及内容提要

1. 光谱的划分

光是由不同频率的电磁波组成的，从 γ-射线到无线电波，其频率（ν）从高频连续变化到低频，也就是说，它们的波长（λ）由短波连续变化到长波，光线所具有的能量也由高变到低。波长在 0.7~500 μm 的电磁波通称为红外光区，通常我们所指的红外线是指应用最广的部分（2.5~25 μm），位于中红外区。波长比中红外区更短的部分（0.7~3 μm）称为近红外区，波长比中红外区更长的部分（25~500 μm）称为远红外区。

2. 红外光谱分析法的特点

红外光谱分析是利用近代物理方法研究各种物质的结构及其组成的重要方法之一，它是现代分析化学中不可缺少的工具。每种物质都有自己的特征红外光谱图，就像每一个人都有自己的特征指纹一样，根据不同的指纹就可找到需要找的人。同样根据不同的特征红外光谱就可准确无误地判别不同的物质，所以红外光谱分析是定性分析的有效手段；而且光谱学工作者已把世界上已发现的所有物质都进行了红外分析，得到相应红外光谱图并汇集成册供人们查阅。

红外光谱分析不受样品物理状态的限制，不论是粉样、粒样、纤维、薄膜、胶状物、弹性体、液体、气体等物质，只要通过适当的样品处理方法，都可进行红外光谱分析，同时不受材质的限制，不论是无机材料、有机材料、高分子材料以及各种复合材料都可进行红外光谱分析，应用范围之广是其他现代物理分析方法所望尘莫及的。例如，核磁共振波谱分析一般只能在特定的溶液里进行测定（用四氯化碳或重水等溶剂）；质谱分析则必须有一定蒸气压的材质才能进行测定，所以高分子材料或对热不稳定的物质都不好做质谱分析。X-衍射法对试样也有特殊的要求，因而分析对象也是有限的。

相对来说，红外光谱仪价格便宜，构造简单，操作方便，重复性好，文献和参考书很多，有标准图可查，做未知物剖析较方便，与电子计算机连用，为图谱解析、数据处理、图谱的储存以及图谱的自动消除与合成等带来了极大的方便。

又由于红外光谱吸收峰数目很多，各吸收峰的位置（即频率的大小）与试样中的原子团有关，而吸收峰的相对高度（一般用透光率描述）与该原子团的数量有关，所以红外光谱既可做定性分析又可做定量分析。在某些情况下，无须分离就可用于结构相似的混合物的定量分析（用其他方法则必须先分离后，才能进行定量分析）。

利用红外偏振器可以测定高聚合物的取向度与取向有关的参数，其测定结果与用 X-衍射法相吻合。利用 ATR 多次反射装置可以测定不溶解，以及不能破坏的物质的反射光谱。利用红外显微镜可以测定样品极少（几微克）的物质。在一般情况下，红外光谱分析所需的样品都很少，而且不破坏样品的化学组成，故可回收利用，测定时间也很短。例如，红外与色谱联用就可在极短的时间内确定物质组成。在复杂物质的结构分析中，红外光谱分析是一个不可缺少的工具，因它能够提供较多的情报和可靠的数据。

由于有上述这些突出的优点，红外光谱分析应用非常广泛，如天然产物的分析鉴定；结构剖析；化工生产过程中的中间产物的分析与控制产物质量的鉴定；通过未知物的剖析来了解特殊材料的配方；用于对反应动力学的研究；各种官能团的鉴定；测定高聚合物的结晶度、支化度、取向度、老化及降解的历程；利用测定端基含量来推算某些高聚合物的分子量；测定高聚合物中的主链结构，取代基、双键等的含量和位置。利用红外光谱分析还可以研究高聚合物的转变。

不仅如此，通过红外光谱分析，还能对工艺改革提供线索。在产品质量的控制以及环境污染的监视等方面都广泛应用红外分析。在理论研究方面的应用也很广泛，对红外光谱的某些光谱数据（如特征吸收带的频率）进行数学处理，就能推算出分子中化学键的强度及键长等数据。

随着科学的发展，红外光谱分析的用途愈来愈广，成为现代分析中不可缺少的工具。它在石油化工工业、食品工业、日化工业、制药工业、工业废水监测、法医毒物分析等许多领域已被广泛应用。然而红外光谱分析也存在一定的局限性，例如，红外光谱图上的谱带很多，不是每一个谱带都能得到满意的解释；红外光谱分析的灵敏度较低，在定量分析中需要用标准样品做出工作曲线，或用标准样品作对比试验，手续麻烦；由于灵敏度较差，对微量杂质的分析有一定的困难。

3. 傅立叶红外光分光光度计的工作原理

傅立叶红外光分光光度计(FTIR)的构造大致可分为红外光源、迈克尔逊干涉仪、检测器、放大器、计算机、记录显示装置 6 个部分。前 4 个部分为光学系统(光学台),后两个部分为数据处理系统。

(1)光源。FTIR 能够测定从近红外到远红外的光谱,由于每种光源只能发射具有一定强度的有限波长光,因此在测定不同波数区的光谱时,必须更换它们。

近红外区:碘钨灯。

中红外区:能斯特灯(Nernst Glower 700 ℃);硅碳棒(1 200 ℃);炽热镍铬丝线圈(1 100 ℃)。

远红外区:高压汞灯。

(2)迈克尔逊干涉仪和它所得的干涉图。尽管有各种类型干涉仪,但目前 FTIR 中大多采用迈克尔逊干涉仪,迈克尔逊干涉仪的光学示意图如图 6.6 所示。

干涉仪主要是由两块平面镜(定镜 M_1 和动镜 M_2)和分束器所组成。定镜 M_1 和动镜 M_2 相互垂直,动镜 M_2 可沿图示方向移动,在两平面镜之间呈 45° 角处为分束器,分束器的材料是以溴化钾为基质,将金属锗真空喷镀到溴化钾基质上,形成很薄的膜。这一层锗薄膜能使照射其上的红外光一半透过、一半反射,当来自光源 D 的红外光经分束器后,基本上 50% 透射,50% 反射。透射光投向定镜 M_1,被定镜反射回分束器,经分束器又一半透射回光源(即总光源能量的 25%),一半反射至检测器。总光源能量的 50% 反射光投向动镜 M_2,动镜将其全部反射回分束器,同样经分束

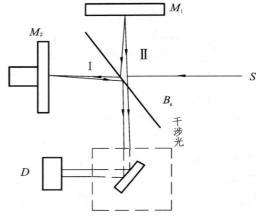

图 6.6 迈克尔逊干涉仪光路图

器后一半透射到检测器上,另一半反射回光源。这样所得到的红外光有两束(光Ⅰ和光Ⅱ)。投向检测器的两束光是相干光,其相干涉的情况随动镜移动位置不同而变化。开始时,因定镜 M_1 和动镜 M_2 离分束器等距离(称 M_2 处于零位置),故光Ⅰ和光Ⅱ达到检测器时位置相同,发生相长干涉,光度最大;但动镜 M_2 移动入射光的 $\frac{1}{4}\lambda$ 等距离时,则光Ⅰ的光程变化 $\frac{1}{2}\lambda$,在检测器上两光位相差 180°,发生相消干涉,亮度最小(暗条)。凡动镜 M_2 位移为 $\frac{1}{4}\lambda$ 的奇数倍,即光Ⅰ和光Ⅱ的光程差 X 为 $\pm\frac{1}{2}\lambda$,$\pm\frac{3}{2}\lambda$,$\pm\frac{5}{2}\lambda$,…时(正负号分别相应于动镜零位置两边的位移),都会产生相消干涉;而动镜 M_2 位移为 $\frac{1}{4}\lambda$ 的偶数倍时,即两光的光程差 X 为波长 λ 的整数倍时,都将发生相长干涉。所以,如果动镜 M_2 以匀速 v 相对分束器移动,检测器所产生的信号强度就会以频率 ν 作周期性变化。这样,通过干涉仪就可以把高频度率动的红外光调制成低频信号。FTIR 的检测器对干涉光强度和低频信号作出响应。

对于单色光,检测器可以得到一个光强度变化为余弦形式的信号,称为干涉图,如图 6.7(a)所示。干涉图的数学表达式为:

$$I(X) = B(\bar{\gamma})\cos(2\pi\bar{\gamma}X)$$

$B(\bar{\gamma})$ 是光源强度，它是光源波数的函数，即光源的光谱。

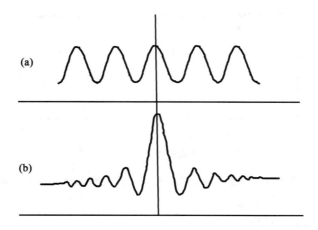

图 6.7　用迈克尔逊干涉仪获得的单色光（a）各复色光（b）干涉图

如果光源来的是复色光，则得到的干涉图是每种波长的光所产生的信号强度的组合，它是一个中央有极大值而向两边迅速衰减的对称图形，如图 6.7（b）所示。复色光干涉图是所含各单色光干涉图的叠加，因此包含着光源全部波长与各波长光相应强度的全部信息，其数学表达式为：

$$I(X) = \int_0^{+\infty} B(\bar{\gamma})\cos(2\pi\bar{\gamma}X)\,\mathrm{d}\bar{\gamma} \tag{6.5}$$

即可将干涉图还原为普通的红外光谱图，这一计算工作由计算机完成。在计算机屏幕上可以看到这种傅立叶变换的干涉图，如图 6.8 所示，右边的图是经傅立叶变换的空气（未放置样品）的红外光吸收光谱图。

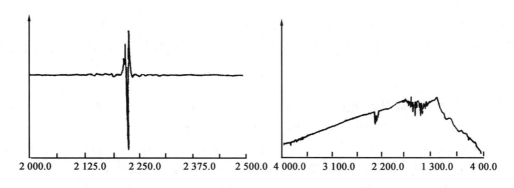

图 6.8　经傅立叶变换的干涉图

如果要干涉光在通过样品后再到达检测器，则得到的干涉图即带有样品的信息，如图 6.9 所示。

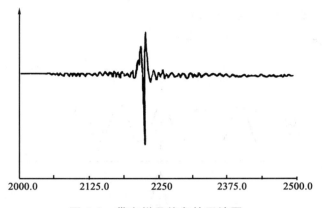

图 6.9　带有样品信息的干涉图

（3）检测器。FTIR 中的检测器不但要能响应入射光的强度，而且要能响应其频率，因此多采用响应快、检测率高、噪声低的检测器。常用的有：硫酸三甘酞（TGS）检测器、汞镉（MCT）检测器、硒化铅（PbSe）检测器等，最常用的是 TGS 和 MCT 检测器。

（4）数据处理系统。数据处理系统以计算机为中心，配以多种外围设备，如图 6.10 所示。

数据处理系统含有许多软件，除用来控制红外光谱仪取得红外谱图外，还可对所得光谱图做多种数据处理。如改变光谱图的坐标，进行加谱、减谱、乘谱、除谱、求取导数光谱等，以及自动标峰、积分、自动检索，还可编制指令用于运算、运行。另外还可单独作为计算机使用，可用 BASIC、FORTRAN、PASCAL 等多种高级语言编程进行运算。

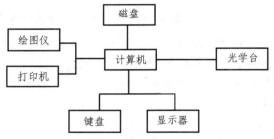

图 6.10　数据处理系统及外围设备

4. 试　剂

红处光谱图是利用红外光谱方法进行定性和定量的依据。因此，记录一张好的光谱图是很重要的，而光谱图的好坏与制样有很大关系，这就需要根据不同的样品选择合适的制样方法。

（1）固体样品的制样。

① 加分散剂。将样品在玛瑙研钵中磨得很细（约 200 目），然后用石蜡油或全氟丁二烯做成糊状物夹在两盐片（NaCl 或 KBr 盐片）之间测其光谱。

② 固体沉积膜。将固体溶于适当溶剂中，把溶液涂于盐片上，溶剂挥发后剩下一层均匀的膜，便可测定其光谱。对于聚合物材料测试，这种制膜方法是一种常用的制样技术。也可将溶有聚合物的浓溶液倒在干净的玻璃板上，干燥后揭下薄膜，即可直接做红外光谱。

③ KBr 压片。将少许样品（一般只需 1~2 mg）与干燥的 KBr 粉末（一般 1~2 mg 试样加 100~200 mg KBr）混合，在玛瑙研钵中磨细，然后在压片机上压制成透明的薄片供测定红外光谱。

（2）液体样品的制样。

① 液体池。对于液体试样，可使用仪器配制的液体池。它是用可透过红外光的材料做液体池的窗片，常用 NaCl、KBr 和 CsI 等材料，液体池的厚度可根据液体浓度来调节（更换液体池两窗片间垫片）。

使用 KBr 或 NaCl 窗片，液体试样中绝对不能含水，所以对试样必须除去其中的水分，使用的溶剂要预先经过分子筛干燥。作溶液光谱时不仅应考虑溶解度问题，而且还要考虑溶剂在其测量范围应无强吸收，以免产生干扰。显然这类溶剂不多，一般选用分子简单而且分子结构对称的溶剂，如四氯化碳（CCl_4）、二硫化碳（CS_2）、三氯甲烷（$CHCl_3$）等。也可采用两种溶液剂配合起来使用。

② 涂 KBr 片。将具有一定黏度的浓液体，用不锈钢刮刀直接涂在 KBr 盐片上（或 NaCl 盐片），涂很薄的一层试样就可直接在红外光谱仪上测其光谱图，对于黏度不太大的液体试样，可将其夹在两盐片之间，直接测红外光谱图。

（3）测试样品。

① 成品薄膜。

② 固体粉末样品。

三、实验仪器及操作

1. 仪器基本操作

（1）开机：

① 开启稳压电源，稳定在 220 V 后，打开接线板开关。

② 开启计算机开关。

③ 开启显示器开关，计算机系统先进行自检。

④ 开启其他外设开关（绘图机、打印机等）。

（2）测试样品：

① 成品薄膜。

② 固体粉末样品。

（3）关机步骤：

① 取出计算机驱动器中的软盘。

② 关闭绘图机、打印机。

③ 关闭显示器、计算机。

④ 关闭仪器开关。

⑤ 关闭接线板开关。

四、谱图解析方法

红外光谱图的解析是一个相当复杂的问题。它在很大程度上取决于工作者的实际经验，因此对红外吸收光谱的基本原理有所了解之后，需在实际工作中逐步解决这个问题。

1. 直接法

将测到的红外光谱图与已知化合物的谱图直接比较校对,这种方法属直接法,也是最可靠的方法。目前已有较多的有关红外光谱方面的书籍、标准图谱和工具书,可供查阅和参考。我们可以根据样品的情况,做出初步判断,然后查找有关样品方面的谱图进行核对。目前往往是通过计算机来完成这方面的工作,称为图谱检索,就可得出最后的判断。

2. 否定法

已知某波数区的谱带对某个基团是具有特征的。在谱图中的这个波数区如没有谱存在时,就可以判断某些基团在分子中不存在。表6.2列出若干种基团频率的位置。例如,在 $1\,735\;cm^{-1}$ 位置没有吸收峰,就可以判断没有酯基存在;如果在 $3\,100\sim3\,700\;cm^{-1}$ 没有吸收带,就可以排除 –NH 和 –OH 基团的存在。

表 6.2 否定法应用的特征基团频率

不存在吸收带的波数区域/cm^{-1}	对应不存在的基团
3 640 ~ 3 200	OH
3 550 ~ 3 250	NH
3 100 ~ 3 000	芳香族或烯烃类 C—H
3 000 ~ 2 800	脂肪族 C—H
2 300 ~ 2 000	—C≡N,—N=C=O
1 800 ~ 1 680	酸酯,非共轭的醛、酮、酸酐
1 690 ~ 1 620	酰胺—C(=O)—N—
1 620 ~ 1 580	芳环的 C—C 伸缩
1 675 ~ 1 580	烯类 C=C 伸缩
1 275 ~ 1 200	(=C—O—C)芳香或烯类醚
1 075 ~ 1 020	
1 150 ~ 1 070	C—O—C 脂肪族醚
850 ~ 580	C—Cl

3. 肯定法

如果试样不是很纯,得到的光谱不能直接辨认,则必须对它进行详细的分析。一般分析谱图,是从红外谱图中最强吸收带开始,这种谱带往往对应于化合物中主要官能团,因而也就可能较大程度地反映了化合物的特征。然后再分析一般特征的谱带,对一些弱的谱带,往往是不好解释的。

有很多谱带是很有特征的,如在化合物的光谱中在 $1\,735\;cm^{-1}$ 位置有吸收,另外在 $1\,300\sim1\,150\;cm^{-1}$ 内出现两个强吸收,其中较高波数的谱带表现为第1吸收时,我们就可判断此化合物属于酯化合物。又如在 $2\,240\;cm^{-1}$ 处有吸收,我们也容易判断此化合物中含有—C≡N基。

但是对于某些波数区域，很多基团都可能有吸收，因此很难做出明确的判断。有时从一个谱带不容易得到满意解释，但是由于一个基团有各种振动，其吸收谱带出现在很多的特定区域内，因此，可以根据几个波数区域谱带的组合来判断基团的存在。例如，芳环的 C—H 伸缩振动出现在 3 100 cm^{-1}，而芳环存在还可由在 1 600 cm^{-1} 和 1500 cm^{-1} 的芳环骨架振动来证实，同时芳环的 C—H 面外弯曲振动出现在 1000～650 cm^{-1}，这个振动的倍频出现在 2 000～1 650 cm^{-1}。这些谱带的情况还可以帮助我们确定芳环的取代情况。

在实际工作中，我们往往是把肯定法和否定法，以及直接核对法联合使用，以便正确快速地做出判断。

实验五　室内空气质量的评价

一、实验目的

（1）通过对教学楼室内空气质量的监测，使学生了解室内空气监测中各污染物的采样和分析方法。

（2）通过监测，了解学校教学楼室内空气的状况，判断其是否符合国家标准的要求。

（3）培养学生通过网络等途径查找资料，以及综合分析问题、解决问题的能力。

二、实验背景及内容提要

1. 实验背景

人类进入信息社会以来，生活的转型使得人们在室内停留的时间越来越长。室内环境对人们的生活和工作质量以及公众的身体健康的影响远远超过室外环境。美国许多研究机构的科研成果证明，家庭或其他建筑物的室内空气污染的严重程度远远超过室外。

室内空气污染造成的健康问题，有些会马上表现出来，如眼睛、鼻子及喉咙刺激和头疼、头昏眼花及疲乏等；有些反应要长期才能暴露出来，如呼吸器官疾病、心脏疾病及癌症。对于某些人群，如老年人、慢性病患者（如呼吸系统和心血管系统疾病），室内空气质量低下的影响更大。

鉴于室内空气污染的危害性及普遍性，有专家认为，继"煤烟型污染"和"汽车尾气污染"之后，人类已进入以"室内空气污染"为标志的第三污染时期。近年来，随着人民生活水平的提高和住房改革进程的加快，购房和房屋装修成为人们的消费热点。人们对室内环境保护意识不断增强，迫切希望有一个安全、舒适、健康环保的生活空间。然而相当一部分住房经过无序的装修、装饰后，或由于建筑材料质量不合格和施工过程管理不严等原因，处于严重的室内空气污染之中，它已危及人们的身体健康，引起了人们的广泛关注。因而彻底改善室内空气质量已成为全社会关注的焦点，必须尽快解决。

2. 室内空气质量的评价方法

室内空气质量评价是人们认识室内环境的一种科学方法，它是随着人们对室内环境重要性认识的不断加深而提出的新概念。由于室内空气质量涉及多学科的知识，它的评价应由集中建筑技术、医学、环境监测、卫生学和社会心理学等多学科的综合研究小组联合工作来完成。

当前室内空气质量评价一般采用客观评价和主观评价相结合的方法进行。

（1）客观评价。客观评价是指通过直接测量室内污染物浓度来客观了解、评价室内空气质量。由于涉及室内空气质量的污染物太多，室内空气质量国家标准规定的化学性污染物质中不仅有人们熟悉的甲醛、苯、氨、氡等污染物质，还有可吸入颗粒物、二氧化碳、二氧化硫等多项化学性污染物质。我们不可能对每样污染物浓度都进行监测，但需根据室内具体情况结合学校的教学实验条件选择具有代表性的污染物作为评价指标，来全面、公正地反映室内空气质量的状况。

（2）主观评价。主观评价是指利用人们的感觉器官进行描述与评价工作，并通过统计分析等方法对所处空气质量进行评价。由于均不超标的众多微量污染物共同作用仍会使人感觉不适，甚至导致疾病，而目前各国尚无综合多种低浓度有害物共同作用的有关标准，同时由于人类的嗅觉和综合感觉能力比一般测试仪器更加灵敏，因此，采用主观评价也是很有必要的。

三、实验提示

1. 监测点的布设

（1）根据室内设施和装修的不同（如一般教室、化学实验室、办公室等），分别选择 1～2 间具有代表性的教室进行室内空气质量的评价。

（2）采样点的数量根据教室面积的大小确定，以便能正确反映室内空气的质量。原则上小于 50 m² 的房间应选 1～3 个点；50～100 m² 选 3～5 个点；100 m² 以上至少选 5 个点。选点的位置在对角线上或梅花式均匀分布。

2. 采样分析

采样前至少关闭门窗和空调 4 h，具体采样和分析方法应按国家标准规定的各个污染物检验方法进行。采样时要对采样日期、地点、数量、布点方式、大气压力、相对湿度、温度和现场情况等做出详细的记录。

3. 室内空气质量评价

根据监测结果，对照室内空气质量国家标准，并结合通过统计分析得出的主观评价结果，对所测教室的室内空气质量进行评价。

四、实验要求

（1）制定教学楼教室室内空气质量评价的方案（包括采样地点的选择、采样点布置、采样方法和分析方法等）。

（2）完成空气样品的采集和分析测试。

（3）结合客观监测结果和主观评价对所测教室的室内空气质量进行简单评价。

实验六　镜湖水质的综合评价

一、实验目的

学生通过对镜湖水质进行定量分析的全过程（取样、制样、分析、……、结果的讨论和计算）练习，学会应用各种化学分析方法和化学知识来解决实际问题，提高学生分析问题、解决问题的能力，增强学生的环保意识。

二、实验原理及内容提要

镜湖是引府河之水而成的一个人工湖泊，平时的水系靠天然降雨来维持。由于湖水与府河水的交换次数极少，加上湖中饲养了大量鱼类，水中微生物、水生植物以及细菌大量繁殖，使湖水水质与天然水质（府河水）有较大差别。一方面，由于湖水的天然净化作用而优化了水质；另一方面，由于细菌繁衍以及人为等因素使水质劣化。但镜湖水质状况到底如何呢？通过该实验，我们可以对镜湖水质状况有一个较全面的了解。

根据地面水环境质量国家标准，依据地面水水域、使用目的和保护目标可将其划分为五类：

Ⅰ类　主要适用于源头、国家自然保护区。

Ⅱ类　主要适用于集中式生活饮用水水源地一级保护区、珍贵鱼类保护区、鱼虾产卵场等。

Ⅲ类　主要适用于集中式生活饮用水水源地二级保护区、一般鱼类保护区及游泳区。

Ⅳ类　主要适用于一般工业用水区及人体非直接接触的娱乐用水区。

Ⅴ类　主要适用于农业用水区及一般景观要求水域。

同一水域兼有多类功能的，依最高功能划分类别。有季节性功能的，可分季划分类别。

这5类水中，第Ⅰ类水质量最好，而第Ⅴ类最差。根据水域背景不同，其类别划分质量标准的检测项目可以有所不同。针对府河水域背景和学生的实际情况，我们只对镜湖水检测8项指标，使学生对镜湖水质有一个初步了解。

三、实验仪器及试剂

（1）仪器：化学耗氧量测定仪（HH-5微机型），溶氧仪（JYD-1型），溶解氧分析仪（JPB-607型），光栅分光光度计（722型），数字式电导率仪（DDS-307型），数字酸度计（pH S-3C

型），微机电化学分析系统（LK98 型），常用分析仪器（若干）。

（2）试剂：根据实验内容提供。

四、实验内容

1. 分析方法的选择

此实验的目的在于培养学生用所学的化学知识来解决实际问题的能力，因此允许学生在明确分析目的、要求后，采用查阅资料选择分析法。查阅资料时会遇到文献浩繁，对于一般的化工产品、材料等，均有标准分析法，所以首先应从图书馆的标准目录中查标准方法（主要查国标 GB），其次查阅参考书、手册或杂志。

参考书虽多，不外乎两类，一类是以分析对象为纲编写的，如"水质污染分析"、"钢铁化学分析"等，包括了分析对象中有关组分的分析方法；另一类是以分析方法为纲编写的，如"络合滴定法"、"离子交换法"等，这类参考书介绍了该方法在元素分析或分离方面的应用。而"分析化学手册"则皆以分析方法为主，列表简述，同时指出原始文献。此外，还可查阅杂志。专门的分析化学杂志有我国的"分析化学"以及美、英、法、德、日等国的同类（或同名）杂志。不过，这类杂志所载内容都较新颖，一般低年级学生利用它们的可能性较小。此外，尚有不少浅显易懂的杂志如"理化检验"、"化学试剂"，以及地方发行的有关杂志和企业分析资料等。资料检索是科学工作者的基本技能，在此只要求学生有大致的了解。

2. 实验方案的拟订和分析工作的准备

通过查阅资料确定分析方案以后，应根据具体情况（如被测组分含量范围、干扰组分及大约存在量等）结合实验具体备件拟订实用的分析方案及步骤。为便于工作，可将分析方案写成分析操作流程。

3. 实验工作及数据处理

切实按照拟订的分析方案，一丝不苟地进行工作，认真做好实验数据的记录。原始数据是审查分析工作的基本依据，为防遗漏，便于查阅，可按一定规格列表记录。所得分析数据，应按数理统计方法处理，并能正确表示实验结果。应该明确，对一次处理的试样，无论平行测定多少份，所得分析结果只能代表一次测定；若需作为标准数据，它必须是多次独立处理（通常规定 8 次）试样所得数据的统计结果。

五、注意事项

（1）取样按查阅的国家标准进行。

（2）选择分析方法时应考虑：

① 对分析结果准确度的要求。若要求很准确，则应先用标准方法；若对准确度要求稍低，则选一般书上介绍的分析方法。

② 试样的组成。例如，高锰酸钾测定钙时，试样中若存在 PO_4^{3-}，则必须先将它分离除

去；若含大量的镁，则需先沉淀。

③ 在能够达到准确度要求的前提下，尽可能采用简捷的分析步骤以缩短分析时间。例如，铁的测定，用连续络合滴定法比分别滴定法更简捷。

④ 实验设备条件，试剂来源，自己的工作能力。例如，测定污水中某些微量金属时，一般用原子吸收法最为简便，若无此设备，只能考虑用吸光光度法或其他方法。

⑤ 待测组分含量的高低。例如，水中 Fe^{3+} 的测定，选用吸光光度法既准确又简便。

⑥ 待测组分为两种或两种以上者，可使用不同方法联合或连续测定，以简化手续。

六、思考题

（1）能否根据上述指标的检测结果将镜湖水质按地面水环境质量标准分类？

（2）用其他文献所列方法检测镜湖水质与用附表十三所列方法检测所得结果是否一致？为什么？

（3）如何评价地面水环境质量？

实验七 水中氨氮、亚硝酸盐氮、硝酸盐氮和总氮测定

一、实验目的

（1）了解水中 3 种形态氮测定的意义。
（2）掌握水中 3 种形态氮的测定方法。
（3）加深对水中 3 种形态氮测定原理的理解。

二、实验原理及内容提要

水是生命有机体的重要组成部分，是人体最必需的营养物质，人体严重缺水时，就会死亡。水体污染会引起水质恶化。水污染常规分析指标是反映水质状况的重要指标，是对水体进行监测、评价、利用，以及污染治理的主要依据。环境保护机构和其他有关部门通常按照不同的要求制订各种水质标准，以及相应的测定方法。水中含氮量的测定是水污染常规分析指标中重要的一项。

水体中含氮物包括有机氮化物和无机氮化物。水中的无机氮化物包括氨氮、亚硝酸盐氮、硝酸盐氮。氮是生物体蛋白质的主要成分，也是生物界赖以生存的必要元素。水中各种状态的氮量反映了水体受污染的程度。水体的氧化自净过程，也是水体中有机氮的氧化分解过程，分别测定水中氨氮、亚硝酸盐氮和硝酸盐氮的含量，再根据这 3 种物质的比例关系，即可推断水体污染和自净的过程。如氨氮含量高而另二者含量低，表示水体不久前受到污染而尚未氧化自净；如亚硝酸盐氮含量较多，表示氧化过程正在进行；如硝酸盐氮含量较多而另二者含量较少时则表示水体虽受污染但已氧化自净。

水中的氨氮的主要来源是生活污水中含氮有机物的分解产物以及工业废水、农田排水等，指以游离氨和离子氨形式存在的氮。氨氮含量较高对鱼类、人体有不同程度的危害。测定水中氨氮的方法有多种，包括：纳氏试剂分光光度法、水杨酸-次氯酸盐分光光度法等。水样有色或浑浊及含其他干扰物质会影响测定，需进行预处理。较清洁的水，可采用絮凝沉淀法消除干扰；污染严重的水应采用蒸馏法。

亚硝酸盐氮是氮循环的中间产物。在氧和微生物的作用下，可被氧化成硝酸盐，在缺氧条件下也可被还原为氨。亚硝酸盐进入人体后，可使低铁血红蛋白失去输氧能力，还可与仲胺类反应生成具致癌性的亚硝胺类物质。水中亚硝酸盐氮可采用 N-(1-萘基)-乙二胺分光光度法（又叫重氮偶合比色法）和离子色谱法测定。

清洁的地面水硝酸盐氮含量较低，污染水体和一些深层地下水中硝酸盐氮含量较高。硝酸盐氮是有氧环境中最稳定的含氮化合物，也是有机氮经无机化作用的最终产物。人体摄入硝酸盐后，经肠道中微生物作用转变成亚硝酸盐而呈现毒性作用。水中硝酸盐氮的测定方法有：酚二磺酸分光光度法、镉柱还原法、戴氏合金还原法、离子色谱法、紫外分光光度法和离子选择电极法等。

总氮包括有机氮和无机氮化合物（氨氮、亚硝酸盐氮和硝酸盐氮）。水体总氮含量是衡量水质的重要指标之一。测定方法有：

（1）加和法。分别测定有机氮、氨氮、亚硝酸盐氮和硝酸盐氮的量，然后加和之。

（2）过硫酸钾氧化-紫外分光光度法。在水样中加入碱性过硫酸钾溶液，于过热水蒸气中将大部分有机氮化合物及氨氮、亚硝酸盐氮氧化成硝酸盐，再用紫外分光光度法测定硝酸盐氮含量，即为总氮含量。

（3）仪器测定法（燃烧法）。在专门的总氮测定仪中进行，快速方便。

三、实验仪器及试剂

（1）仪器：721B 分光光度计，pHS-3C 数字酸度计，容量瓶，移液管，凯氏烧瓶，电炉，铁架台，冷凝管，锥形瓶等。

（2）试剂：纳氏试剂，磷酸，对氨基苯磺酰胺，N-（1-萘基）-乙二胺二盐酸盐，酚二磺酸，浓硫酸，硫酸钾，硼酸，氢氧化钠，氨水，硫酸银，EDTA 二钠，氢氧化铝，高锰酸钾，氨氮标准溶液，亚硝酸盐氮标准溶液，硝酸盐氮标准溶液等。

四、实验内容

1. 氨氮的测定

纳氏试剂分光光度法是测定水中氨氮的常用方法，其原理是：在水样中加入碘化汞和碘化钾的强碱溶液（纳氏试剂），与氨反应生成黄棕色胶态化合物，此颜色在较宽的波长范围内具有强烈吸收，通常使用 410～425 nm 波长光比色定量。该反应的反应方程式为：

$$2K_2[HgI_4]+3KOH+NH_3 =\!=\!= NH_2Hg_2IO+7KI+2H_2O$$

本法最低检出浓度 $0.025\ mg\cdot L^{-1}$；测定上限为 $2\ mg\cdot L^{-1}$。请同学们根据此实验原理来确定具体的实验步骤。

2．亚硝酸盐氮的测定

测定水中亚硝酸盐氮的方法有很多，重氮偶合比色法测定水中亚硝酸盐氮的原理为：在磷酸介质中，pH 为 1.8 时，水样中的亚硝酸根离子与对氨基苯磺酰胺反应生成重氮盐，再与 N-（1-萘基）-乙二胺二盐酸盐偶联生成红色染料，在 540 nm 波长处，用 10 mm 的比色皿测定吸光度，经校正后，从校准曲线上查得相应亚硝酸盐氮的含量。本法的最低检出浓度为 $0.003\ mg\cdot L^{-1}$，测定上限为 $0.20\ mg\cdot L^{-1}$。请同学们根据实验原理来确定具体的实验步骤。

3．水中硝酸盐的测定

测定水中硝酸盐氮的方法也很多，酚二磺酸分光光度法测定水中硝酸盐的原理为：硝酸盐在无水存在情况下与酚二磺酸反应，生成硝基二磺酸酚，于碱性溶液中又生成黄色的化合物，在 410 nm 处测其吸光度。此法测量范围广，显色稳定，适用于测定饮用水、地下水、清洁地面水中的硝酸盐氮。最低检出浓度为 $0.02\ mg\cdot L^{-1}$，测定上限为 $2.0\ mg\cdot L^{-1}$。请同学们根据实验原理来确定具体的实验步骤。

4．水中有机氮的测定

凯氏氮是指以 Kjeldahl 法测得的含氮量。它包括氨氮和在此条件下能转化为铵盐而被测定的有机氮化合物，如蛋白质、氨基酸、肽、核酸、尿素等。可用凯氏氮与氨氮的差值表示有机氮含量。

凯氏氮的测定要点是取适量水样于凯氏烧瓶中，加入浓硫酸和催化剂（硫酸钾）加热消解，将有机氮转变为氨氮，然后在碱性介质中蒸馏出氨，用硼酸溶液吸收，以分光光度法或滴定法测定氨氮含量。请同学们根据实验原理来确定具体的实验步骤。

5．水中总氮的测定

记录以上测定氨氮、亚硝酸盐氮、硝酸盐氮、有机氮所得的值，然后相加，即为水中总氮的值。

五、注意事项

（1）水样的选取请参照国标进行。
（2）用分光光度计测定氮含量时，标准曲线的条件和试样的条件应保持一致。

六、思考题

（1）水中 3 种形态的氮的数值能够说明水体受到了什么样的污染？

(2）除了书上介绍的方法外，测定水中 3 种形态的氮还有哪些方法？其原理是什么？
(3）降低水中的氮有哪些方法？

实验八　工业"废水"中铬、铅、镉、铜、锌的连续检测

一、实验目的

（1）掌握原子吸收光谱法的基本原理。
（2）了解原子吸收分光光度计的主要结构，并掌握其操作和分析方法。
（3）学习用原子吸收光谱法连续检测工业"废水"中铬、铅、镉、铜、锌的方法。

二、实验原理及内容提要

工业中的铬、铅、镉、铜、锌及其化合物，能在环境或动植物体内蓄积，对人体健康产生长远的影响，"废水"排放时，这些物质含量是否超过工业"三废"排放标准，是检测工业"废水"时必须检测的内容。对这些物质含量的检测，在环境保护中有着重要的作用，根据国家计委、国家建委、卫计委发布的工业"三废"排放试行标准规定，工业"废水"中这些物质的最高容许排放浓度见表 6.3。

表 6.3　工业"废水"最高容许排放浓度

序号	有害物质名称	最高容许排放浓度（$mg \cdot L^{-1}$）
1	6 价铬化合物	0.5（按 Cr^{6+} 计）
2	铅及其无机化合物	1.0（按 Pb 计）
3	镉及其无机化合物	0.1（按 Cd 计）
4	铜及其化合物	1（按 Cu 计）
5	锌及其化合物	5（按 Zn 计）

不同的元素有其一定波长的特征谱线，在原子吸收分光光度计上，用不同元素的空心阴极灯作锐线光源时，能辐射出不同的特征谱线。将样品或消解处理过的样品直接吸入火焰，在火焰中形成基态原子蒸气，而每种元素的基态原子蒸气对辐射光源的特征谱线有强烈的吸收，根据朗伯-比尔定律，测得的样品吸光度与试液中待测元素的浓度成正比，从而可以确定样品中被测元素的浓度。

原子吸收光谱法具有干扰少、准确度高、灵敏度高、测定速度快、测定范围广等特点。用不同元素的空心阴极灯，可在同一试液中分别测定几种不同元素，特别适用于样品中多元素的连续检测。

三、实验仪器及试剂

（1）仪器：

361MC 原子吸收分光光度计，备有铬、铅、镉、铜、锌的空心阴极灯各 1 只，无油空气压缩机，乙炔供气装置。

容量瓶（1 000 mL，5 个；100 mL，5 个；50 mL，30 个），吸量管（10 mL，5 支），移液管（20 mL，5 支），比色管（50 mL，1 支）。

（2）试剂：

重铬酸钾（一级纯），金属铅、金属镉、金属铜、金属锌（均为光谱纯），硝酸，盐酸，高氯酸（均为二级纯），氯化铵（二级纯，质量分数浓度10%），去离子水。

标准储备液：铬标准储备液、铅标准储备液、镉标准储备液、铜标准储备液、锌标准储备液的浓度均为 $1.000\ g\cdot L^{-1}$，标准储备液的配制，由学生查阅相关资料后，自行配制。

中间标准溶液：用 1∶499 硝酸溶液稀释标准储备液配制，铬中间标准溶液的浓度为 $50.00\ mg\cdot L^{-1}$，铅中间标准溶液的浓度为 $100.0\ mg\cdot L^{-1}$，镉中间标准溶液的浓度为 $10.00\ mg\cdot L^{-1}$，铜中间标准溶液的浓度为 $50.00\ mg\cdot L^{-1}$，锌中间标准溶液的浓度为 $10.00\ mg\cdot L^{-1}$。

四、实验内容

将学生分组进行该实验，每组学生 3~5 人，在一定时间内完成以下实验内容。

1. 仪器的操作条件的选择

由于各种仪器型号不同，性能不同，操作条件不尽相同，需要通过操作条件的选择，找出最佳操作条件。表 6.4 推荐的仪器的操作条件，可供参考。

表 6.4 仪器的操作条件

	铬	铅	镉	铜	锌
波长/nm	357.87	283.30	228.80	324.75	213.86
灯电流/mA	5	6	4	4	4
光谱通带/nm	0.2	0.5	0.5	0.5	1.0
火焰类型	空气-乙炔	空气-乙炔	空气-乙炔	空气-乙炔	空气-乙炔

2. 标准曲线的绘制

参照表 6.5，在 6 个 50 mL 容量瓶中，各加入一定体积的中间标准溶液，在铬的标准系列中，每个容量瓶中再加入 5.00 mL 10% 氯化铵，用 1∶499 硝酸溶液稀释，定容到 50 mL，其浓度范围应包括样品中被测元素的浓度。

表 6.5　各元素工作标准溶液浓度

中间标准溶液 加入体积/mL		0.00	0.25	0.50	1.50	2.50	5.00
工作标准 溶液浓度 /mg·L^{-1}	铬	0.00	0.25	0.50	1.50	2.50	5.00
	铅	0.00	0.50	1.00	3.00	5.00	10.0
	镉	0.00	0.05	0.10	0.30	0.50	1.00
	铜	0.00	0.25	0.50	1.50	2.50	5.00
	锌	0.00	0.05	0.10	0.30	0.50	1.00

按仪器的操作条件，测定某一种元素时应换用该种元素的空心阴极灯做光源，并调节灯电流和光谱通带，用浓度为 0.00 的溶液测定空白值后，依次测定各瓶溶液中铬、铅、镉、铜、锌的吸光度，记录每种金属的浓度和相应的吸光度。

在直角坐标纸上，用铬、铅、镉、铜、锌的浓度（mg·L^{-1}）与相对应的吸光度作图，绘制出每种元素的标准曲线。

3. 工业"废水"中铬、铅、镉、铜、锌的检测

（1）取样。用聚乙烯塑料瓶采集样品。采样瓶先用洗涤剂洗净，再在 1∶1 硝酸溶液中浸泡，使用前用去离子水冲洗干净。取样时，先用水样将采样瓶淌洗 2~3 次，采集后立即加入一定量的浓硝酸，酸化至 pH 为 1~2，正常情况下，每升水样加入 2 mL 浓硝酸。由学生自行在本市的工厂排出的"废水"中采集样品。

（2）试样的制备。取水样 200 mL 于 500 mL 烧杯中，加 1∶1 硝酸 5 mL，加热将溶液浓缩至 20 mL 左右，转入 50 mL 容量瓶中，用去离子水稀释至刻度，摇匀，用作测定试液。如有浑浊，应用快速定量干滤纸（滤纸应事先用 1∶10 盐酸洗过，并用去离子水洗净，晾干）滤入干烧杯中备用。

（3）测定：

① 铬的测定：于干燥的 50 mL 比色管中，加入 0.2 g 氯化铵，加上述制成的试液 20 mL，待其完全溶解后，按仪器操作条件，用 1∶499 硝酸溶液测定空白值后，测定试液中铬的吸光度。

② 铅、镉、铜、锌的测定：取制备试液，按仪器操作条件，用 1∶499 硝酸溶液测定空白值后，测定试液中铅、镉、铜、锌的吸光度。

由标准曲线查出每种元素的浓度，再根据所取水样体积，计算出每种元素在原水样中的浓度（mg·L^{-1}）。

五、注意事项

（1）若水样中被测元素的浓度太低，则必须用萃取方法才能加以测定。萃取时可用吡咯烷酮二硫代氨基甲酸铵作萃取配合剂，用甲基异丁基酮作萃取剂，在萃取液中进行测定。

（2）若水样含有大量的有机物，则需先消化除去大量有机物后才能进行测定。试液的制

备方法如下：取 200 mL 水样于 400 mL 烧杯中，加入 5 mL 浓硝酸，在电热板上加热消解，确保样品不沸腾，蒸至 10 mL 左右，冷却，加入 5 mL 浓硝酸和 2 mL 浓高氯酸，于通风橱内继续消解，蒸至 1 mL 左右，若溶液仍不清澈，再加入 5 mL 浓硝酸和 2 mL 浓高氯酸，再蒸至 1 mL 左右，直至溶液清澈为止（注意！消解过程中要防止蒸干）。消解完成后，取下冷却，加去离子水约 20 mL 溶解残渣，通过中速滤纸（预先用酸洗），滤入 50 mL 容量瓶中，用去离子水稀释至标线，此溶液即可用作为被测试液。

六、思考题

（1）用原子吸收光谱法测定不同的元素时，对光源有什么要求？
（2）测定铬时，为什么要加入氯化铵？它的作用是什么？
（3）从这个实验了解到原子吸收光谱法有什么特点？

附　361MC 原子吸收分光光度计使用方法

1. 开机，调试仪器

（1）装所测元素的空心阴极灯。
（2）调节狭缝宽度至所需值。
（3）打开主机电源，工作方式调在"T"挡。
（4）调节灯电流旋钮，至灯电流指针指到所需值。
（5）粗调波长，细调波长，使透光度读数最大。
（6）调节空心阴极灯的上、下及左、右位置，使透光度读数最大。
（7）调节燃烧器位置，使透光度读数最大。
（8）调节负高压，使透光度读数为 95 左右。
（9）开启空压机，开启乙炔钢瓶，点火。
（10）吸入蒸馏水，等待 10 min。

2. 测定标准系列溶液

（1）方式选择"吸光度"（按 MODE 键至 A 灯亮）。
（2）信号处理方式选择"积分"（按 SIG PROC 键至 HOLD 灯亮）。
（3）设定"读数延迟时间"和"读数采样时间"（依次按 CE、3、RT、3、IT 键）。
（4）浓度计算方式选择"标准曲线法"（按 CONC CALIB 键至 WKCURVE 灯亮）。
（5）测定空白溶液的空白值（吸入空白溶液，按 B 键）。
（6）测定并记录标准系列 1 号溶液的吸光度值（吸入 1 号标准溶液按 READ 键）。
（7）重复步骤（6），直至测定完标准系列所有溶液。每次测定之间，应吸入蒸馏水洗仪器。

3. 测量样品

（1）测定并记录 1 号样品溶液的吸光度值（吸入 1 号样品溶液按 READ 键）。

（2）重复步骤（1），直至测定完所有样品溶液。每次测定之间，应吸入蒸馏水洗仪器。

4. 关机

（1）吸入蒸馏水，洗仪器 10 min。

（2）关闭乙炔钢瓶，待火焰燃尽后自行熄灭。

（3）关闭空压机。

（4）关闭主机电源。

（5）取下空心阴极灯，装入盒内。

第7章 个性化实验

实验一 乳胶漆的制备

一、实验目的

（1）了解自由基聚合的基本概念。
（2）了解乳液聚合的基本原理并掌握实验技术。
（3）了解乳胶漆的制备方法。

二、实验原理及内容提要

聚合物是分子量很高的化合物，它是由成千上万的原子以共价键相结合而形成的大分子。虽然聚合物的分子量很大，但它是由小且简单的分子结构单元重复连接而成的。如聚氯乙烯分子是由许多氯乙烯结构构成的链状聚合物：

$$\cdots\cdots CH_2-\underset{Cl}{CH}-CH_2-\underset{Cl}{CH}-CH_2-\underset{Cl}{CH}-CH_2-\underset{Cl}{CH}\cdots\cdots$$

可以简写成：$-(CH_2-\underset{Cl}{CH})_n-$

括号内表示聚合物重复结构单元，能够形成结构单元的物质叫单体，也就是合成聚合物的原料。n 称为聚合度，是衡量聚合物分子大小的一个指标。

聚合物可以由烯烃通过双键加成反应来形成链状分子。聚乙酸乙烯酯是由乙酸乙烯酯加成聚合而得到：

$$nCH_2=\underset{OOCCH_3}{CH} \xrightarrow{聚合} -(CH_2-\underset{OOCCH_3}{CH})_n-$$

我们把这种不饱和烯烃化合物相互加成形成大分子的反应叫加聚反应。

加聚反应绝大部分是通过对单体分子进行加成而被活化。这一活化状态的单体分子又与另一单体分子加成，按照同样的方法，单体分子一个接一个地往上加，使反应一直继续下去，直到通过另一类型的反应将活性停止，形成大分子链。这种加聚反应的特点就是连锁反应，一般由链引发、链增长、链终止三个阶段所组成：

链引发　　$R^* + M \longrightarrow RM^*$

链增长　　$RM^* + M \longrightarrow RM_2^* \longrightarrow RM_3^* \longrightarrow \cdots\cdots$

链终止　　$RM_X^* + RM_Y^* \longrightarrow RM_{X+Y}$

$\qquad\qquad RM_X^* + RM_Y^* \longrightarrow RM_X + RM_Y$

R^* 代表活性中心，由引发剂所产生。M 为单体，RM^* 表示已被活化剂活化了的单体。根据引发剂产生的活性中心不同，可将聚合反应分成自由基聚合和离子聚合两类。

自由基聚合是自由基引发单体聚合的反应。自由基是由共用电子对的共价键在受到光、热和机械能以及溶剂的作用下发生均裂所产生的含有未成对电子的原子或原子团：

$$R:R \longrightarrow R\cdot + \cdot R$$

能产生自由基的共价键往往是一些比较弱的键。如过氧化合物（R—O—O—R）、偶氮化合物（R—N=N—R）、过硫酸钾（$K_2S_2O_8$）、过硫酸铵 [$(NH_4)_2S_2O_8$] 等。

由于自由基含有未成对电子，所以它的活性很高，极易与含不饱和键的化合物发生加成反应：

$$R\cdot + CH_2=CH(OOCCH_3) \longrightarrow R-CH_2-\overset{\cdot}{C}H(OOCCH_3)$$

形成了单体自由基，通常把这一过程称为链引发过程。由于单体自由基也具有很高的活性，从而可进行链的增长：

$$R-CH_2-\overset{\cdot}{C}H(OOCCH_3) + nCH_2=CH(OOCCH_3) \longrightarrow$$

$$R+CH_2-CH(OOCCH_3)\xrightarrow{}_n CH_2-\overset{\cdot}{C}H(OOCCH_3)$$

链增长过程反应极快，在瞬间单体就可以一节节增长起来，形成大分子活性链。

当分子链上的单电子消失，则为链终止反应。自由基聚合反应的链终止反应如下：

$$R+CH_2-CH(OOCCH_3)\xrightarrow{}_n CH_2-\overset{\cdot}{C}H(OOCCH_3) + \overset{\cdot}{C}H(OOCCH_3)-CH_2+CH(OOCCH_3)-CH_2\xrightarrow{}_m R$$

$$\longrightarrow R+CH_2-CH(OOCCH_3)\xrightarrow{}_n CH_2-CH(OOCCH_3)-CH(OOCCH_3)-CH_2+CH(OOCCH_3)-CH_2\xrightarrow{}_m R$$

以上反应为两自由基相互结合终止，两自由基也可以相互歧化终止：

$$R+CH_2-CH(OOCCH_3)\xrightarrow{}_n CH_2-\overset{\cdot}{C}H(OOCCH_3) + \overset{\cdot}{C}H(OOCCH_3)-CH_2+CH(OOCCH_3)-CH_2\xrightarrow{}_m R$$

$$\longrightarrow R+CH_2-CH(OOCCH_3)\xrightarrow{}_n CH=CH(OOCCH_3) + CH_2-CH_2(OOCCH_3)+CH(OOCCH_3)-CH_2\xrightarrow{}_m R$$

自由基聚合反应可按本体、溶液或乳液等方法进行。采用何种方法决定于产物的用途。如果作为涂料或黏合剂，则采用乳液聚合方法。聚乙酸乙烯酯乳胶漆具有水基漆的优点，即黏度较小，作为黏合剂（俗称白胶），无论木材、纸张和织物，均可使用。如果要进一步醇解制备聚乙烯酸，则采用溶液聚合，这就是维尼纶合成纤维工业所采用的方法。

乳液聚合是单体在水介质中在机械搅拌和乳化剂作用下，分散成乳液状态进行聚合，产物是具有胶体溶液特征的乳液，聚合物粒子直径为 $10^{-7} \sim 10^{-6}$ m。与其他聚合方法相比，其优点是聚合热易扩散，聚合反应易控制。即便聚合物分子量很高，但体系黏度却可以很低，适用于制取黏性的聚合物和直接用于乳胶的场合。

乙酸乙烯酯乳液聚合的机理与一般乳液聚合相同。采用过硫酸钾为引发剂，为使反应平稳进行，单体和引发剂均需分批加入。聚合中最常用的乳化剂是聚乙烯醇。实验中还常把两种乳化剂合并使用，乳化效果和稳定性比单独用一种好。本实验采用聚乙烯醇和OP-10两种乳化剂。

制得的白色乳液可直接作黏合剂使用，用水稀释并混入色浆可制成乳胶漆。

三、实验仪器和试剂

（1）仪器：三颈瓶（500 mL，1个），回流冷凝管1支，滴液漏斗1个，搅拌器，电炉，水浴锅，温度计1支（0~200 ℃）。

（2）试剂：乙酸乙烯酯，邻苯二甲酸二丁酯，聚乙烯醇，乳化剂OP-10，$NaHCO_3$，$K_2S_2O_8$，色浆。

四、实验内容

1. 配　方

乙酸乙烯酯	90 g
乳化剂 OP-10	1 g
聚乙烯醇	6 g
过硫酸钾	1 g
蒸馏水	90 g
邻苯二甲酸二丁酯	10 g
$NaHCO_3$	0.25 g

2. 实验步骤

按图 7.1 所示装配好仪器。将称量好的聚乙烯醇溶于 80 g 蒸馏水（如难于溶解，则加热至 80 ℃）中，倒入三颈瓶内，加乳化剂 OP-10，搅拌均匀后，再加 20 g 乙酸乙烯酯于三颈瓶内。称取引发剂过硫酸钾，用 5 mL 水溶解于小烧杯中，将此溶液的一半倒入三颈瓶。开动搅拌器，加热升温至 65~70 ℃，保持该温度下回流。约 30 min 后，取下温度计。用滴液漏斗滴加余下的乙酸乙烯酯，滴加速度不宜过快，温度仍控制在 65~70 ℃，滴加完毕后把余下的过硫酸钾溶液加入三颈瓶中，继续加热回流，缓慢升温至 80~85 ℃，以不产生大量泡沫为准。冷却至 50 ℃，加入预先用 5 mL 水溶解了的碳酸氢钠溶液，以调节乳液 pH 值，使其稳定。再加入增塑剂邻苯二甲酸二丁酯，搅拌均匀，冷却，即成 pH 为 4～6，含量为 50% 的聚乙酸乙烯酯乳液。此白色乳液可直接作黏合剂使用，用水稀释并混入色浆可制成乳胶漆。

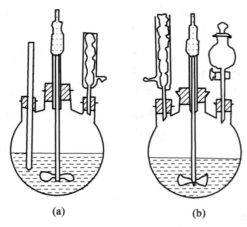

图 7.1　乳液聚合装置图

五、注意事项

（1）整个反应期间要不断地搅拌，促使单体分散成细小的液滴。特别是在反应初期，停止搅拌会出现单体与水分层，易于结块。

（2）控制升温的速度，升温过快、过早都易于结块。

（3）配料中有聚乙烯醇，由于它一般是聚乙酸乙烯酯的碱性醇解产品，水溶液呈弱碱性，在反应前可以不调整 pH 值而在反应结束后需加入部分碳酸氢钠中和至 pH 值在 4～6，以保持乳液稳定。

六、思考题

（1）什么叫自由基？自由基聚合反应历程可分为几个阶段？
（2）何谓乳液聚合？它有什么特点？乳化剂的作用是什么？
（3）乳液聚合体系存在几个相？聚合反应是在哪一相中进行的？

实验二　黏结剂"万能胶"的制备

一、实验目的

（1）了解缩聚反应的特点。
（2）熟悉双酚 A 型环氧树脂黏结剂的实验室制法。

二、实验原理及内容提要

对于具有两个或两个以上官能团（指具有反应能力的基团，如—COOH、—OH、—NH$_2$、—Cl 等基团的单体），它们之间可进行缩合反应而生成聚合物。这样一类缩合反应称为缩聚反应。该反应的主要特征是形成大分子的过程是逐步进行的，并在分子间缩合过程中伴以脱去水或醇之类的小分子产物。如二醇与二酸的缩聚反应：

$$HO\text{---}(CH_2)_x\text{---}OH + HOOC\text{---}(CH_2)_y\text{---}COOH \xrightarrow{-H_2O}$$

$$HO\text{---}(CH_2)_x\text{---}O\text{---}\overset{O}{\underset{\|}{C}}\text{---}(CH_2)_y\text{---}COOH \xrightarrow{-H_2O} \cdots\cdots \xrightarrow{-(2n-1)H_2O}$$

$$H\text{---}[O\text{---}(CH_2)_x\text{---}O\text{---}\overset{O}{\underset{\|}{C}}\text{---}(CH_2)_y\text{---}\overset{O}{\underset{\|}{C}}]_n\text{---}OH$$

与加聚反应相比，缩聚反应无链引发、链增长、链终止过程。第一步是生成二聚体或三聚体，这些低聚物的端基仍是未反应的官能团，它们之间可以相互缩合，随反应时间不断延长，分子量逐步增大。缩聚反应在聚合物材料合成中占有重要地位，通常一些具有较好力学性能、电性能以及耐热性、耐光性、抗腐蚀性的聚合物，大多是通过缩聚反应制得。

凡含有环氧基团的聚合物，总称为环氧树脂。其种类很多，其中最典型的、产量最大、用途最广的是双酚 A 型环氧树脂，有通用环氧树脂之称。它是由环氧氯丙烷与二酚基丙烷在氢氧化钠作用下进行缩聚反应而制得的。

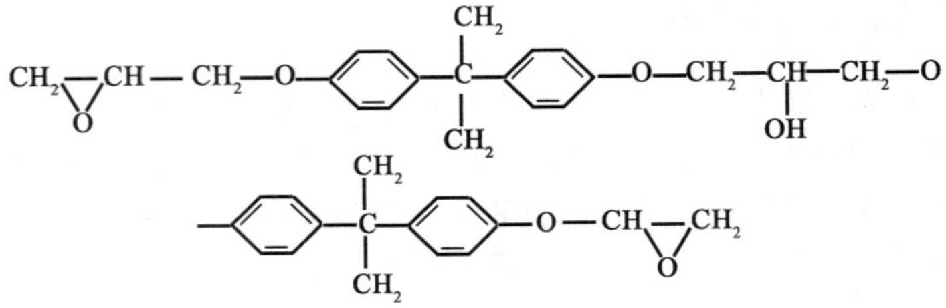

根据不同的原料配比、不同的操作条件（如反应介质、温度和加料顺序），可制得不同软化点、不同分子量的环氧树脂。当 $n<2$ 时，属低分子量环氧树脂，为一种黏稠状的液体；当 $n>2$ 时，是一种脆性的高熔点固体。环氧树脂在未固化前是呈热塑性的线形结构，不能直接用来作材料，必须在树脂中加入固化剂。固化剂与环氧树脂的环氧基等反应，变成网状结构的大分子，成为不溶的热固性成品。

用于环氧树脂的固化剂很多，大多数为胺类化合物，如乙二胺、多乙烯多胺、聚酰胺、间苯二胺等。不同的固化剂，其交联反应也不同，如用在室温下即能固化的乙二胺，其反应式为：

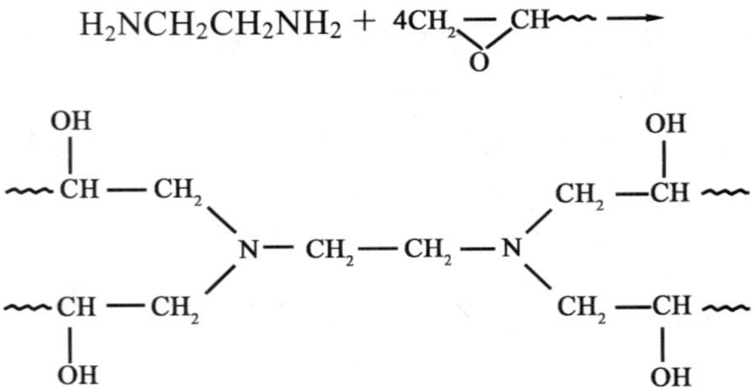

乙二胺的用量按下式计算：

$$G = \frac{M}{H_n} \times E = \frac{60}{4} \times E = 15E \tag{7.1}$$

式中　G——每 100 g 环氧树脂所需乙二胺的克数；

M——乙二胺的分子量（60）；

H_n——乙二胺上活泼氢总数（4）；

E——环氧树脂的环氧值。

实际使用量一般比理论上的计算值要多 10% 左右，固化剂用量对成品的机械性能影响很大，必须控制适当。

在环氧树脂结构中含有羟基（—CH—，带OH）、醚基（—O—）和极为活泼的环氧基（—CH—CH₂—，带环氧）。羟基、醚基具有较高的极性，使环氧树脂分子链与相邻界面产生较强的分子间作用力，而环氧基则与介质表面，特别是金属表面上的游离键起反应，形成化学键，其结构简图如图 7.2 所示。环氧树脂具有很高的粘合力，用途很广，商业上称作"万能胶"，其结构简图如图 7.3 所示。

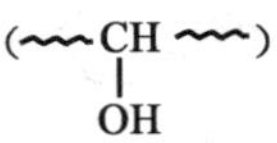

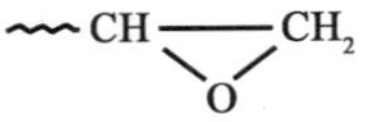

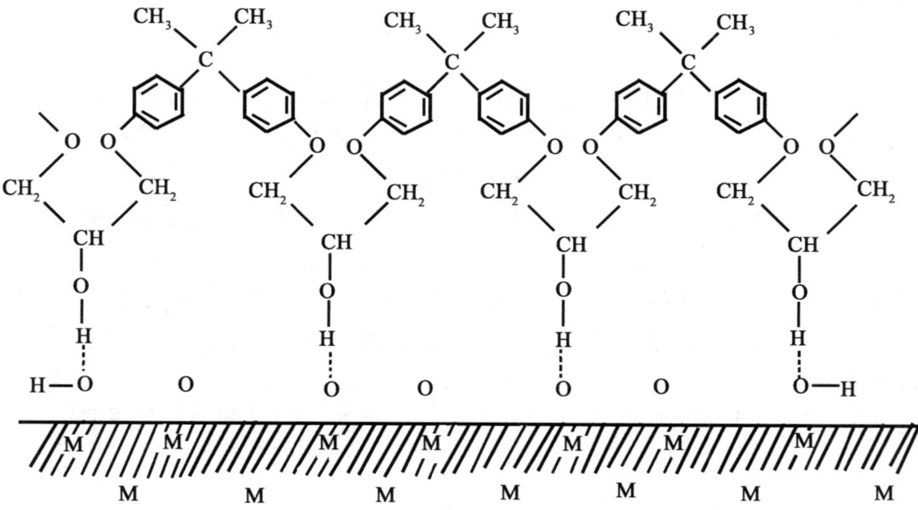

图 7.2 结构简图

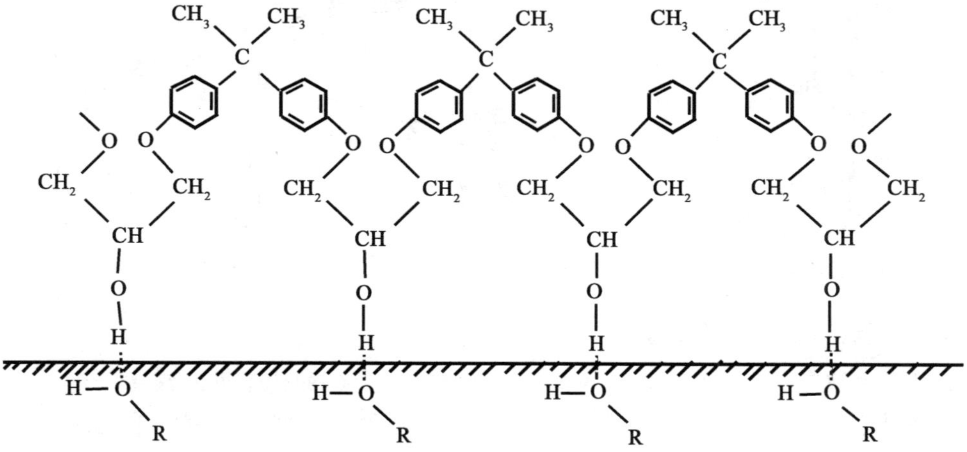

图 7.3 结构简图

除此之外，它还具有很好的耐化学腐蚀性、电绝缘性、耐磨性、防水、防潮、防霉和耐热性及耐寒性，被广泛用于机械、电气、建筑、交通运输等部门。

三、实验仪器及试剂

（1）仪器：三颈瓶（500 mL，1 个），回流冷凝管，滴液漏斗，分液漏斗，搅拌器，蒸馏装置。

（2）试剂：双酚 A，环氧氯丙烷，NaOH，$AgNO_3$，铝片，化学处理液 [按浓硫酸 20~30 份，重铬酸钾 2~7.5 份，蒸馏水 78~62.5 份比例，先将重铬酸钠（钾）溶解于水中，然后在搅拌下缓慢沿玻璃棒将浓硫酸加入水中即可]。

四、实验内容

1. 树脂的合成

低分子量环氧树脂制备的原料比为：双酚 A：环氧氯丙烷：氢氧化钠为 1：2.75：2.40（摩尔比）。即称取 30 g 双酚 A、35 g 环氧氯丙烷，加入装有搅拌器、滴液漏斗、回流冷凝管及温度计的三颈瓶中，如图 7.4 所示。加热水浴温度至 70 ℃，保温 30 min，使之完全溶解，称取 13 g 氢氧化钠溶于 30 mL 蒸馏水中。然后放入滴液漏斗内，慢慢滴加氢氧化钠溶液到三颈瓶中，保持反应温度在 70 ℃ 左右，约 30 min 滴加完毕，升温到 75~80 ℃，在此温度下反应 1.5~2 h，此时溶液呈乳黄色，停止反应，冷却至室温，加入蒸馏水 30 mL、苯 80 mL，充分搅拌并倒入分液漏斗中，静止片刻，分去水层，再用蒸馏水洗涤数次，直到洗涤水呈中性及无氯离子存在。分出有机层，在常压下蒸去苯，蒸馏装置如图 7.5 所示。最后在减压下蒸馏，尽量能除去苯、水及未反应的环氧氯丙烷，得到淡棕色黏稠的环氧树脂。

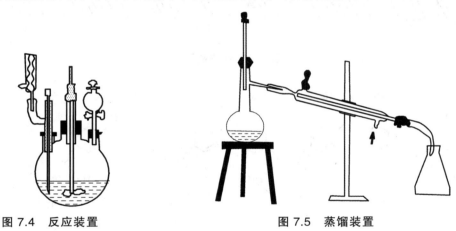

图 7.4 反应装置　　　　　图 7.5 蒸馏装置

2. 黏结实验（以铝片作为黏合对象）

（1）铝片的处理。将厚约 2 mm 的铝片置入 60~65 ℃ 的化学处理液中浸泡 10 min，取出后用水清洗、干燥，或用砂布对铝片表面进行打磨处理，然后用有机溶剂丙酮、汽油等擦洗。

（2）铝片的黏结。用干净的表面皿称取约 4 g 环氧树脂，滴加数滴乙二胺（约 0.3 g），用玻璃棒调匀。按图 7.6 所示，在两块铝片黏结部位涂上一层薄薄的胶。并对准合拢，用螺旋夹固定，放置一段时间，观察粘接效果。有条件时，可测试其拉伸剪切强度。

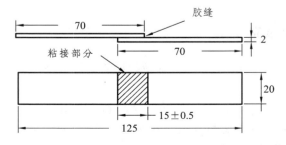

图 7.6 拉伸剪切强度测定粘结试样（单位：mm）

五、注意事项

（1）在配制化学处理液时，切忌将水倒入硫酸中，以免酸飞溅到衣服和皮肤上造成灼伤。
（2）检定溶液中的氯离子和溶液的中性，可用 $AgNO_3$ 溶液和 pH 试纸。

六、思考题

（1）环氧树脂的制备是加聚反应还是缩聚反应？为什么？
（2）为什么环氧树脂具有相当高的黏合能力？

附　环氧值的测定

环氧值是指每 100 g 环氧树脂中含环氧基的当量数。描述环氧树脂中环氧基的多少，除用环氧值表示外，还可用环氧基百分含量或环氧当量表示。它是环氧树脂质量的重要指标之一，也是计算固化剂用量的依据。分子量愈高，环氧值就相对降低，一般低分子量的环氧树脂环氧值在 0.48 ~ 0.57 之间。

分子量小于 1 500 的环氧树脂，其环氧值的测定用盐酸-丙酮法。反应式为：

$$\sim\!\!\!\sim\!\!\text{CH}\!-\!\!\text{CH}_2 + \text{HCl} \xrightarrow{\text{丙酮}} \sim\!\!\!\sim\!\!\text{CH}\!-\!\!\text{CH}_2\!-\!\text{Cl}$$
$$\quad\;\;\backslash\!\!/\qquad\qquad\qquad\quad\;\;|$$
$$\quad\;\;\text{O}\qquad\qquad\qquad\qquad\text{OH}$$

过量的 HCl 用标准 $NaOH\text{-}C_2H_5OH$ 回滴。

取 125 mL 碘瓶 2 个，在分析天平上各称取 1 g 左右（精确到 1 mg）环氧树脂，用移液管加入 25 mL 盐酸-丙酮溶液，加盖摇动使树脂完全溶解。放置阴凉处 1 h。加酚酞指示剂 3 滴，用 $NaOH\text{-}C_2H_5OH$ 溶液滴定，同时按上述条件空白滴定 2 次。

环氧值（当量/100 g 树脂）E 按下列公式计算：

$$E = \frac{(V_1-V_2)c}{1000W} \times 100 = \frac{(V_1-V_2)c}{10W} \tag{7.2}$$

式中　V_1——空白滴定所消耗的 NaOH 溶液，mL；
　　　V_2——样品测试所消耗的 NaOH 溶液，mL；
　　　c——NaOH 溶液的浓度，$mol \cdot L^{-1}$；
　　　W——树脂重量，g。

注：1. 环氧树脂百分含量是指每 100 g 树脂中含有的环氧基克数。环氧当量为相当于一个环氧基的环氧树脂重量（g），它们与环氧值之间有如下互换关系：

$$环氧值 = \frac{环氧基百分含量}{环氧基分子量} = \frac{1}{环氧当量} \tag{7.3}$$

2. 盐酸-丙酮溶液。将 2 mL 浓盐酸溶于 80 mL 丙酮溶液中，混合均匀即成（现配现用）。
3. $NaOH\text{-}C_2H_5OH$ 溶液。将 4 g NaOH 溶于 100 mL 乙醇中，用标准邻苯二甲酸氢钾溶液标定，酚酞作指示剂。

实验三 生活日用品的易燃性检测

一、实验目的

（1）了解测定易燃液体闭口杯法闪点的意义。
（2）掌握测定易燃液体闭口杯法闪点的原理和方法。
（3）了解 SYD261 型闭口闪点试验器的构造和使用方法。

二、实验原理及内容提要

用开口闪点试验器测定试样的闪点时，试验器内所形成的蒸气能自由地扩散到空气中，损失了一部分蒸气，使测得的闪点偏高，影响正确地评定试样的危险性。对于挥发性较大的轻质石油产品，用开口杯法测定，还存在着火或爆炸的危险，特别是有些诸如润滑油之类的物质，在密闭容器中使用的产品，在使用过程中常由于种种原因产生高温，使润滑油等可能形成分解产物，这些成分在密闭容器内挥发并与空气混合后，有着火或爆炸的危险。当用开口杯法测定时，可能发现不了这些易于挥发的轻质分解产物的存在，所以规定要用闭口杯法进行测定，使对产品的危害性有正确、全面的认识。

在一定条件下，将试样加热到它的蒸气与空气的混合气接触火焰发生闪火时的最低温度，称为闭口杯法闪点。它的测定是在连续搅拌下用很慢的、恒定的速率加热试样，在规定的温度间隔，同时中断搅拌的情况下，将一小火焰引入杯内，试验火焰引起试样上的蒸气闪火时的最低温度作为闪点。

三、实验仪器及试剂

（1）仪器：SYD261 闭口闪点试验器，温度计（1 支，$-30 \sim 170\ ℃$），油杯（1 个）。
（2）试剂：脱水剂，无铅汽油，样品 1，样品 2。

四、实验内容

1. 准备工作

（1）试样脱水。当试样的水分含量超过 0.05% 时，必须脱水。脱水处理是在试样中加入新锻烧并冷却的无水硫酸钠或无水氯化钙，脱水后，取试样的上层清液供试验使用。脱水时，闪点低于 100 ℃ 的试样不必加热，其他试样允许加热至 50~80 ℃ 时用脱水剂脱水。
（2）用无铅汽油洗涤油杯，然后用电吹风将其吹干。
（3）将试样注入油杯。试样要装满到环状标记处，然后盖上清洁、干燥的杯盖，插入温度计，并将油杯放在空气浴中。
（4）点燃点火器，并将火焰调整到接近球形，其直径为 3~4 mm。
（5）闪点测定器放在避风和较暗的地方，并围上防护屏。
（6）用检定过的气压计，测出试验时的实际大气压 p。

2. 试验步骤

（1）打开调压电位器开关，控制电炉进行加热，对于闪点低于 50 °C 的试样，从试验开始到结束时要不断地进行搅拌，并使试样温度每分钟升高 1 °C。试验闪点高于 50 °C 的试样时，开始加热速度要均匀上升，并定期进行搅拌。到预计闪点前 40 °C 时，调整加热速度，使在预计闪点前 20 °C 时，升温速度能控制在每分钟升高 2~3 °C，并要不断进行搅拌。

（2）试样温度到达预期闪点前 10 °C 时，对于闪点低于 104 °C 的试样，每上升 1 °C 进行 1 次点火试验；对于闪点高于 104 °C 的试样，每上升 2 °C 进行 1 次点火试验。

（3）在试样液面上方最初出现蓝色火焰时，立即从温度计读出温度作为闪点的测定结果。得到最初闪点之后，继续按步骤（2）进行点火试验，应能继续闪火。

3. 大气压力对闪点影响的修正

观察和记录大气压力，按式（7.4）或式（7.5）计算在标准大气压力 760 mmHg 柱时闪点修正数 Δt（°C）：

$$\Delta t = 0.25(101.3 - p) \tag{7.4}$$

$$\Delta t = 0.0345(760 - p) \tag{7.5}$$

式中　　p——实际大气压力。式（7.4）中 p 的单位为千帕斯卡（kPa）；式（7.5）中 p 的单位为毫米汞柱（mmHg 柱）。

此外，式（7.5）修正数 Δt（°C）还可从表 7.1 中查出：

表 7.1　闪点修正数 Δt

p/mmHg 柱	修正数 Δt/°C
630~658	+4
659~687	+3
688~716	+2
717~745	+1
775~803	−1

4. 结　果

观察到的闪点数值加修正数，修约后以整数报结果。同一操作者重复测定两个结果之差，不应超过以下数值：

闪点范围（°C）　　　　　　　允许差数（°C）
　　≤104　　　　　　　　　　　2
　　>104　　　　　　　　　　　6

取重复测定结果的算术平均值，作为试样的闪点。

五、注意事项

（1）试样在实验期间都要转动搅拌器进行搅拌，只有在点火时停止搅拌。点火时，使火焰在 0.5 s 内降到杯上含蒸气的空间中，留在这一位置 1 s 立即迅速地回到原位。如果看不到闪火,应继续搅拌试样,并按试验步骤 2 的要求重复进行点火试验。

(2)在观察试样闪火情况时,在最初闪火之后,如果再进行点火却看不到闪火时,应重新更换试样试验,只有重复试验的结果依然如此,才能认为测定有效。

六、思考题

(1)当试样的水分超过 0.05% 时,为什么必须脱水?脱水处理的常用方法是什么?
(2)试样注入油杯时,为什么试样和油杯的温度都不应高于试样脱水的温度?
(3)试样的闪点和哪些测定条件有关?
(4)测定试样闪点的方法为什么要分成闭口杯法和开口杯法?
(5)测定产品的闪点对生产和运输有什么意义?

附 SYD261 型闭口闪点试验器的构造和使用方法

1. 仪器构造

SYD261 型闭口闪点试验器构造如图 7.7 所示。

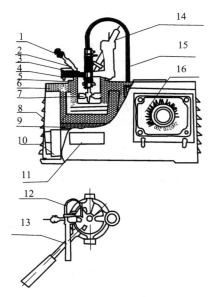

图 7.7 SYD261 型闭口闪点试验器

1—点火器调节螺丝;2—点火器;3—滑板;4—油杯盖;5—油杯;6—浴套;7—搅拌桨;
8—壳体;9—电炉盘;10—电动机;11—铭牌;12—点火管;13—油杯手柄;
14—温度计;15—传动软轴;16—开关箱

2. 使用方法

(1)在测试条件下,将油杯盛放定量的试样后,调节由电压表监视的调压电位器控制电炉进行加热。

（2）按照要求开动电动机。由软轴带动搅拌器进行搅拌，为防止电机承受高温而影响正常运转，在搅拌和加热的同时，利用进出水管通入自来水，经冷却器对电动机作循环冷却。

（3）按照测定的升温要求随时注意控制温度的调节。

（4）当试样温度达到预期闪点前按标准规定的一定温度时，通放煤气，点燃引火器，调节火焰形状至测定要求。

（5）扭动旋手，使滑板转动，露出杯盖孔口，同时引火器即自动向下摆动，伸向油杯盖点火孔内进行点火试验。

实验四　烟花爆竹撞击感度测定

一、实验目的

（1）了解测定爆炸品撞击感度的意义。
（2）掌握测定爆炸品撞击感度的原理和方法。
（3）了解 CGY-1 型机械冲击感度仪的构造和使用方法。

二、实验原理及内容提要

在铁路运输和工农业生产中常常遇到许多易爆物质，由于使用、包装、储藏或运输不当造成的物品破坏和人员致残损伤事故时有发生，造成了十分巨大的损失。

爆炸是指在极短的时间内，释放出大量能量，产生高温，并放出大量气体，在周围造成高压的化学反应或状态变化的现象。而爆炸物质是指在无外界供氧时，在一定能量作用下能够发生快速化学反应并生成大量的热和气体的物质。由于它具有巨大的危险性，在铁路运输中对爆炸品有严格的规定和限制。

爆炸品在提出托运前，托运人应向主管部门（或行业归口部门）提出分级申请，由行业主管部门（或行业归口部门）或由委派的专门机构，按规定的爆炸品分级程序进行分级，该程序包括爆炸品认可程序、爆炸品分项程序和配装组的确定三部分，最后确定爆炸品的分级代号。对于不同级别的爆炸品，其包装和运输条件均有严格规定。

烟花爆竹等爆炸品受外界机械撞击作用而发火的难易程度称为撞击感度。在规定的测试仪器和条件下，以发火百分率来量度。它通过机械冲击感度仪来测定，即将以一定的工艺要求制备的试样置于击发装置中，一定重量的落锤，从某一高度沿导轨垂直落下，冲击击发装置中的击柱，使试样获得冲能，观察试样是否燃烧或爆炸，按照升降法进行试验和数据处理，即可测得爆炸品的撞击感度值。

三、实验仪器及试剂

（1）仪器：CGY-1 型机械冲击感度仪，试验筛（1个，400 μm），电热恒温烘箱或真空干燥箱（1台）。

（2）试剂：特屈儿，丙酮，工业汽油，金相砂纸（No：04）。

四、实验内容

1. 试样处理

试样必须全部通过 400 μm 筛，并按四分法缩分。然后将不超过 3mm 厚度的试样，放在真空干燥箱内进行干燥，烘干温度为 55~60 °C，真空压力不大于 11 kPa，恒温 2 h（在相同温度的电热恒温箱中恒温 4 h）。烘好的试样放入干燥器内冷却 1 h 后方可使用。

2. 实验条件

锤重：（10.00±0.01）kg。
落高：（250±1）mm。
药量：（40±2）mg。
若按上述条件试验时，结果为 100%，则采用下列条件：
锤重：（5.000±0.005）kg。
落高：（250±1）mm。
药量：（40±2）mg。

3. 实验步骤

（1）用汽油、丙酮洗净击柱套、击柱和底座，并用细砂布或绸布擦干净，待汽油与丙酮挥发净后使用。

（2）选配 50 套干净的撞击装置，将上击柱取出。准确称取（40±2）mg 试样，小心地倒入击柱套内，不允许试样黏在击柱套壁上，再将上击柱轻轻放入，使之靠自身重量徐徐下落至试样表面，并轻轻转动 2 圈，使试样均匀地散布在整个柱面上。

（3）将落高调节好，把按（2）准备好的撞击装置放入撞击钢钻中心，释放落锤，使之自由下落撞击上击柱，观察有无爆炸响声、火光、冒烟、击柱面烧伤痕迹。有上述现象之一者，均判为发火，记作"1"；否则判为不发火，记作"0"。

按（3）步骤试验，25 发为 1 组，共做 2 组。

（4）试验完毕，用丙酮洗净撞击装置，如有痕迹，用金相砂纸磨光，若达不到要求则废弃。

4. 实验结果计算和评定

（1）单组的撞击感度按下式计算：

$$P = \frac{X}{25} \times 100\% \tag{7.6}$$

式中　P——发火百分率，%；
　　　X——发火数，个。

（2）两组试验结果平行一致的判断。从表 7.2 中查找任一组 P 的置信区间，只要另一组结果落在置信区间内，则判断为两组试验是平行一致的。

表 7.2　置信区间表

置信度为 95%，$n = 25$

P /%	$P_上$	$P_下$	P/%	$P_上$	$P_下$
100	100	86	48	69	28
96	100	80	44	65	24
92	99	74	40	61	21
88	97	69	36	58	18
84	96	64	32	53	15
80	93	59	28	49	12
76	91	55	24	45	9
72	88	51	20	41	7
68	85	47	16	36	4
64	82	44	12	31	3
60	79	39	8	26	1
56	76	35	4	20	0
52	72	31	0	14	0

（3）取两组平行测试结果的平均值，作为被测试样在该条件下的撞击感度值。

（4）若两组结果不平行，须重做一组与原结果之一比较，取平行且最相近组的算术平均值作为撞击感度值。若重做的一组与原结果的任一组都不平行，应查找原因或标定仪器，合格后重测两组，直至平行为止。

五、注意事项

（1）由于进行的是爆炸品实验，在取样和装样过程中，一定要认真仔细，以免引起爆炸，造成伤害。

（2）由于每组实验需做多次重复，因此实验完毕后，若撞击装置有痕迹，应立即用丙酮洗净，若用丙酮还洗不净，就用金相砂子小心磨光，尽量减少报废，节约撞击装置。

六、思考题

（1）测定爆炸品的撞击感度对工业生产和运输有何意义？
（2）测量撞击感度的原理和方法是什么？

附一　CGY-1 型机械冲击感度仪的构造、使用方法和标定

1. 仪器构造

CGY-1 型机械冲击感度仪采用立式双柱导轨式结构，由支架、导轨、落锤、电磁钳释放器和击发装置组成。仪器结构如图 7.8 所示。

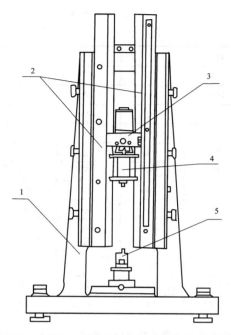

图 7.8　CGY-1 型机械冲击感度仪结构示意图
1—支架；2—导轨；3—电磁钳释放器；4—落锤；5—击发装置

2. 使用方法

（1）冲击感度仪应安装在牢固、稳定的基座上，应在干燥清洁并装有排烟通风装置的实验室内进行工作。

（2）使用前，先用棉纱和酒精棉球将各工作部位的涂油全部除去，再用十分干净的绸布仔细擦拭导轨和落锤外的工作面。

（3）用象限仪检查支架底盘上平面，调节 4 个支承螺钉，使水平误差不超过 3′。

（4）检查导轨工作面与支架底盘上平面的垂直度。把圆柱直角尺放在支架底盘平面上，轻轻移动，使其靠近左导轨的工作面，观察整个导轨工作面与角尺的接触缝隙，应均匀漏光，再用一级塞尺检查，应符合规定。垂直度若超差，则应将导轨的 4 个紧固螺钉松开，缓慢转动 3 个调整螺钉。反复调整、检查直至合格。然后紧固螺母，装上落锤，进行间隙的调整。

（5）检查落锤与左右轨之间的间隙。

（6）检查落锤与击发装置的同轴度。

（7）检查释放装置的源是否接在电源上。

（8）检查释放机构是否灵活可靠。先用手托住落锤，按动释放微动开关，锤体即下落。

（9）检查各紧固零部件是否松动。

（10）按照试验方法测定试样的撞击感度值。

（11）试验完后，关闭仪器和抽风机电源。用酒精棉球将散落在定位座以及支架底盘上平面的散药清理干净。若短期不用，则应在导轨以及支架底盘上平面上涂少许机油，若长期不用，则应涂以凡士林或黄油，以防生锈。

3. 仪器标定

（1）标定条件。

锤重：（10.00 ± 0.01）kg。

落高：（250 ± 1）mm。

药量：（50 ± 2）mg。

标准药剂：精制特屈儿，精制方法见附二。

（2）标定步骤。

按（四）实验内容各步骤进行实验。

（3）结果。

若测得两组的发火百分率都在40% ~ 56%内，则判仪器合格。若标定不合格，需查找原因，待消除故障后，重新标定，直至合格。

附二　特屈儿的精制方法

1. 仪　器

烧杯（500 mL，2个），电热恒温水浴锅（1个），真空干燥箱或电热恒温烘箱（1台），玻璃干燥器（1个），标准筛（400 μm和200 μm各1个），温度计（2支，0 ~ 100 ℃），抽滤瓶（1只，1 000 mL），布氏漏斗（1个，中号）。

2. 试　剂

丙酮（AR），特屈儿（工业品）230 g，乙醇（AR）。

3. 操作步骤

（1）将电热恒温水浴锅水温升至70 ℃。

（2）将230 g工业品特屈儿放入600 mL烧杯中，再加入250 mL丙酮，把烧杯放入电热恒温水浴锅上加热，同时用玻璃棒搅拌，待溶液温度升至47 ~ 51 ℃时，特屈儿全部溶解。

（3）待溶液温度升至53 ~ 54 ℃时，进行热过滤。在热过滤时，必须预先将抽滤瓶预热，以防止特屈儿在瓶底结晶析出。同时，溶液温度应控制在52 ~ 53 ℃，滤液倒入600 mL烧杯中，让其自然冷却结晶。待滤液冷至15 ~ 16 ℃时，抽滤，再加150 mL乙醇分两次洗涤，抽干15 min，然后置于表面皿内。

（4）在真空干燥箱或电热恒温烘箱内进行干燥。干燥温度50 ~ 60 ℃，时间为4 h。干燥后放入干燥器中冷却1 h后过筛。每筛药量控制在50 g以下，选取通过400 μm筛留在200 μm筛上的颗粒作为标准药特屈儿样品。

（5）经精制的标准药特屈儿有效使用期为15 d。

4. 注意事项

（1）在结晶过程中，环境温度要高于15 ℃。

（2）结晶过程中，不可搅拌过快、过勤，一般每隔 30 min 轻轻搅拌一次。
（3）存放期未超过半年的母液可重复使用。废母液应混入锯木屑内在空旷地烧毁。

实验五　肉制品中痕量亚硝酸盐的测定

一、实验目的

（1）了解衍生荧光法的基本原理。
（2）了解环糊精增敏荧光法的原理。
（3）掌握肉制品中痕量亚硝酸盐的测定方法。

二、实验原理及内容提要

亚硝酸盐作为一种食品添加剂，能够保持腊肉制品等的色香味，并具有一定的防腐性能。但同时亚硝酸盐可与蛋白质分解产物-仲胺类物质结合，生成致癌物质亚硝胺，在 pH 较低的酸性条件下有利于亚硝胺的形成，过量食用会对人体产生危害。因此，食品加工中需严格控制亚硝酸盐的加入量。

亚硝酸盐本身无荧光、不能用荧光法直接测定。衍生荧光法借助一定的化学反应，可以测定那些不发荧光的物质，亦可通过衍生反应，改变被测组分的化学组成和结构，借助于发光特性（波长、强度等）的改变，提高测量的选择性和灵敏度。

酸性介质中，亚硝酸根能与过量 4-羟基香豆素迅速反应形成低荧光性的亚硝基衍生物 3-亚硝基-4-羟基香豆素，该产物经 $Na_2S_2O_3$ 还原为 3-氨基-4-羟基香豆素后，在碱性介质中能发射较强的荧光，若有适量 β-环糊精（β-CD）存在，由于 β-CD 对发光体的包络作用，荧光强度大大增强，可显著提高测量的灵敏度。体系的 $\lambda_{ex}^{max}/\lambda_{em}^{max}$ = 332 nm/457 nm，亚硝酸盐（以 $NaNO_2$ 计）在（1~1 200 mg）/25 mL 浓度范围内与荧光强度呈良好线性关系，检出限 40 $\mu g \cdot mL^{-1}$。本法灵敏度高，选择性好，可用于水样、肉制品中痕量亚硝酸盐的测定。

三、仪器与试剂

（1）仪器：960HC 荧光光度计（或 PELS-50B 型发光光度计），25 mL 容量瓶，分度吸量管。

（2）试剂：

① 4-羟基香豆素溶液。用 1∶1（体积比）的乙腈和 2 $mol \cdot L^{-1}$ 盐酸混合液配制成 0.04% 溶液。

② $NaNO_2$ 标准溶液。$NaNO_2$（AR 级）于红外灯下干燥 4 h 后，用水配制成 1 $mg \cdot mL^{-1}$ 标准溶液，在冰箱中保存（每周新配一次），用时用水准确稀释到 1 $\mu g \cdot mL^{-1}$。

③ β-CD 溶液。用市售品经水重结晶的 β-CD 配制成 0.01 $mol \cdot L^{-1}$ 水溶液。

④ $Na_2S_2O_3$（AR 级）8% 水溶液。
⑤ 1.5 mol·L^{-1} NaOH 水溶液。
⑥ pH 9.6 NH_4Cl-NH_3·H_2O 缓冲溶液。
⑦ $KAl(SO_4)_2$ 饱和水溶液。

四、实验内容

1．工作曲线

25 mL 容量瓶中加入 1.0 mL 0.04% 的 4-羟基香豆素的乙腈-盐酸溶液，一定量的（0.01，0.02，0.05，0.08，0.1，0.3，0.5，0.8，1.0）mL 1 μg·mL^{-1} $NaNO_2$ 标准溶液，摇匀，于冰水浴中反应 5 min 后取出，加入 0.1 mL 8% $Na_2S_2O_3$ 溶液，摇匀，约 5 min 后出现白色浑浊，再加入 1.0 mL 1.5 mol·L^{-1} NaOH 和 18 mL 0.01 mol·L^{-1} β-CD 水溶液，用去离子水定容，摇匀，溶液变清，再放入冰水浴中，5 min 后测定荧光激发和发射光谱或测定 $\lambda_{ex}^{max}/\lambda_{em}^{max}$ = 332 nm/457 nm 处的荧光强度。

2．空白实验

按上述步骤，测定 5 份以上试剂空白在 $\lambda_{ex}^{max}/\lambda_{em}^{max}$ = 332 nm/457 nm 处的荧光强度，计算其标准偏差 s。

3．市售肉制品中 $NaNO_2$ 的测定

准确称取 10 g 左右（平行两份）剪碎的市售风干腊肠样品，置于 250 mL 烧杯中，加入 90 ℃ 以上的水 100 mL，置于沸水浴中加热 45 min，用沸水将内容物移入 250 mL 容量瓶，加入 5 mL pH 9.6 的 NH_4Cl-NH_3·H_2O 缓冲液，加水至 200 mL 左右，用流水冷却后加入 $KAl(SO_4)_2$ 饱和水溶液 5 mL，用水冲稀至刻度，摇匀。用干滤纸过滤，滤液备用。分别移取两份滤液各 2 mL，按上述工作曲线步骤经衍生后测定 $\lambda_{ex}^{max}/\lambda_{em}^{max}$ = 332 nm/457 nm 处的荧光强度。并采用标准加入法（滤液样品 2 mL 加 0.05 mL 1 μg·mL^{-1} $NaNO_2$ 标准溶液）进行回收率实验。

4．数据处理和结果表达

（1）选择 $NaNO_2$ 含量相同的试样（如含 0.05 mL 1 μg·mL^{-1} $NaNO_2$ 标准液）实验比较有、无 β-CD 时的荧光激发和发射光谱图，说明 β-CD 的增敏作用。

（2）由实验数据拟合工作曲线方程，并按照国际纯粹及应用化学联合会（IUPAC）规定，以试剂空白荧光值的 3 倍标准偏差除以工作曲线斜率，计算本法测定 $NaNO_2$ 的检出限。

（3）计算加标回收率（%）和肉制品中的 $NaNO_2$ 含量，并与国家食品添加剂使用卫生标准进行比较，判定是否合格。

五、思考题

（1）亚硝酸盐作为一种传统的食品添加剂，具有哪些特点？你能否找到一种亚硝酸盐的替代品？

（2）为什么 4-羟基香豆素的亚硝基化反应要在冰水浴中进行？

实验六　组装分子结构和晶体结构模型

一、实验目的

（1）通过组装分子结构和晶体结构模型，加深对分子结构和晶体结构理论的理解及其空间构型的认识。

（2）熟悉部分无机化合物（无机离子）的杂化方式及空间构型。

（3）了解部分晶体的空间构型。

（4）了解金属晶体的密堆积构型。

二、实验原理及内容提要

部分无机化合物（无机离子）的中心原子以某种特定的杂化方式与其他原子成键，得到一固定的空间构型。

晶体依其晶格结构上不同类型的粒子，可分为离子晶体、分子晶体、原子晶体、金属晶体四种基本类型。

离子晶体的空间构型主要由其正、负离子的半径比（r_+/r_-）确定。

金属晶体中常见有 3 种紧密堆积方式。

三、实验材料

彩色塑料棒，彩色塑料圆球及椭圆球，彩色橡皮泥。

四、实验内容

1. 填　表

表 7.3　分子或离子的空间构型

物　质	杂化方式	杂化轨道数	杂化轨道间夹角	空间构型
$BeCl_2$				
BCl_3				
CH_4				
CH_3Cl				
NH_3				
H_2O				
$[Ni(NH_3)_4]^{2+}$				
$[Ni(CN)_4]^{2-}$				
$[FeF_6]^{3-}$				
$[Fe(CN)_6]^{3-}$				

表 7.4 晶体的空间构型

物　质	晶体类型	晶格结点上粒子	粒子间作用力	空间构型
CsCl				
NaCl				
立方 ZnS				
石墨				
干冰				
金刚石				

表 7.5 金属晶体的空间构型

名　称	配位数	空间利用率	实例
面心立方堆积			
体心立方堆积			
密集六方堆积			

2. 组装分子结构和晶体结构模型

（1）用塑料球代表原子，塑料棒代表化学键，椭圆球代表孤对电子，组装表 7.3 中的分子或离子的空间构型。

（2）用塑料球代表原子，塑料棒代表化学键，组装表 7.4 中的各类晶体的空间构型。

（3）将橡皮泥搓成球形，代表金属晶体中的粒子，组装表 7.5 中的金属晶体空间构型。

五、思考题

（1）BCl_3 分子与 NH_3 分子的空间构型是否相同？试用杂化理论解释之。

（2）影响离子晶体的晶格焓的因素有哪些？

（3）简述简单 AB 型离子晶体的空间结构特征。

附 录

一、常用酸碱溶液的浓度（15 ℃）

附表一

溶液名称	分子式	密度 ρ /g·mL^{-1}	质量分数 w/%	物质的量浓度 c/mol·L^{-1}
浓硫酸	H_2SO_4	1.84	95~98	18
稀硫酸	H_2SO_4	1.18	25	3
稀硫酸	H_2SO_4	1.06	9	1
浓盐酸	HCl	1.19	38	12
稀盐酸	HCl	1.10	20	6
稀盐酸	HCl	1.03	7	2
浓硝酸	HNO_3	1.40	65	14
稀硝酸	HNO_3	1.20	32	6
稀硝酸	HNO_3	1.07	12	2
磷酸	H_3PO_4	1.70	85	14.7
稀磷酸	H_3PO_4	1.05	9	1
冰醋酸	CH_3COOH	1.05	99~100	17.5
稀醋酸	CH_3COOH	1.04	35	6
稀醋酸	CH_3COOH	1.02	12	2
稀高氯酸	$HClO_4$	1.12	19	2
浓氢氟酸	HF	1.13	40	23
浓氢氧化钠	NaOH	1.36	33	11
稀氢氧化钠	NaOH	1.09	8	2
浓氨水	$NH_3·H_2O$	0.90	25~27	15
稀氨水	$NH_3·H_2O$	0.96	11	6
稀氨水	$NH_3·H_2O$	0.99	3.5	2

二、常用指示剂及配制方法

附表二 （1）酸碱指示剂

指示剂	pH 值变色范围	酸 色	碱 色	配制方法
甲基橙	3.1~4.4	红	黄	0.1% 的水溶液
甲基红	4.4~6.2	红	黄	0.1% 的 60% 乙醇溶液
溴百里酚蓝	6.0~7.6	黄	蓝	0.1% 的 20% 乙醇溶液
酚 红	6.4~8.0	黄	红	0.1% 的 20% 乙醇溶液
苯酚红	6.0~8.4	黄	红	0.1% 的 60% 乙醇溶液
酚 酞	8.2~10.0	无	红	0.1% 的 60% 乙醇溶液
百里酚酞	9.4~10.6	无	蓝	0.1% 的 90% 乙醇溶液

附表二（2）金属指示剂

名　称	颜色 游离态	颜色 化合物	配制方法
铬黑T（EBT）	蓝	酒红	① 将0.5 g铬黑T溶于100 mL水中，② 将铬黑T与100 g NaCl研细、混匀
钙指示剂	蓝	红	将0.5 g钙指示剂与100g NaCl研细、混匀
二甲酚橙(XO)，0.1%	黄	红	将0.1 g二甲酚橙溶于100 mL水中
K-B指示剂	蓝	红	将0.5 g酸性铬蓝K加1.25 g萘酚绿B，再加25 g KNO_3研细、混匀
磺基水杨酸，1%	无色	红	将1 g磺基水杨酸溶于100 mL水中
吡啶偶氮萘酚，(PAN)0.1%	黄	红	将0.1 g吡啶偶氮萘酚溶于100 mL乙醇中
邻苯二酚紫，0.1%	紫	蓝	将0.1 g邻苯二酚紫溶于100 mL水中
钙镁试剂（Calmagite）	红	蓝	将0.5 g钙镁试剂溶于100 mL水中

附表二（3）氧化还原指示剂

名　称	变色电位 $E^{\ominus}$/V	颜色 氧化态	颜色 还原态	配制方法
二苯胺，1%	0.76	紫	无色	将1 g二苯胺在搅拌下溶于100 mL浓硫酸和100 mL浓磷酸，储于棕色瓶中
二苯胺基苯甲酸，0.2%	0.85	紫	无色	将0.5 g二苯胺基苯甲酸钠溶于100 mL水中，必要时过滤
邻苯氨基苯甲酸，0.2%	0.89	紫红	无色	将0.2 g邻苯氨基苯甲酸加热溶解在100 mL 0.2% Na_2CO_3溶液中，必要时过滤
邻二氮菲硫酸亚铁，0.5%	1.06	浅蓝	红	将0.5 g $FeSO_4 \cdot 7H_2O$溶于100 mL水中，加2滴H_2SO_4，加0.5 g邻二氮杂菲

三、常见化合物在水中的溶解性

附表三

化　合　物	溶　解　性
硝酸盐，NO_3^-	都易溶
亚硝酸盐，NO_2^-	除$AgNO_2$难溶外都易溶
醋酸盐，$C_2H_3O_2^-$	除Ag^+、Hg_2^{2+}、Bi^{3+}等盐难溶外都易溶
氯化物，Cl^-	除Ag^+、Hg_2^{2+}、Pb^{2+}、Cu^+等盐难溶外都易溶
溴化物，Br^-	除Ag^+、Hg_2^{2+}、Pb^{2+}、Pt^{2+}等盐难溶外都易溶
碘化物，I^-	除Ag^+、Hg_2^{2+}、Pb^{2+}、Cu^+、Bi^{3+}等盐难溶外都易溶
硫酸盐，SO_4^{2-}	除Pb^{2+}、Ba^{2+}、Sr^{2+}、Ca^{2+}等盐难溶外都易溶
亚硫酸盐，SO_3^{2-}	除Na^+、K^+、NH_4^+等盐易溶外都难溶
硫代硫酸盐，$S_2O_3^{2-}$	除Ba^{2+}、Pb^{2+}、Ag^+等盐难溶外都易溶
硫化物，S^{2-}	除Na^+、K^+、NH_4^+、Ba^{2+}、Sr^{2+}、Ca^{2+}等盐外都难溶
磷酸盐，PO_4^{3-}	除Na^+、K^+、NH_4^+等盐易溶外都难溶
亚砷酸盐，AsO_2^-	除Na^+、K^+、NH_4^+等盐易溶外都难溶

续表

化合物	溶解性
砷酸盐，AsO_4^{3-}	除 Na^+、K^+、NH_4^+ 等盐易溶外都难溶
碳酸盐，CO_3^{2-}	除 Na^+、K^+、NH_4^+ 等盐易溶外都难溶
硅酸盐，SiO_3^{2-}	除 Na^+、K^+、NH_4^+ 等盐易溶外都难溶
草酸盐，$C_2O_4^{2-}$	除 Na^+、K^+、NH_4^+ 等盐易溶外都难溶
硫代氰酸盐，SCN^-	除 Pb^{2+}、Cu^+、Ag^+、Hg^{2+}、Cd^{2+} 等盐难溶外都易溶
氧化物，O^{2-}	除 Na^{2+}、K^+、Ba^+、Sr^{2+}、Ca^{2+} 的氧化物易溶外都难溶
氢氧化物，OH^-	除 Na^+、K^+、Ba^{2+} 的氢氧化物易溶外都难溶，Sr^{2+}、Ca^{2+} 的氢氧化物微溶

四、常见无机化合物在水中的溶解度（单位为 g/100g H_2O）

附表四

化合物	溶解度					
	0 °C	20 °C	40 °C	60 °C	80 °C	100 °C
$AgC_2H_3O_2$	0.72	1.04	1.41	1.89	2.52	2×10^{-3}
AgF	85.9	172	203	—	—	—
$AgNO_3$	122	216	311	440	585	733
Ag_2SO_4	0.57	0.80	0.98	1.15	1.30	1.41
$AlCl_3$	43.9	45.8	47.3	48.1	48.6	49.0
AlF_3	0.56	0.67	0.91	1.10	1.32	1.72
$Al(NO_3)_3$	60.0	73.9	88.7	106	132	160
$Al_2(SO_4)_3 \cdot 18H_2O$	31.2	36.4	45.8	49.2	73.0	89.0
As_2O_3	1.20	1.82	2.93	4.31	6.11	8.2
As_2O_5	59.5	65.8	71.2	73.0	75.1	76.7
$BaCl_2 \cdot 2H_2O$	31.2	35.8	40.8	46.2	52.5	59.4
$Ba(NO_3)_2$	4.95	9.02	14.1	20.4	27.2	34.4
$Ba(OH)_2$	1.67	3.89	8.22	20.94	101.4	—
$CaCl_2 \cdot 6H_2O$	59.5	74.5	128	137	147	159
CaC_2O_4	4.5	2.25	1.49	0.83	—	—
$Ca(HCO_3)_2$	16.15	16.60	17.05	17.50	17.95	18.40
CaI_2	64.6	67.6	70.8	74	78	81
$Ca(NO_3)_2 \cdot 4H_2O$	102	129	191	—	358	363
$Ca(OH)_2$	0.189	0.173	0.141	0.121	—	0.076
$CaSO_4 \cdot 1/2H_2O$	—	0.32	—	—	—	0.071
$CaSO_4 \cdot 2H_2O$	0.223	—	0.265	—	—	0.205
$CdCl_2 \cdot H_2O$	—	135	135	136	140	147
$Cd(NO_3)_2$	122	150	194	310	713	—
$CdSO_4$	75.4	76.6	78.5	81.8	66.7	60.8
Cl_2(101.3 kPa)	1.46	0.716	0.451	0.324	0.219	0
CO_2(101.3 kPa)	0.384	—	0.097	0.058	—	—

续表

化合物	溶解度					
	0 °C	20 °C	40 °C	60 °C	80 °C	100 °C
$CoCl_2$	43.5	52.9	69.5	93.8	97.6	106
$Co(NO_3)_2$	84.0	97.4	125	174	204	—
$CoSO_4$	25.5	36.1	48.8	55.0	53.8	38.9
$CoSO_4 \cdot 7H_2O$	44.8	65.4	88.1	101	—	—
CrO_3	164.9	167.2	172.5	—	191.6	206.8
$CuCl_2$	68.6	73.0	87.6	96.5	104	120
$Cu(NO_3)_2$	83.5	125	163	182	208	247
$CuSO_4 \cdot 5H_2O$	23.1	32.0	44.6	61.8	83.8	114
$FeCl_2$	49.7	62.5	70.0	78.3	88.7	94.9
$FeCl_3 \cdot 6H_2O$	74.4	91.8	—	—	525.8	535.7
$FeSO_4 \cdot 7H_2O$	15.6	26.5	40.2	—	—	—
H_3BO_3	2.67	5.04	8.72	14.81	23.62	40.25
HBr(101.3 kPa)	221.2	198	—	—	—	130
HCl(101.3 kPa)	82.3	—	63.3	56.1	—	—
$HgCl_2$	3.63	6.57	10.2	16.3	30.0	61.3
I_2	—	0.029	0.056	—	—	—
KBr	53.48	65.2	75.5	85.5	95.2	102
$KBrO_3$	3.1	6.9	13.3	22.7	34.0	49.75
KCl	27.6	34.0	40.0	45.5	51.1	56.7
$KClO_3$	3.3	7.1	13.9	23.8	37.6	57
$KClO_4$	0.75	1.68	3.73	7.3	13.4	21.8
K_2CO_3	105	111	117	127	140	156
K_2CrO_4	58.2	62.9	65.2	68.6	72.1	79.2
$K_2Cr_2O_7$	4.9	12	26	43	61	102
$K_3[Fe(CN)_6]$	30.2	46	59.3	70	—	91
$K_4[Fe(CN)_6]$	14.5	28.2	41.4	54.8	66.9	74.2
$KHCO_3$	22.4	33.7	47.5	65.6	—	—
KI	128	144	162	176	192	206
KIO_3	4.74	8.08	12.6	18.3	24.8	32.3
$KMnO_4$	2.83	6.38	12.6	22.1	—	—
KNO_2	281	306	329	348	376	413
KNO_3	13.3	31.6	61.3	106	167	247
KOH	95.7	112	134	154	—	178
$KSCN$	177	224	289	372	492	675
K_2SO_4	7.4	11.1	14.8	18.2	21.4	24.1
$K_2S_2O_8$	1.75	4.70	11.0	—	—	—
$KAl(SO_4)_2 \cdot 12H_2O$	3.00	5.90	11.70	24.80	71.0	—
$LiCl$	63.7	83.5	89.8	98.4	112	—

续表

化合物	溶解度					
	0 °C	20 °C	40 °C	60 °C	80 °C	100 °C
Li_2CO_3	1.54	1.33	1.17	1.01	0.85	0.72
LiI	151	165	179	202	435	481
$LiNO_3$	53.4	70.1	152	175	—	—
LiOH	11.91	12.35	13.22	14.63	16.56	19.12
Li_2SO_4	36.1	34.8	33.7	32.6	31.4	—
$MgCl_2$	52.9	54.2	57.5	61.0	66.1	72.7
$Mg(NO_3)_2$	62.1	69.5	78.9	78.9	91.6	—
$MgSO_4$	22.0	33.7	44.5	54.6	55.8	50.4
$MnCl_2$	63.4	73.9	88.5	109	113	115
MnF_2	—	1.06	0.67	0.44	—	0.48
$Mn(NO_3)_2$	102	139	—	—	—	—
$MnSO_4$	52.9	62.9	60.0	53.6	45.6	35.3
NaBr	79.5	90.8	107	118	120	121
$Na_2B_4O_7$	1.11	2.56	6.67	19.0	31.4	52.5
$NaBrO_3$	27.5	36.4	48.8	62.6	75.7	90.9
$NaC_2H_3O_2$	36.2	46.4	65.6	139	153	170
$Na_2C_2O_4$	2.69	3.41	4.18	4.93	5.71	6.33
NaCl	35.7	36.0	36.6	37.3	38.4	39.1
$NaClO_3$	79	95.9	115	137	167	204
Na_2CO_3	7.1	21.5	49.0	46.0	43.9	45.5
Na_2CrO_4	31.7	84.0	96.0	115	125	126
$Na_2Cr_2O_7$	163	180	215	269	376	415
NaF	3.66	4.06	4.40	4.68	4.89	5.08
$NaHCO_3$	6.9	9.6	12.7	16.4	—	—
NaH_2PO_4	56.9	86.9	133	172	211	—
Na_2HPO_4	1.68	7.83	55.3	82.8	92.3	104
NaI	159	178	205	257	295	302
$NaIO_3$	2.48	9	13.3	19.8	26.6	34
$NaNO_2$	71.2	80.8	94.9	111	133	163
$NaNO_3$	73.0	87.6	102	122	148	180
NaOH	42	109	129	174	—	347
Na_3PO_4	4.5	12.1	20.2	29.9	60.0	77.0
Na_2S	9.6	15.7	26.6	39.1	55.0	—
Na_2SO_3	14.4	26.3	37.2	32.6	29.4	—
Na_2SO_4	4.9	19.5	48.8	45.3	43.7	42.5
$Na_2SO_4 \cdot 7H_2O$	19.5	44.1	—	—	—	—
$Na_2S_2O_3 \cdot 5H_2O$	50.2	70.1	104	—	—	—
$NaVO_3$	—	19.3	26.3	33.0	40.8	—

续表

化合物	溶解度					
	0 °C	20 °C	40 °C	60 °C	80 °C	100 °C
Na_2WO_4	71.5	73.0	77.6	—	90.8	97.2
NH_4Cl	29.7	37.2	45.8	55.3	65.6	77.3
$(NH_4)_2C_2O_4$	2.54	4.45	8.18	14.0	22.4	34.7
$(NH_4)_2CrO_4$	25.0	34.0	45.3	59.0	76.1	—
$(NH_4)_2Cr_2O_7$	18.2	35.0	58.5	86.0	115	156
$(NH_4)_2Fe(SO_4)_2$	12.5	26.4	46	—	—	—
NH_4HCO_3	11.9	21.7	36.6	59.2	109	354
$NH_4H_2PO_4$	22.7	37.4	56.7	82.5	118	173.2
$(NH_4)_2HPO_4$	42.9	68.9	81.8	97.2	—	—
NH_4I	154.2	172	191	209	229	250.3
NH_4NO_3	118.3	192	297	421	580	871
NH_4SCN	120	170	234	248	—	—
$(NH_4)_2SO_4$	70.6	75.4	81	88	95	103.8
$NiCl_2$	53.4	60.8	73.2	81.2	86.6	87.6
$Ni(NO_3)_2$	79.2	94.2	119	158	187	—
$NiSO_4 \cdot 7H_2O$	26.2	37.7	50.4	—	—	—
$Pb(C_2H_3O_2)_2$	19.8	44.3	116	—	—	—
$PbCl_2$	0.67	1.00	1.42	1.94	2.54	3.20
$Pb(NO_3)_2$	37.6	54.3	72.1	91.6	111	133
$SO_2(101.3\ kPa)$	22.83	11.09	5.41	—	—	—
$SbCl_3$	602	910	1368	—	—	—
$SrCl_2$	43.5	52.9	63.5	81.8	90.5	101
$Sr(NO_3)_2$	39.5	69.5	89.4	93.4	96.9	—
$Sr(OH)_2$	0.91	1.77	3.95	8.42	20.2	91.2
$ZnCl_2$	389	446	591	618	645	672
$Zn(NO_3)_2$	98	118.3	211	—	—	—
$ZnSO_4$	41.6	53.8	70.5	75.4	17.1	60.5

五、气体在水中的溶解度

附表五

气体	温度/°C	溶解度/(mL/100 mL)	气体	温度/°C	溶解度/(mL/100 mL)	气体	温度/°C	溶解度/(mL/100 mL)
H_2	0	2.14	N_2	0	2.33	O_2	0	4.89
	20	0.85		40	1.42		25	3.16
CO	0	3.5	NO	0	7.34	H_2S	0	437
	20	2.32		60	2.37		40	186
CO_2	0	171.3	NH_3	0	89.9	Cl_2	10	310
	20	90.1		100	7.4		30	177
SO_2	0	22.8						

六、常用缓冲溶液及配制

附表六 （1）不同温度下标准缓冲溶液的pH值

温度/°C	（1） 0.05 mol·L^{-1} 草酸氢钾	（2） 25°C 饱和 酒石酸氢钾	（3） 0.05 mol·L^{-1} 邻苯二甲酸氢钾	（4） 0.025 mol·L^{-1} 磷酸二氢钾 0.025 mol·L^{-1} 磷酸氢二钠	（5） 0.01 mol·L^{-1} 硼砂	（6） 25°C 饱 和氢氧化钙
0	1.666	—	4.003	6.984	9.464	13.423
5	1.668	—	3.999	6.951	9.395	13.207
10	1.670	—	3.998	6.923	9.332	13.003
15	1.672	—	3.999	6.900	9.276	12.810
20	1.675	—	4.002	6.881	9.225	12.627
25	1.679	3.557	4.008	6.865	9.180	12.454
30	1.683	3.552	4.015	6.853	9.139	12.289
35	1.688	3.549	4.024	6.844	9.102	12.133
38	1.691	3.548	4.030	6.840	9.081	12.043
40	1.694	3.547	4.035	6.838	9.068	11.984
45	1.700	3.547	4.047	6.834	9.038	11.841
50	1.707	3.549	4.060	6.833	9.011	11.705
55	1.715	3.554	4.075	6.834	8.985	11.574
60	1.723	3.560	4.091	6.836	8.962	11.449
70	1.743	3.580	4.126	6.845	8.921	—
80	1.766	3.609	4.164	6.859	8.885	—
90	1.792	3.650	4.205	6.877	8.850	—
95	1.806	3.674	4.227	6.886	8.833	—

附表六 （2）常用缓冲溶液的配制

pH 值	配 制 方 法
2.5	113 g Na$_2$HPO$_4$·12H$_2$O 和 387 g 柠檬酸溶于水，稀释至 1 L
2.9	500 g 邻苯二甲酸氢钾溶于水，加 80 mL 浓 HCl，稀释至 1 L
3.7	95 g 甲酸和 40g NaOH 溶于水，稀释至 1 L
4.5	77 g NH$_4$Ac 溶于水，加 59 mL 冰 HAc，稀释至 1 L
4.7	83 g 无水 NaAc 溶于水，加 60 mL 冰 HAc，稀释至 1 L
5.0	160 g 无水 NaAc 溶于水，加 60 mL 冰 HAc，稀释至 1 L
5.4	40 g 六亚甲基四胺溶于水，加 100 mL 浓 HCl，稀释至 1 L
6.0	600 g NH$_4$Ac 溶于水，加 20 mL 冰 HAc，稀释至 1 L
7.0	154 g NH$_4$Ac 溶于水，稀释至 1 L
8.0	50 g 无水 NaAc 和 50 g Na$_2$HPO$_4$·12 H$_2$O 溶于水，稀释至 1 L
8.5	80 g NH$_4$Cl 溶于水，加 17.6 mL 浓 NH$_3$·H$_2$O，稀释至 1 L
9.0	70 g NH$_4$Cl 溶于水，加 48 mL 浓 NH$_3$·H$_2$O，稀释至 1 L
9.5	54 g NH$_4$Cl 溶于水，加 126 mL 浓 NH$_3$·H$_2$O，稀释至 1 L
10.0	54 g NH$_4$Cl 溶于水，加 350 mL 浓 NH$_3$·H$_2$O，稀释至 1 L

七、弱电解质的标准解离常数

附表七

电解质 名称	化学式	温度/°C	分步	解离常数 $K_a^{\ominus}$ 或 $K_b^{\ominus}$	p$K_a^{\ominus}$ 或 p$K_b^{\ominus}$
砷酸	H_3AsO_4	18	$K_{a1}^{\ominus}$ $K_{a2}^{\ominus}$ $K_{a3}^{\ominus}$	5.62×10^{-3} 1.70×10^{-7} 3.95×10^{-12}	2.25 6.67 11.60
硼酸	H_3BO_3	20	$K_{a1}^{\ominus}$ $K_{a2}^{\ominus}$ $K_{a3}^{\ominus}$	7.3×10^{-10} 1.8×10^{-13} 1.6×10^{-14}	9.14 12.74 13.80
碳酸	H_2CO_3	25	$K_{a1}^{\ominus}$ $K_{a2}^{\ominus}$	4.30×10^{-7} 5.61×10^{-11}	6.73 10.25
氢氰酸	HCN	25	$K_a^{\ominus}$	4.93×10^{-10}	9.31
氢硫酸	H_2S	18	$K_{a1}^{\ominus}$ $K_{a2}^{\ominus}$	9.1×10^{-8} 1.1×10^{-12}	7.04 11.96
草酸	$H_2C_2O_4$	25	$K_{a1}^{\ominus}$ $K_{a2}^{\ominus}$	5.90×10^{-2} 6.40×10^{-5}	1.23 4.19
铬酸	H_2CrO_4	25	$K_{a1}^{\ominus}$ $K_{a2}^{\ominus}$	1.8×10^{-1} 3.20×10^{-7}	0.74 6.49
氢氟酸	HF	25	$K_a^{\ominus}$	3.53×10^{-4}	3.45
亚硝酸	HNO_2	12.5	$K_a^{\ominus}$	4.6×10^{-4}	3.37
磷酸	H_3PO_4	25	$K_{a1}^{\ominus}$ $K_{a2}^{\ominus}$ $K_{a3}^{\ominus}$	7.52×10^{-3} 6.23×10^{-8} 4.8×10^{-13}	2.12 7.21 12.32
硫代硫酸	$H_2S_2O_3$	25	$K_{a1}^{\ominus}$ $K_{a2}^{\ominus}$	2.50×10^{-1} 1.90×10^{-2}	0.60 1.72
硅酸	H_2SiO_3	25	$K_{a1}^{\ominus}$ $K_{a2}^{\ominus}$	2×10^{-10} 1×10^{-12}	9.7 12.00
亚硫酸	H_2SO_3	18	$K_{a1}^{\ominus}$ $K_{a2}^{\ominus}$	1.54×10^{-2} 1.02×10^{-7}	1.81 6.99
醋酸	CH_3COOH	25	$K_a^{\ominus}$	1.76×10^{-5}	4.75
氨水	$NH_3 \cdot H_2O$	25	$K_b^{\ominus}$	1.77×10^{-5}	4.75

注:数据主要摘自 Lide D.R., CRC Handbook of Chemistry and Physics, 73rd ed., 839~841, Boca Roton: CRC Press, 1992—1993。

八、难溶电解质的标准溶度积常数（18~25 °C）[①]

附表八

难溶电解质 名称	化学式	溶度积	难溶电解质 名称	化学式	溶度积
氟化钙	CaF_2	5.3×10^{-9}	氢氧化锌	$Zn(OH)_2$	1.2×10^{-17}
氟化锶	SrF_2	2.5×10^{-9}	氢氧化镉	$Cd(OH)_2$(新沉淀)	2.5×10^{-14}

续表

难溶电解质 名称	化学式	溶度积	难溶电解质 名称	化学式	溶度积
氟化钡	BaF_2	$1.0×10^{-6}$	氢氧化铬	$Cr(OH)_3$	$6.3×10^{-31}$
二氯化铅	$PbCl_2$	$1.6×10^{-5}$	氢氧化亚锰	$Mn(OH)_2$	$1.9×10^{-13}$
氯化亚铜	$CuCl$	$1.2×10^{-6}$	氢氧化亚铁	$Fe(OH)_2$	$1.8×10^{-16}$
氯化银	$AgCl$	$1.8×10^{-10}$	氢氧化铁	$Fe(OH)_3$	$4.0×10^{-38}$
氯化亚汞	Hg_2Cl_2	$1.3×10^{-18}$	碳酸锶	$SrCO_3$	$1.1×10^{-16}$
二碘化铅	PbI_2	$7.1×10^{-9}$	碳酸钡	$BaCO_3$	$5.4×10^{-9}$
溴化亚铜	$CuBr$	$5.3×10^{-9}$	铬酸钙	$CaCrO_4$	$7.1×10^{-4}$
溴化银	$AgBr$	$5.0×10^{-13}$	铬酸锶	$SrCrO_4$	$2.2×10^{-5}$
溴化亚汞	Hg_2Br_2	$5.6×10^{-23}$	铬酸钡	$BaCrO_4$[②]	$1.6×10^{-10}$
二溴化铅	$PbBr_2$	$4.0×10^{-5}$	铬酸铅	$PbCrO_4$	$2.8×10^{-13}$
碘化银	AgI	$8.3×10^{-17}$	铬酸银	Ag_2CrO_4	$1.1×10^{-12}$
碘化亚铜	CuI	$1.1×10^{-12}$	重铬酸银	$Ag_2Cr_2O_7$	$2.0×10^{-7}$
碘化亚汞	Hg_2I_2	$4.5×10^{-29}$	硫化亚锰	MnS[②]	$1.4×10^{-15}$
硫化铅	PbS	$8.0×10^{-28}$	氢氧化亚钴	$Co(OH)_2$(粉红)	$2×10^{-16}$
硫化亚锡	SnS	$1.0×10^{-25}$	氢氧化钴	$Co(OH)_3$	$1.6×10^{-44}$
三硫化二砷	As_2S_3[②]	$2.1×10^{-22}$	氢氧化钴	$Co(OH)_3$(新沉淀)	$1.6×10^{-15}$
三硫化二锑	Sb_2S_3[②]	$1.5×10^{-93}$	氯化氧铋	$BiOCl$	$1.8×10^{-31}$
三硫化二铋	Bi_2S_3[②]	$1.0×10^{-97}$	碱式氯化铅	$Pb(OH)Cl$	$2.0×10^{-14}$
硫化亚铜	Cu_2S	$2.5×10^{-48}$	氢氧化镍	$Ni(OH)_2$	$2.0×10^{-15}$
硫化铜	CuS	$6.3×10^{-36}$	硫酸钙	$CaSO_4$	$9.1×10^{-6}$
硫化银	Ag_2S	$6.3×10^{-50}$	硫酸锶	$SrSO_4$	$4.0×10^{-8}$
硫化锌	$α-ZnS$	$1.6×10^{-24}$	硫酸钡	$BaSO_4$	$1.1×10^{-10}$
硫化锌	$β-ZnS$	$2.5×10^{-22}$	硫酸铅	$PbSO_4$	$1.6×10^{-8}$
硫化镉	CdS	$8.0×10^{-27}$	硫酸银	Ag_2SO_4	$1.4×10^{-5}$
硫化汞	HgS(红)	$4.0×10^{-53}$	亚硫酸银	Ag_2SO_3	$1.5×10^{-14}$
硫化汞	HgS(黑)	$1.6×10^{-52}$	硫酸亚汞	Hg_2SO_4	$7.4×10^{-7}$
硫化亚铁	FeS	$6.3×10^{-18}$	碳酸镁	$MgCO_3$	$3.5×10^{-8}$
硫化钴	$α-CoS$	$4.0×10^{-21}$	碳酸钙	$CaCO_3$	$2.8×10^{-9}$
硫化钴	$β-CoS$	$2.0×10^{-25}$	碳酸锶	$SrCO_3$	$1.1×10^{-10}$
硫化镍	$α-NiS$	$3.2×10^{-19}$	草酸镁	MgC_2O_4[②]	$8.6×10^{-5}$
硫化镍	$β-NiS$	$1.0×10^{-24}$	草酸钙	$CaC_2O_4·H_2O$	$2.6×10^{-9}$
硫化镍	$γ-NiS$	$2.0×10^{-25}$	草酸钡	BaC_2O_4	$1.6×10^{-7}$
氢氧化铝	$Al(OH)_3$(无定形)	$1.3×10^{-33}$	草酸锶	$SrC_2O_4·H_2O$[②]	$2.2×10^{-5}$
氢氧化镁	$Mg(OH)_2$	$1.8×10^{-11}$	草酸亚铁	$FeC_2O_4·2H_2O$	$3.2×10^{-7}$
氢氧化钙	$Ca(OH)_2$	$5.5×10^{-6}$	草酸铅	PbC_2O_4	$4.8×10^{-10}$
氢氧化亚铜	$CuOH$	$1.0×10^{-14}$	六氰合铁(Ⅱ)酸铁(Ⅲ)	$Fe_4[Fe(CN)_6]_3$	$3.3×10^{-41}$
氢氧化铜	$Cu(OH)_2$	$2.2×10^{-20}$	六氰合铁(Ⅱ)酸铜(Ⅱ)	$Cu_2[Fe(CN)_6]$	$1.3×10^{-16}$
氢氧化银	$AgOH$	$2.0×10^{-8}$	碘酸铜	$Cu(IO_3)_2$	$7.4×10^{-8}$

注：① 数据摘自 Dean J.A., Lange's Handbook of Chemistry 14th ed., 8.2, New York: McGraw Hill, 1992。
② 数据摘自《化学便览》基础篇(Ⅱ)(改订二版)，日本化学会编，丸善株式会社，昭和50年。

九、配离子标准稳定常数[1]

附表九

配离子	$K_{稳}^{\ominus}$	$\lg K_{稳}^{\ominus}$	配离子	$K_{稳}^{\ominus}$	$\lg K_{稳}^{\ominus}$
NaY^{3-} [2]	5.0×10	1.66	$Cd(NH_3)_4^{2+}$	1.3×10^7	7.12
CaY^{2-}	1.0×10^{11}	11.0	$Hg(NH_3)_4^{2+}$	1.91×10^{19}	19.28
MgY^{2-}	6.8×10^{18}	8.64	$Fe(CN)_6^{3-}$	1.0×10^{42}	42.00
AlY^-	1.3×10^{16}	16.11	$Fe(CN)_6^{4-}$	1.0×10^{35}	35.00
PbY^{2-}	2.0×10^{18}	18.3	$Ag(CN)_2^-$	5.0×10^{21}	21.7
SnY^{2-}	1.2×10^{22}	22.1	$Cu(CN)_4^{3-}$	2.0×10^{30}	30.30
ZnY^{2-}	3.1×10^{16}	16.4	$Ni(CN)_4^{2-}$	2.0×10^{31}	31.3
CdY^{2-}	3.8×10^{16}	16.4	$Zn(CN)_4^{2-}$	5.0×10^{16}	16.7
HgY^{2-}	6.3×10^{21}	21.80	$Cd(CN)_4^{2-}$	6.0×10^{18}	18.78
MnY^{2-}	1.0×10^{14}	14.00	$Ag(S_2O_3)_2^{3-}$	2.88×10^{13}	13.46
FeY^{2-}	2.1×10^{14}	14.33	$Cu(S_2O_3)_2^{3-}$	1.66×10^{12}	12.22
FeY^-	1.69×10^{24}	24.23	$Hg(S_2O_3)_2^{2-}$	1.70×10^{33}	33.24
CoY^{2-}	1.6×10^{16}	16.31	$Fe(SCN)_2^+$	2.3×10^3	3.36
NiY^{2-}	4.1×10^{18}	18.56	$Co(SCN)_4^{2-}$	1.0×10^3	3.00
CuY^{2-}	5.0×10^{18}	18.7	$Cu(SCN)_2^-$	1.6×10^5	5.18
AgY^-	2.0×10^7	7.32	$Cd(SCN)_4^{2-}$	4.0×10^3	3.6
$Fe(en)_3^{2+}$ [3]	5.0×10^9	9.70	$Hg(SCN)_4^{2-}$	1.8×10^{21}	21.23
$Co(NH_3)_6^{3+}$	1.58×10^{35}	35.2	FeF_6^{3-}	1.0×10^{16}	16.00
$Co(NH_3)_6^{2+}$	1.28×10^5	5.11	AlF_6^{3-}	6.92×10^{19}	19.84
$Ni(NH_3)_6^{2+}$	5.49×10^8	8.74	$CuCl_2^-$	3.5×10^5	5.5
$Ag(NH_3)_2^+$	1.12×10^7	7.05	$Fe(C_2O_4)_3^{3-}$	1.6×10^{20}	20.20
$Cu(NH_3)_4^{2+}$	2.09×10^{13}	13.32	$Fe(C_2O_4)_3^{4-}$	1.8×10^5	5.22
$Zn(NH_3)_4^{2+}$	3.0×10^9	9.46			

注：① 主要摘自 Dean J.A., Lange's Handbook chemistry 14th.ed., 8.2.2, New York: Hill, 1992。
② 表中 Y 表示 EDTA。
③ en 表示乙二胺。

十、某些氢氧化物沉淀和溶解时所需 pH 值

附表十

氢氧化物	pH 值				
	开始沉淀		沉淀完全	沉淀开始溶解	沉淀完全溶解
	原始浓度 /1 mol·L^{-1}	原始浓度 /0.01 mol·L^{-1}			
$Sn(OH)_4$	0	0.5	1.0	13	>14
$TiO(OH)_2$	0	0.5	2.0	—	—
$Sn(OH)_2$	0.9	2.1	4.7	10	13.5
$ZrO(OH)_2$	1.3	2.3	3.8	—	—

续表

氢氧化物	pH 值				
	开始沉淀		沉淀完全	沉淀开始溶解	沉淀完全溶解
	原始浓度 (1 mol·L^{-1})	原始浓度 (0.01 mol·L^{-1})			
Fe(OH)$_3$	1.5	2.3	4.1	14	—
Hg(OH)$_2$	1.3	2.4	5.0	11.5	—
Al(OH)$_3$	3.3	4.0	5.2	7.8	10.8
Be(OH)$_2$	5.2	6.2	8.8	—	—
Zn(OH)$_2$	5.4	6.4	8.0	10.5	12~13
Fe(OH)$_2$	6.5	7.5	9.7	13.5	—
Co(OH)$_2$	6.6	7.6	9.2	14	—
Ni(OH)$_2$	6.7	7.7	9.5	—	—
Cd(OH)$_2$	7.2	8.2	9.7	—	—
Ag$_2$(OH)$_2$	6.2	8.2	11.2	12.7	—
Mn(OH)$_2$	7.8	8.8	10.4	14	—
Mg(OH)$_2$	9.4	10.4	12.4	—	—

十一、某些离子和化合物的颜色

附表十一

离子或化合物	颜色	离子或化合物	颜色	离子或化合物	颜色
AgCl	白	[Cr(NH$_3$)$_4$(H$_2$O)$_2$]$^{3+}$	橙红	[Ni(NH$_3$)$_6$]$^{2+}$	蓝
AgBr	淡黄	[Cr(NH$_3$)$_6$]$^{3+}$	黄	[Ni(CN)$_4$]$^{2-}$	黄
AgI	黄	CrO$_2^-$	亮绿	Ni(DMG)	红
Ag$_2$CrO$_4$	砖红	CrO$_4^{2-}$	黄	MnO$_2$	棕
Ag$_2$C$_2$O$_4$	白	Cr$_2$O$_7^{2-}$	橙	Mn(OH)$_2$	白
AgCN	白	Cu$_2$O	暗红	MnS	肉粉
Ag$_3$AsO$_4$	红褐	CuO	黑	MnCO$_3$	白
Ag$_2$S$_2$O$_3$	白	Cu$_2$S	黑	[Mn(H$_2$O)$_6$]$^{2+}$	肉粉
Ag$_3$PO$_4$	黄	CuS	黑	MnO$_4^{2-}$	绿
Ag$_2$S	黑	Cu$_2$Cl$_2$	白	MnO$_4^-$	紫红
Ag$_2$SO$_4$	白	Cu$_2$(OH)$_2$SO$_4$	浅蓝	PbO$_2$	棕褐
Ag$_2$CO$_3$	白	Cu$_2$(OH)$_2$CO$_3$	蓝	Pb$_3$O$_4$	红
Ag$_3$[Fe(CN)$_6$]	橙	[Cu(H$_2$O)$_4$]$^{2+}$	蓝	PbS	黑
Ag$_4$[Fe(CN)$_6$]	白	[CuCl$_2$]$^-$	泥黄	PbSO$_4$	白
Ag$_2$O	褐	[CuCl$_4$]$^{2-}$	黄	PbCrO$_4$	黄
Al(OH)$_3$	白	[CuI$_2$]$^-$	黄	PbO$_2^{2-}$	无
Ba(IO$_3$)$_2$	白	[Cu(NH$_3$)$_4$]$^{2+}$	深蓝	TiO$_2$	白
Ba$_3$(PO$_4$)$_2$	白	Cu$_2$[Fe(CN)$_6$]	红棕	TiCl$_3$	紫
BaCrO$_4$	黄	Cu(SCN)$_2$	黑绿	TiOSO$_4$·H$_2$O	白
CdO	棕灰	[Cu(OH)$_4$]$^{2-}$	深蓝	TiCl$_4$	无
Cd(OH)$_2$	白	FeO	黑	[TiO(H$_2$O$_2$)]$^{2+}$	桔黄
CoO	灰绿	Fe$_2$O$_3$	砖红	[Ti(H$_2$O)$_6$]$^{3+}$	紫
Co$_2$O$_3$	黑	Fe(OH)$_3$	红棕	VO	黑

续表

离子或化合物	颜色	离子或化合物	颜色	离子或化合物	颜色
Co(OH)Cl	蓝	Fe(NO$_3$)$_3 \cdot$ 9H$_2$O	淡蓝	V$_2$O$_3$	黑
Co(OH)$_2$	粉红	FeSO$_4 \cdot$ 7H$_2$O	浅绿	VO$_2$	深蓝
CoSO$_4 \cdot$ 7H$_2$O	红	FeCl$_3$	黑褐	V$_2$O$_5$	红棕
CdS	黄	FeS	黑	[V(H$_2$O)$_6$]$^{2+}$	蓝紫
[Co(H$_2$O)$_6$]$^{2+}$	粉红	[Fe(H$_2$O)$_6$]$^{2+}$	浅绿	[V(H$_2$O)$_6$]$^{3+}$	绿
[CoCl$_4$]$^{2-}$	蓝	[Fe(H$_2$O)$_6$]$^{3+}$	淡紫	VO^{2+}	蓝
[Co(NH$_3$)$_6$]$^{2+}$	黄	[Fe(CN)$_6$]$^{4-}$	黄	VO$_2^+$	黄
[Co(NH$_3$)$_6$]$^{3+}$	红	[Fe(CN)$_6$]$^{3-}$	红棕	[VO$_2$(O$_2$)$_2$]$^{2-}$	黄
[Co(SCN)$_4$]$^{2-}$	蓝	[Fe(NCS)$_n$]$^{3-n}$	血红	ZnO	白
K$_3$[Co(NO$_2$)$_6$]	黄	[Fe(C$_2$O$_4$)$_3$]$^{3-}$	黄	Zn(OH)$_2$	白
Cr$_2$O$_3$	绿	Fe$_3$[Fe(CN)$_6$]$_2$	藤氏蓝	ZnS	白
CrO$_3$	橙红	Fe$_4$[Fe(CN)$_6$]$_3$	普鲁士蓝	[Zn(H$_2$O)$_4$]$^{2+}$	无
CrO$_5$	蓝	NiO	暗绿	ZnO$_2^{2-}$	无
Cr(OH)$_3$	灰绿	Ni$_2$O$_3$	黑	Zn$_3$[Fe(CN)$_6$]$_2$	黄褐
Cr$_2$(SO$_4$)$_3$	桃红	Ni(OH)Cl	绿		
Cr$_2$(SO$_4$)$_3 \cdot$ 18H$_2$O	紫	Ni(OH)$_2$	果绿	$\begin{array}{c}\text{NH—N—C}_6\text{H}_5 \\ \text{C} = \text{S} \rightarrow \text{Zn}^+/2 \\ \text{N} = \text{N—C}_6\text{H}_5\end{array}$	粉红
CrCl$_3 \cdot$ 6H$_2$O	暗绿	Ni(OH)$_3$	黑		
[Cr(H$_2$O)$_6$]$^{3+}$	蓝紫	NiS	黑		
[Cr(NH$_3$)$_3$(H$_2$O)$_3$]$^{3+}$	浅红	[Ni(H$_2$O)$_6$]$^{2+}$	亮绿		

十二、某些试剂溶液的配制

附表十二

试剂	浓度	配制方法
三氯化铋 BiCl$_3$	0.1 mol $\cdot$ L^{-1}	溶解 31.6 g BiCl$_3$ 于 330 mL 6 mol $\cdot$ L^{-1}HCl 中，加水稀释至 1 L
三氯化锑 SbCl$_3$	0.1 mol $\cdot$ L^{-1}	溶解 22.8 g SbCl$_3$ 于 330 mL 6 mol $\cdot$ L^{-1}HCl 中，加水稀释至 1 L
氯化亚锡 SnCl$_2$	0.1 mol $\cdot$ L^{-1}	溶解 22.6 g SnCl$_2$ 于 330 mL 6 mol $\cdot$ L^{-1}HCl 中，加水稀释至 1 L，加入数粒纯锡，以防氧化
硝酸汞 Hg(NO$_3$)$_2$	0.1 mol $\cdot$ L^{-1}	溶解 33.4 g Hg(NO$_3$)$_2 \cdot \frac{1}{2}$H$_2$O 于 1 L 0.6 mol $\cdot$ L^{-1} HNO$_3$ 中
硝酸亚汞 Hg$_2$(NO$_3$)$_2$	0.1 mol $\cdot$ L^{-1}	溶解 56.1 g Hg$_2$(NO$_3$)$_2 \cdot$ 2H$_2$O 于 1 L 0.6 mol $\cdot$ L^{-1} HNO$_3$ 中，加入少许金属汞
碳酸铵(NH$_3$)$_2$CO$_3$	1 mol $\cdot$ L^{-1}	96 g 研细的(NH$_3$)$_2$SO$_3$ 溶于 1 L 2 mol $\cdot$ L^{-1}氨水中
硫酸铵(NH$_3$)$_2$SO$_4$	饱和	50 g (NH$_3$)$_2$SO$_4$ 溶于 100 mL 热水，冷却后过滤
硫酸亚铁 FeSO$_4$	0.25 mol $\cdot$ L^{-1}	溶解 69.5 g FeSO$_4 \cdot$ 7H$_2$O 于适量水中，加入 5 mL 36 mol $\cdot$ L^{-1} H$_2$SO$_4$，置入小铁钉数枚
偏锑酸钠 NaSbO$_3$	0.1 mol $\cdot$ L^{-1}	溶解 12.2 g 锑粉于 50 mL 浓 HNO$_3$ 中，微热，使锑粉全部变成白粉末，用倾析法洗涤数次，然后加入 50 mL 6 mol $\cdot$ L^{-1}NaOH，使之溶解，稀释至 1 L

续表

试 剂	浓 度	配 制 方 法
钴亚硝酸钠 $Na_3[Co(NO_2)_6]$	—	溶解 230 g $NaNO_2$ 于 500 mL H_2O 中，加入 165 mol·L^{-1} HAc 和 30 g $Co(NO_3)_2·6H_2O$ 放置 24 h，取其清液，稀释至 1 L，并保存在棕色瓶中。此溶液应呈橙色，若变成红色，表示已分解，应重新配制
硫化钠 Na_2S	1 mol·L^{-1}	溶解 240 g $Na_2S·9H_2O$ 和 40 g NaOH 于水中，稀释至 1 L
钼酸铵 $(NH_4)_6Mo_7O_{24}·4H_2O$	0.1 mol·L^{-1}	溶解 124 g $(NH_4)_6Mo_7O_{24}·4H_2O$ 于 1 L 水中，将所得溶液倒入 6 mol·L^{-1} HNO_3 中，放置 24 h，取其澄清液
硫化铵 $(NH_4)_2S$	3 mol·L^{-1}	在 200 mL 浓氨水(15 mol·L^{-1})中，通入 H_2S，直到不再吸收为止。然后加入 200 mL 浓氨水，稀释至 1 L
铁氰化钾 $K_3[Fe(CN)_6]$	—	取铁氰化钾约 0.7~1 g 溶解于水，稀释至 100 mL（使用前临时配制）
铬黑 T 试剂	—	将铬黑 T 和烘干的 NaCl 按 1∶100 的比例研细，均匀混合，储于棕色瓶中
二苯胺	—	将 1 g 二苯胺在搅拌下溶于 100 mL 比重为 1.84 的硫酸或 100 mL 比重为 1.70 的磷酸中（该溶液可保存）
镍试剂	—	溶解 10 g 镍试剂(二乙酰二肟)于 1 L 95% 的酒精中
镁试剂	—	溶解 0.01 g 镁试剂于 1 L 1 mol·L^{-1}NaOH 溶液中
铝试剂	—	1 g 铝试剂溶于 1 L 水中
镁铵试剂	—	将 100 g $MgCl_2·6H_2O$ 和 100 g NH_4Cl 溶于水中，加 500 mL 浓氨水，用水稀释至 1 L
奈氏试剂	—	溶解 115 g HgI_2 和 80 g KI 于水中，稀释至 500 mL 6 mol·L^{-1}NaOH 溶液，静置后，取其清液，保存在棕色瓶中
五氰氧氮合铁(Ⅲ)酸钠 $Na_2[Fe(CN)_5NO]$	—	10 g 五氰氧氮合铁(Ⅲ)酸钠（也叫亚硝酰铁氰化钠）溶解于 100 mL 水中。保存于棕色瓶内，如果溶液变绿就不能用了
格里斯试剂	—	（1）在加热下溶解 0.5 g 对一氨基苯磺酸于 50 mL 30% HAc 中，储于暗处保存。 （2）将 0.4 g α-奈胺与 100 mL 水混合煮沸，再从蓝色渣滓中倾出的无色溶液。使用前将（1）、（2）两液等体积混合。
打萨宗(二苯缩氨硫脲)	—	溶解 0.1 g 打萨宗于 1 L CCl_4 或 $CHCl_3$ 中
甲基红	—	每升 60% 乙醇中溶解 2 g 甲基红
甲基橙	0.1%	每升水中溶解 1 g 甲基橙
酚 酞	—	每升 90% 乙醇中溶解 1 g 酚酞
溴甲酚蓝(溴甲酚绿)	—	0.1 g 该指示剂与 2.9 mL 0.05 mol·L^{-1}NaOH 一起搅匀，用水稀释至 250 mL；或每升 20% 乙醇中溶解 1 g 该指示剂
石 蕊	—	2 g 石蕊溶于 50 mL 水中，静置一昼夜后过滤，在滤液中加 30 mL 95% 乙醇，再加水稀释至 100 mL
氯 水	—	在水中通入氯气直至饱和，该溶液使用时临时配制

续表

试剂	浓度	配制方法
溴水	—	在水中滴入液溴至饱和
碘液	$0.01\ mol\cdot L^{-1}$	溶解 1.3 g 碘和 5 g KI 于尽可能少量的水中,加水稀释至 1 L
品红溶液	—	0.1%的水溶液
淀粉溶液	1%	将 1 g 淀粉和少量冷水调成糊状,倒入 100 mL 沸水中,煮沸后冷却即可
NH_3-NH_4Cl 缓冲溶液	—	称 20 g NH_4Cl 溶于适量水中,加入 100 mL 氨水(密度为 0.9),混合后稀释至 1 L,即为 pH = 10 的缓冲溶液

十三、常见离子的鉴定

附表十三 (1) 常见阳离子的鉴定

离子	试剂及介质条件	鉴定反应(干扰离子)	鉴定步骤及实验现象
NH_4^+	Nessler 试剂 ($K_2[HgI_4]$+KOH) 碱性介质	$NH_4^+ + 2[HgI_4]^{2-} + 4OH^- \longrightarrow$ $HgO\cdot HgNH_2I(s) + 7I^- + 3H_2O$ (Fe^{3+}、Cr^{3+}、Co^{2+}、Ni^{2+}、Ag^+、Hg^{2+} 干扰)	取 10 滴试液于试管中,加入 NaOH 溶液($2.0\ mol\cdot L^{-1}$)使呈碱性,微热,并用滴加 Nessler 试剂的滤纸检验逸出的气体,产生红棕色斑点
	NaOH 强碱性介质	$NH_4^+ + OH^- \longrightarrow$ $NH_3(g) + H_2O$ (CN^- 干扰)	取 10 滴试液于试管中,加入 NaOH 溶液($2.0\ mol\cdot L^{-1}$)碱化,微热,并用润湿的红色石蕊试纸(或用 pH 试纸)检验逸出的气体,试纸显蓝色
K^+	$Na_3[Co(NO_2)_6]$	$K^+ + Na^+ + [Co(NO_2)_6]^{3-} \longrightarrow$ $K_2Na[Co(NO_2)_6](s)$ (Fe^{3+}、Cu^{2+}、Co^{2+}、Ni^{2+}、Be^{2+}、NH_4^+ 干扰)	取 3~4 滴试液于试管中,加入 4~5 滴 Na_2CO_3 溶液($0.5\ mol\cdot L^{-1}$),加热,使有色离子变为碳酸盐沉淀。离心分离,在所得清液中加入 HAc 溶液($6.0\ mol\cdot L^{-1}$),再加入 2 滴 $Na_3[Co(NO_2)_6]$ 溶液,最后将试管放入沸水浴中加热 2 min,产生黄色沉淀
	焰色反应	Na^+ 干扰,用蓝色钴玻璃可消除	用清洁的铂丝蘸取试液,置于煤气灯的氧化焰中灼烧,火焰呈紫色
Na^+	$Zn(Ac)_2\cdot UO_2(Ac)_2$ (醋酸铀酰锌)	$Na^+ + Zn^{2+} + 3UO_2^{2+} + 8Ac^- + HAc + 9H_2O \longrightarrow$ $H^+ + NaAc\cdot Zn(Ac)_2\cdot 3UO_2(Ac)_2\cdot 9H_2O(s)$ (K^+、Ag^+、Hg_2^{2+}、Sb^{3+} 干扰)	取 3 滴试液于试管中,加氨水($6.0\ mol\cdot L^{-1}$)中和至碱性,再加 HAc 溶液($6.0\ mol\cdot L^{-1}$)酸化,然后加 3 滴 EDTA 溶液(饱和)和 6~8 滴醋酸铀酰锌,充分摇荡,放置片刻,生成淡黄色晶状沉淀
	焰色反应	—	用清洁的铂丝蘸取试液,置于煤气灯的氧化焰中灼烧,火焰呈黄色
Mg^{2+}	镁试剂 I(对硝基苯偶氮间苯二酚) 强碱性介质	Mg^{2+} + 镁试剂 I $\longrightarrow$ 蓝色沉淀 (Fe^{3+}、Cu^{2+}、Co^{2+}、Ni^{2+}、Cr^{3+}、Ag^+、Hg^{2+}、Mn^{2+} 干扰)	取 1 滴试液于点滴板上,加 2 滴 EDTA 溶液(饱和),搅拌后,加 1 滴镁试剂 I,1 滴 NaOH 溶液($6.0\ mol\cdot L^{-1}$),生成蓝色沉淀

续表

离子	试剂及介质条件	鉴定反应(干扰离子)	鉴定步骤及实验现象
Ca^{2+}	乙二醛双缩[2-三羟基苯胺](简称 GBHA)碱性介质	$Ca^{2+} + GBHA \longrightarrow Ca(GBHA)(s) + 2H^+$	取 1 滴试液于试管中,加入 10 滴 $CHCl_3$,加入 4 滴 GBHA(0.2%)、2 滴 NaOH 溶液(6.0 $mol \cdot L^{-1}$)、2 滴 Na_2CO_3 溶液(1.5 $mol \cdot L^{-1}$),摇荡试管,$CHCl_3$ 层显红色
Sr^{2+}	焰色反应	—	用清洁的镍铬丝或铂丝蘸取 $SrCl_2$ 溶液置于煤气灯的氧化焰中灼烧,产生洋红色火焰
Ba^{2+}	K_2CrO_4 中性或弱酸性	$Ba^{2+} + CrO_4^{2-} \longrightarrow BaCrO_4(s)$	取 4 滴试样于试管中,加 $NH_3 \cdot H_2O$(浓)使呈碱性,再加锌粉少许,在沸水浴中加热 1~2 min,并不断搅拌,离心分离。在溶液中加醋酸酸化,加 3~4 滴 K_2CrO_4 溶液,摇荡,在沸水中加热,产生黄色沉淀
Al^{3+}	铝试剂(金黄色素三羧酸铵)pH = 4~5	Al^{3+} + 铝试剂 $\longrightarrow$ 红色沉淀 (Fe^{3+}、Co^{2+}、Cr^{3+}、Ti^{4+}、Mn^{2+} 干扰)	取 4 滴试液于试管中,加 NaOH 溶液(6.0 $mol \cdot L^{-1}$)碱化,并过量 2 滴,加 2 滴 H_2O_2(3%),加热 2 min,离心分离。用 HAc 溶液(6.0 $mol \cdot L^{-1}$)将溶液酸化,调节 pH 为 6~7,加 3 滴铝试剂,摇荡后,放置片刻,加 $NH_3 \cdot H_2O$(6.0 $mol \cdot L^{-1}$)碱化,置于水浴上加热,如有橙红色(有 CrO_4^{2-} 存在)物质生成,可离心分离。用去离子水洗沉淀,沉淀为红色
Sn^{2+}	$HgCl_2$ 酸性	$[SnCl_4]^{2-} + 2HgCl_2 \longrightarrow [SnCl_6]^{2-} + Hg_2Cl_2(s)$ $[SnCl_4]^{2-} + Hg_2Cl_2 \longrightarrow [SnCl_6]^{2-} + 2Hg(s)$	取 2 滴试液于试管中,加 2 滴 HCl 溶液(6.0 $mol \cdot L^{-1}$),加少许铁粉,在水浴上加热至作用完全、气泡不再发生为止。吸取清液于另一干净试管中,加入 2 滴 $HgCl_2$,先生成白色沉淀,后变成黑色沉淀
Pb^{2+}	K_2CrO_4 中性或弱酸性	$Pb^{2+} + CrO_4^{2-} \longrightarrow PbCrO_4(s)$ (Ba^{2+}、Sr^{2+}、Bi^{3+}、Ni^{2+}、Ag^+、Hg^{2+}、Zn^{2+} 干扰)	取 4 滴试液于试管中,加 2 滴 H_2SO_4 溶液(6.0 $mol \cdot L^{-1}$),加热几分钟,摇荡,使 Pb^{2+} 沉淀完全,离心分离。在沉淀中加入过量 NaOH 溶液(6.0 $mol \cdot L^{-1}$),并加热 1 min,使 $PbSO_4$ 转化为 $Pb(OH)_3^-$,离心分离。在清液中加 HAc 溶液(6.0 $mol \cdot L^{-1}$),再加 2 滴 K_2CrO_4 溶液(0.1 $mol \cdot L^{-1}$),产生黄色沉淀
Bi^{3+}	$SnCl_2$,NaOH 强碱性	$2Bi(OH)_3 + 3[Sn(OH)_4]^{2-} \longrightarrow 2Bi(s) + 3[Sn(OH)_6]^{2-}$ (Hg^{2+}、Pb^{2+} 干扰)	取 3 滴试液于试管中,加入 $NH_3 \cdot H_2O$(浓),Bi(Ⅲ)变为 $Bi(OH)_3$ 沉淀,离心分离。洗涤沉淀,以除去可能共存的 Cu(Ⅱ)和 Cd(Ⅱ)。在沉淀中加入少量新配制的 $Na_2[Sn(OH)_4]$ 溶液,沉淀变为黑色

续表

离 子	试剂及介质条件	鉴定反应(干扰离子)	鉴定步骤及实验现象
Sb^{3+}	金属锡 酸性	$2SbCl_6^{3-} + 3Sn \longrightarrow$ $2Sb(s) + 3[SnCl_4]^{2-}$ (Bi^{2+}、Ag^+、AsO_2^- 干扰)	取 6 滴试液于试管中,加 $NH_3 \cdot H_2O$($6.0\ mol \cdot L^{-1}$)碱化,加 5 滴 $(NH_4)_2S$ 溶液($0.50\ mol \cdot L^{-1}$),充分摇荡,在水浴上加热 5 min 左右,离心分离。在溶液中加 HCl 溶液($6.0\ mol \cdot L^{-1}$)酸化,使呈微酸性,并加热 3~5 min,离心分离。沉淀中加 3 滴 HCl(浓),再加热使 Sb_2S_3 溶解。取此溶液滴在锡箔上,片刻锡箔上出现黑斑。用水洗去酸,再用 1 滴新配制的 NaBrO 溶液处理,黑斑不消失
As(Ⅲ) As(Ⅴ)	金属锌 碱性	$AsO_3^{3-} + 3OH^- + 3Zn + 6H_2O \longrightarrow$ $3Zn(OH)_4^{2-} + AsH_3(g)$ $6AgNO_3 + AsH_3 \longrightarrow$ $3HNO_3 + Ag_3As \cdot 3AgNO_3$(黄) $Ag_3As \cdot 3AgNO_3 + 3H_2O \longrightarrow$ $H_3AsO_3 + 3HNO_3 + 6Ag$(s,黑色) (若是 AsO_4^{3-} 应预先用亚硫酸还原)	取 3 滴试液于试管中,加 NaOH 溶液($6.0\ mol \cdot L^{-1}$)碱化,再加少许 Zn 粒,立刻用一小团脱脂棉塞在试管上部,再用 5% $AgNO_3$ 溶液浸过的滤纸盖在试管口上,置于水浴中加热,滤纸上的 $AgNO_3$ 斑点渐渐变黑
Ti^{4+}	H_2O_2 酸性	$Ti^{4+} + 4Cl^- + H_2O_2 \longrightarrow$ $[TiCl_4(O_2)]^{2-} + 2H^+$ (F^-、Fe^{3+}、CrO_4^{2-}、MnO_4^- 干扰)	取 4 滴试液于试管中,加入 7 滴氨水(浓)和 5 滴 NH_4Cl 溶液($1.0\ mol \cdot L^{-1}$),摇荡,离心分离。在沉淀中加 2~3 滴 HCl(浓)和 4 滴 H_3PO_4(浓),使沉淀溶解,再加 4 滴 H_2O_2 溶液(3%),摇荡,溶液呈橙色
Cr^{3+}	H_2O_2 或 Na_2O_2 碱性	$2[Cr(OH)_4]^- + 3H_2O_2 + 2OH^- \longrightarrow$ $2CrO_4^{2-} + 8H_2O$ $2CrO_4^{2-} + 2H^+ \longrightarrow$ $Cr_2O_7^{2-} + H_2O$ $Cr_2O_7^{2-} + 4H_2O_2 + 2H^+ \longrightarrow$ $2CrO(O_2)_2 + 5H_2O$	取 2 滴试液于试管中,加 NaOH 溶液($2.0\ mol \cdot L^{-1}$)至生成沉淀又溶解,再多加 2 滴。加 H_2O_2 溶液(3%),微热,溶液呈黄色。冷却后再加 5 滴 H_2O_2 溶液(3%),加 1 mL 戊醇(或乙醚),最后慢慢滴加 HNO_3 溶液($6.0\ mol \cdot L^{-1}$)。注意,每加 1 滴 HNO_3 都必须充分摇荡。戊醇层呈蓝色
Mn^{2+}	固体 $NaBiO_3$ 硝酸介质	$2Mn^{2+} + 5NaBiO_3(s) + 14H^+ \longrightarrow$ $2MnO_4^- + 5Bi^{3+} + 5Na^+ + 7H_2O$ (Cl^-、Co^{2+} 干扰)	取 2 滴试液于试管中,加 HNO_3 溶液($6.0\ mol \cdot L^{-1}$)酸化,加少量 $NaBiO_3$ 固体,摇荡后,静置片刻,溶液呈紫红色
Fe^{2+}	$K_3[Fe(CN)_6]$ 酸性	$Fe^{2+} + K^+ + [Fe(CN)_6]^{3-} \longrightarrow$ $[KFe(Ⅲ)(CN)_6Fe(Ⅱ)](s)$	取 1 滴试液于点滴板上,加 1 滴 HCl 溶液($2.0\ mol \cdot L^{-1}$)酸化,加 1 滴 $K_3[Fe(CN)_6]$ 溶液($0.1\ mol \cdot L^{-1}$),出现蓝色沉淀

续表

离 子	试剂及介质条件	鉴定反应(干扰离子)	鉴定步骤及实验现象
Fe^{3+}	KSCN 酸性	$Fe^{3+} + nSCN^- \longrightarrow [Fe(SCN)_n]^{3-n}$ ($n=1\sim6$)	取1滴试液于点滴板上,加1滴HCl($2.0\ mol\cdot L^{-1}$)酸化,加1滴KNCS溶液($0.1\ mol\cdot L^{-1}$),溶液显红色
Fe^{3+}	$K_4[Fe(CN)_6]$ 酸性	$Fe^{3+} + K^+ + [Fe(CN)_6]^{4-} \longrightarrow [KFe(Ⅲ)(CN)_6Fe(Ⅱ)](s)$	取1滴试液于点滴板上,加1滴HCl溶液($2.0\ mol\cdot L^{-1}$)及1滴$K_4[Fe(CN)_6]$,立即生成蓝色沉淀
Co^{2+}	KSCN,丙酮 酸性	$Co^{2+} + 4SCN^- \longrightarrow [Co(SCN)_4]^{2-}$	取5滴试液于试管中,加入数滴丙酮,再加少量KSCN或NH_4SCN晶体,充分摇荡,溶液呈鲜艳的蓝色
Ni^{2+}	丁二肟(简称DMG) 氨水介质	$Ni^{2+} + 2DMG \longrightarrow Ni(DMG)(s) + 2H^+$ (Co^{2+}、Cu^{2+}、Bi^{3+}、Fe^{2+}、Fe^{3+}、Mn^{2+}干扰)	取5滴试液于试管中,加入5滴氨水($2.0\ mol\cdot L^{-1}$)碱化,加丁二肟溶液(1%),出现鲜红色沉淀
Cu^{2+}	$K_4[Fe(CN)_6]$ 中性或酸性	$2Cu^{2+} + [Fe(CN)_6]^{4-} \longrightarrow Cu_2[Fe(CN)_6](s)$ (Fe^{3+}、Bi^{3+}、Co^{2+}干扰)	取1滴试液于点滴板上,加2滴$K_4[Fe(CN)_6]$($0.1\ mol\cdot L^{-1}$),生成红棕色沉淀
Zn^{2+}	二苯硫腙 强碱性	$Zn^{2+}+$二苯硫腙$\longrightarrow$水层呈粉红色 (Co^{2+}、Cu^{2+}、Bi^{3+}、Hg^{2+}、Al^{3+}、Mn^{2+}、Ni^{2+}、Cd^{2+}、Cr^{3+}、Ag^+、Fe^{3+}、Pb^{2+}干扰)	取2滴试液于试管中,加入5滴NaOH溶液($6.0\ mol\cdot L^{-1}$),加10滴CCl_4,加2滴二苯硫腙溶液,摇荡,水层显粉红色,CCl_4层由绿色变棕色
Ag^+	稀HCl,氨水,HNO_3 酸性	$Ag^+ + Cl^- \longrightarrow AgCl(s)$ $AgCl(s) + 2NH_3 \longrightarrow [Ag(NH_3)_2]^+ + Cl^-$ $[Ag(NH_3)_2]^+ + Cl^- + H^+ \longrightarrow AgCl(s) + 2NH_4^+$	取5滴试液于试管中,加5滴HCl溶液($2.0\ mol\cdot L^{-1}$),置于水浴上温热,使沉淀聚集,离心分离。沉淀用热的去离子水洗一次,然后加入过量$NH_3\cdot H_2O$($6.0\ mol\cdot L^{-1}$),摇荡,如有不溶沉淀物存在,离心分离。取一部分溶液于试管中加HNO_3溶液($2.0\ mol\cdot L^{-1}$),产生白色沉淀
Cd^{2+}	Na_2S	$Cd^{2+} + S^{2-} \longrightarrow CdS(s)$	取3滴试液于试管中,加10滴HCl溶液($2.0\ mol\cdot L^{-1}$),加3滴Na_2S溶液($0.1\ mol\cdot L^{-1}$),可使Cu^{2+}沉淀,Co^{2+}、Ni^{2+}和Cd^{2+}均无反应,离心分离。在清液中加NH_4Ac溶液(30%),使酸度降低,黄色沉淀析出
Hg^{2+}	$SnCl_2$ 酸性	同Sn^{2+}的鉴定反应(Hg_2^{2+}干扰)	取2滴试液,加入2~3滴$SnCl_2$溶液($0.1\ mol\cdot L^{-1}$),生成白色沉淀,并逐渐转变为灰色或黑色
Hg_2^{2+}	$SnCl_2$ 酸性	$Sn^{2+} + Hg_2^{2+} + 6Cl^- \longrightarrow 2Hg(s) + [SnCl_6]^{2-}$ (Hg^{2+}干扰)	取2滴试液,加入2~3滴$SnCl_2$溶液($0.1\ mol\cdot L^{-1}$),生成黑色沉淀

附表十三 （2）常见阴离子的鉴定

离子	试剂及介质条件	鉴定反应(干扰离子)	鉴定步骤及实验现象
CO_3^{2-}	H^+ $Ba(OH)_2$ 酸性	$CO_3^{2-} + 2H^+ \longrightarrow CO_2(g)+H_2O$ $CO_2+Ba(OH)_2 \longrightarrow$ $BaCO_3(s)+H_2O$ (SO_3^{2-}、$S_2O_3^{2-}$ 干扰)	取 10 滴试液于试管中，加入 10 滴 H_2O_2 溶液（3%），置于水浴上加热 3 min，如果检验溶液中无 SO_3^{2-}、S^{2-} 存在，可向溶液中一次加入半滴管 HCl 溶液(6.0 mol·L^{-1})，并立即插入吸有 $Ba(OH)_2$ 溶液（饱和）的带塞滴管，使滴管口悬挂 1 滴溶液。观察溶液是否变浑浊，或者向试管中插入蘸有 $Ba(OH)_2$ 溶液的带塞的镍铬丝小圈，镍铬小圈的液膜变浑浊
NO_3^-	$FeSO_4$ 浓 H_2SO_4 酸性	$6FeSO_4+2NaNO_3+4H_2SO_4 \longrightarrow$ $3Fe_2(SO_4)_3+2NO(g)+Na_2SO_4+4H_2O$ $FeSO_4+NO \longrightarrow [FeNO]SO_4$ (NO_2^- 干扰)	取 10 滴试液于试管中，加入 5 滴 H_2SO_4 溶液（2.0 mol·L^{-1}），加入 1 mL Ag_2SO_4 溶液（0.02 mol·L^{-1}），离心分离。在清液中加入少量尿素固体，并微热。在溶液中加入少量 $FeSO_4$ 固体，摇荡溶解后，将试管斜持，慢慢沿试管壁滴入 1 mL H_2SO_4（浓）。H_2SO_4 层与水溶液层的界面处有"棕色环"出现
NO_2^-	$FeSO_4$ HAc	$Fe^{2+} + NO_2^- + 2HAc \longrightarrow$ $Fe^{3+} + NO(g) + H_2O + 2Ac^-$ $Fe^{3+} + NO \longrightarrow [Fe(NO)]^{2+}$	取 5 滴试液于试管中，加入 10 滴 Ag_2SO_4 溶液（0.02 mol·L^{-1}），若有沉淀生成，离心分离。在清液中加少量 $FeSO_4$ 固体，摇荡溶解后，加入 10 滴 HAc 溶液（2.0 mol·L^{-1}），溶液呈棕色
PO_4^{3-}	$(NH_4)_2MoO_4$ HNO_3 介质	$PO_4^{3-} + 3NH_4^+ + 12 MnO_4^{2-} +24H^+$ $\longrightarrow (NH_4)_3PO_4 \cdot 12MoO_3 \cdot$ $6H_2O(s)+6H_2O$ (SO_3^{2-}、$S_2O_3^{2-}$、S^{2-}、I^-、Cl^- 干扰)	取 5 滴试液于试管中，加入 10 滴 HNO_3（浓），并置于沸水浴中加热 1~2 min。稍冷后，加入 20 滴 $(NH_4)_2MoO_4$ 溶液，并在水浴上加热至 40~45 ℃，产生黄色沉淀
S^{2-}	$Na_2[Fe(CN)_5NO]$ 碱性	$S^{2-} + [Fe(CN)_5NO]^{4-} \longrightarrow$ $[Fe(CN)_5NOS]^{4-}$	取 1 滴试液于点滴板上，加 1 滴 $Na_2[Fe(CN)_5NO]$ 溶液（1%），溶液呈紫色
SO_3^{2-}	$Na_2[Fe(CN)_5NO]$、 $ZnSO_4$、 $K_4[Fe(CN)_6]$ 中性	(S^{2-} 干扰)	取 10 滴试液于试管中，加入少量 $PbCO_3(s)$，摇荡，若沉淀由白色变为黑色，则需要再加少量 $PbCO_3(s)$，直到沉淀呈灰色为止。离心分离，保留清液。在点滴板上，加 $ZnSO_4$ 溶液（饱和）、$K_4[Fe(CN)_6]$ 溶液（0.1 mol·L^{-1}）及 $Na_2[Fe(CN)_5NO]$ 溶液（1%）各 1 滴，加 1 滴 $NH_3 \cdot H_2O$（2.0 mol·L^{-1}）将溶液调至中性，最后加 1 滴除去 S^{2-} 的试液，出现红色沉淀
$S_2O_3^{2-}$	$AgNO_3$ 中性	$2Ag^+ + S_2O_3^{2-} \longrightarrow Ag_2S_2O_3(s)$ $Ag_2S_2O_3(s)+H_2O \longrightarrow$ $H_2SO_4+Ag_2S(s)$ (S^{2-} 干扰)	取 1 滴除去 S^{2-} 的试液于点滴板上，加 2 滴 $AgNO_3$ 溶液（0.1 mol·L^{-1}），产生白色沉淀，并很快变为黄色、棕色，最后变为黑色

续表

离 子	试剂及介质条件	鉴定反应(干扰离子)	鉴定步骤及实验现象
SO_4^{2-}	$BaCl_2$ 酸性	$Ba^{2+} + SO_4^{2-} \longrightarrow BaSO_4(s)$ ($S_2O_3^{2-}$ 干扰)	取 5 滴试液于试管中，加 HCl 溶液（$6.0\,mol \cdot L^{-1}$）至无气泡产生，再多加 1~2 滴。加入 1~2 滴 $BaCl_2$ 溶液（$1.0\,mol \cdot L^{-1}$），生成白色沉淀
Cl^-	$AgNO_3$ 酸性	$Ag^+ + Cl^- \longrightarrow AgCl(s)$	取 10 滴试液于试管中，加 5 滴 HNO_3 溶液（$6.0\,mol \cdot L^{-1}$）和 15 滴 $AgNO_3$ 溶液（$0.1\,mol \cdot L^{-1}$），在水浴上加热 2 min，离心分离。将沉淀用 2 mL 去离子水洗涤 2 次，使溶液 pH 值接近中性。加入 10 滴 $(NH_4)_2CO_3$ 溶液（12%），并在水浴上加热 1 min，离心分离。在清液中加 1~2 滴 HNO_3 溶液（$2.0\,mol \cdot L^{-1}$），有白色沉淀生成
Br^-、I^-	Cl_2 水 CCl_4 中性或酸性	$2Br^- + Cl_2 \longrightarrow Br_2 + 2Cl^-$ $2I^- + Cl_2 \longrightarrow I_2 + 2Cl^-$	取 5 滴试液于试管中，加 1 滴 H_2SO_4 溶液（$2.0\,mol \cdot L^{-1}$）酸化，加 1 mL CCl_4，加 1 滴氯水，充分摇荡，CCl_4 层呈紫红色，有 I^- 存在。继续加入氯水，并摇荡，CCl_4 层紫红色褪去，呈现棕黄色或黄色，有 Br^- 存在

参考文献

[1] 童志平. 工程化学实验. 成都：成都科技大学出版社，1997.
[2] 童志平. 工科化学. 成都：西南交通大学出版社，2000.
[3] 童志平. 化学与环境保护实验. 成都：西南交通大学出版社，2005.
[4] 童志平. 工程化学基础. 2版. 北京：高等教育出版社，2015.
[5] 张勇. 现代化学基础实验. 3版. 北京：科学出版社，2010.
[6] 朱明华. 仪器分析. 4版. 北京：高等教育出版社，2011.
[7] 王亦军. 大学普通化学实验. 北京：化学工业出版社，2009.
[8] 古凤才，肖衍繁. 基础化学实验教程. 2版. 北京：科学出版社，2005.
[9] 王秋长，等. 基础化学实验. 北京：科学出版社，2003.
[10] 蔡明昭. 分析化学实验. 北京：化学工业出版社，2004.
[11] 刘丽，秦超，等. 普通化学实验. 北京：高等教育出版社，2018.
[12] 陈林根. 工程化学基础. 3版. 北京：高等教育出版社，2018.
[13] 李方实，俞斌. 无机与分析化学实验. 南京：东南大学出版社，2002.
[14] 武汉大学. 分析化学实验. 5版. 北京：高等教育出版社，2011.
[15] 南京大学化学实验教学组. 大学化学实验. 3版. 北京：高等教育出版社，2018.
[16] 吴忠标，赵伟荣. 室内空气污染及净化技术. 北京：化学工业出版社，2005.
[17] 姚运先. 水环境监测. 北京：化学工业出版社，2005.
[18] 姚运先，冯雨峰，杨光明. 室内环境监测. 北京：化学工业出版社，2005.
[19] 华中师范大学，等. 分析化学实验. 4版. 北京：高等教育出版社，2015.
[20] 沈萍，范秀容，等. 微生物学实验. 5版. 北京：高等教育出版社，2018.
[21] 中山大学，等. 无机化学实验. 3版. 北京：高等教育出版社，2015.
[22] 朱宪. 绿色化学工艺. 北京：化学工业出版社，2001.
[23] 中国化工防治污染技术协会. 化工废水处理技术. 北京：化学工业出版社，2000.
[24] 胡显智，陈阵. 大学化学实验. 北京：高等教育出版社，2017.
[25] 天津大学无机化学教研室. 无机化学与化学分析实验. 北京：高等教育出版社，2016.
[26] 上海大学工程化学教研组. 工程化学实验. 上海：上海大学出版社，1999.
[27] 南京大学. 无机及分析化学实验. 5版. 北京：高等教育出版社，2015.
[28] 浙江大学普通化学教研组. 普通化学实验. 北京：高等教育出版社，1996.
[29] 郭婷，孟涛. 物理化学实验. 成都：西南交通大学出版社，2011.
[30] 北京大学化学学院物理化学教学组. 物理化学实验. 4版. 北京：北京大学出版社，2003.
[31] 贾能勤，王秀英，黄楚森. 物理化学实验. 北京：高等教育出版社，2017.
[32] 四川大学化工学院，浙江大学化学系. 分析化学实验. 4版. 北京：高等教育出版社，2015.
[33] 高站先. 有机化学实验. 5版. 北京：高等教育出版社，2016.